徹底攻略

基本情報技術者の
Python編
午後対策

株式会社わくわくスタディワールド 瀬戸美月 著

[第2版]

インプレス

インプレス情報処理シリーズ購入者限定特典!!

●電子版の無料ダウンロード
本書の全文の電子版（PDFファイル，IPA公表のサンプル問題の解説を収録，印刷不可）を下記URLの特典ページでダウンロードできます。

●スマホで学べる単語帳アプリ「でる語句200」について
基本情報技術者試験全体で出題が予想される200の語句をいつでもどこでも暗記できる単語帳アプリ「でる語句200」を無料でご利用いただけます。姉妹書「徹底攻略 基本情報技術者教科書」の特典「でる語句200」と同内容のデータになります。

特典は、以下のURLで提供しています。

URL：https://book.impress.co.jp/books/1120101146

- -

※特典のご利用には、無料の読者会員システム「CLUB Impress」への登録が必要となります。
※本特典のご利用は、書籍をご購入いただいた方に限ります。
※特典の提供予定期間は、いずれも本書発売より3年間です。

●本書掲載の主要コードについて
本書で解説中に使用しているプログラム及び演習問題，試験問題で使用しているプログラムのソースコード（Jupyter Notebook形式）をGitHubで公開しています。学習にお役立てください。

URL：https://github.com/mizukix/fe-python

インプレスの書籍ホームページ

書籍の新刊や正誤表など最新情報を随時更新しております。

https://book.impress.co.jp/

・本書は，基本情報技術者試験対策用の教材です。著者，株式会社インプレスは，本書の使用による合格を保証するものではありません。
・本書の内容については正確な記述につとめましたが，著者，株式会社インプレスは本書の内容に基づくいかなる試験の結果にも一切責任を負いかねますので，あらかじめご了承ください。
・本書の試験問題は，独立行政法人 情報処理推進機構の情報処理技術者試験センターが公開している情報に基づいて作成しています。
・本文中の製品名およびサービス名は，一般に各開発メーカーおよびサービス提供元の商標または登録商標です。なお，本文中には©および®，™は明記していません。

はじめに

「Pythonで実際に動かしてみることで，やっとAIがどのようなものが見えてきました！」
Pythonを用いたAI研修で受講生によく言われる言葉です。

プログラミングは，実際に動くものが作れるので，自分でいろいろ試してみることができます。そのため，紙の上で勉強するだけよりも，イメージがつかみやすいのです。

また逆に，「基本情報技術者試験の勉強をすることで，Pythonで出ていた意味不明の浮動小数点エラーの意味がわかりました」という声を聞くこともあります。プログラミングを実践しているだけだと，その背後にあるコンピュータの仕組みなどの基礎の学習がおろそかになりがちです。そのため，**基本情報技術者試験の学習などを通じて，IT全般の基本を身に付けること**も，技術者としてとても大切です。

情報処理技術者試験での基本情報技術者の位置付けは，「高度IT人材となるために必要な基本的知識・技能をもち，実践的な活用能力を身に付けた者」（試験の対象者像より）となっています。高度IT人材になる前に必要な基本的な知識や能力を身に付けることが目的です。基本情報技術者試験は午前試験と午後試験に分かれており，午前試験ではIT全般に関する知識を中心とした内容，午後試験ではプログラミングも含め，自分で選択した専門分野に関する少し深い内容が問われます。Pythonは，C，Java，アセンブラ言語，表計算と並んで，選択できるプログラミング言語として，令和2年度から新しく加わりました。

本書は，基本情報技術者試験のプログラミング言語にPythonを選択して合格するための教科書です。単にプログラミング言語としてPythonを学習するだけではなく，Pythonを通じてコンピュータの基礎理論やアルゴリズムも合わせて学習するように構成しています。また，わく☆すたAI（人工知能）が平成21年度からの基本情報技術者試験の出題傾向を徹底分析し，基本情報技術者試験のプログラミングで問われる技能を中心に構成しました。試験センターから発表されたシラバス改訂にも対応し，Pythonに関するサンプル問題の解説も行っています。

プログラミングを学習するときには，文法を暗記するよりも，実際に動かしてみながら試行錯誤する方が記憶に残りやすく実力も付いていきます。まずは気楽に読み進めながら，Pythonプログラムを動かして学習していきましょう。**本書に登場するプログラムはすべてGitHubに公開**していますので，ご自身の環境にコピーして動かすことができます。本書をお供にしながら，基本情報技術者試験の合格に向かって進んでいってください。

最後に，本書の発刊にあたり，企画・編集など本書の完成までに様々な分野で多大なるご尽力をいただきましたインプレスの皆様，ソキウス・ジャパンの皆様に感謝いたします。また，わくわくスタディワールドの齋藤健一様をはじめ，一緒に仕事をしてくださった皆様，「わく☆すたAIセミナー」「Python機械学習，ディープラーニング研修」など様々な講座での受講生の皆様のおかげで，本書を完成させることができました。皆様，本当に，ありがとうございました。

令和3年3月
わくわくスタディワールド　瀬戸 美月

本書の構成

本書は，解説を読み，節末の問題を解くことで知識が定着するように構成しています。側注には，理解を助けるヒントを盛り込んでいます。また，プログラムを実行しながらPythonの理解を深めることができますので，ぜひ，実際に動かしてみながら学習を進めてください。

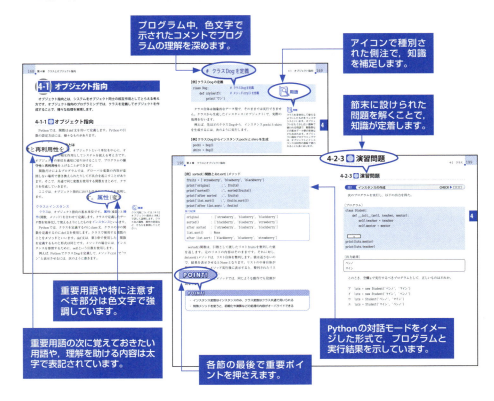

本書で使用している側注のアイコン

● Python問題の要点チェック

　第1〜6章の各項目の末尾に要点として掲載している「POINT！」をここに一覧表示しました。新たなPython問題の対策にお役立てください。「POINT！」の掲載ページも併記していますので，学習したい項目は本文でしっかり理解してください。

第1章　Pythonの基本

1-1-1 Pythonことはじめ

□□□ 四則演算は，そのまま書けば実行できる……………………… 33

□□□ 割り算の商は/，商の整数部分は//，余りは% ………………… 33

1-1-2 Pythonの基本文法

□□□ 代入は，「変数 = 値」で行う ……… 39

□□□ Pythonでは字下げが必須，4文字のスペースが望ましい ……… 39

1-2-1 基本データ型

□□□ 数値型には，整数 (int)，浮動小数点数 (float) がある……… 46

□□□ 文字列は，シングルクォーテーション，ダブルクォーテーション，三重引用符のどれかで囲む ……………………………… 46

1-2-2 要素をもつデータ型

□□□ 要素をもつデータ型には，リスト，タプル，辞書，集合の4種類と文字列型がある ……… 52

□□□ リストは変更可能だが，タプルは変更不可能……………… 52

1-2-3 リスト

□□□ sorted()はリストを変更せず，*list*.sort() は変更する …………… 57

□□□ リストの削除は，値指定は*list*.remove()，添字ではdel ………………… 57

1-3-1 プログラムの基本3構造

□□□ 基本3構造は，順次，選択，反復… 64

□□□ Pythonでは，選択はif文，反復はwhile文，for文で表現 …… 64

1-3-2 選択型のプログラム

□□□ 「if 条件式:」のあとに，インデントを付けて処理を記述 ……………… 68

□□□ elifは複数使用可能で，elseは省略可能 ………………… 68

1-3-3 反復型のプログラム

□□□ 「while 条件式:」のあとに，インデントして繰返し処理を記述…………… 77

□□□ 「for 要素 in イテレータ:」のあとに，インデントして繰返し処理を記述 … 77

第2章　Pythonの機能

2-1-1 ファイルからの入出力

□□□ ファイルの使用は，「fp = open(file，mode)」で行う … 88

□□□ 書き込みはfp.write()，読み込みはfp.read() …………… 88

2-1-2 フォーマット

□□□ 文字列にformat()メソッドを使用すると，様々な形式で出力できる ………… 96

□□□ 小数は浮動小数点の2進小数に変換されるため，誤差が出る …… 96

2-2-1 エラー，例外

□□□ エラーには，構文エラーと例外がある ……………………………… 103

□□□ 例外は，try文で，except句以下で種類に応じた処理が記述できる … 103

2-2-2 ユーザ定義例外

□□□ 例外を明示的に発生させるにはraise文を使う ……………… 105

□□□ 例外は，Exceptionクラスを継承することで，自分で作成できる ……… 105

2-3-1 ライブラリの利用

□□□ Pythonのライブラリには，標準ライブラリと，pipでインストールするものがある……………… 111

□□□ 「import モジュール名」，または「from モジュール名 import サブモジュール」でインポート ……………………… 111

2-3-2 標準ライブラリ

□□□ 標準ライブラリは，importするだけで
利用できる …………………………… 113

□□□ dir()関数を用いると，利用できる
属性のリストが得られる ………… 113

2-3-3 その他のライブラリ

□□□ 外部ライブラリをインストールすることで，
様々なことができる ……………… 116

□□□ セキュリティやWebスクレイピングなど，
分野ごとにライブラリがある ……… 116

第3章 関数の定義

3-1-1 関数

□□□ 関数は，「def 関数名（引数名）:」で定
義する …………………………………… 125

□□□ デフォルト値やキーワード引数を利用
して，引数の内容を設定できる … 125

3-1-2 基本的な組み込み関数

□□□ bin()，oct()，hex()などの関数で，基
数変換ができる ……………………… 130

□□□ int()，float()，str()などの関数で，デー
タの型を変換できる ………………… 130

3-1-3 要素に処理を行う組み込み関数

□□□ list()，tuple()，set()，dict()などの関数で，
データの型を変換できる ………… 138

□□□ map()，filter()，zip()などの関数で，イ
テレータの内容を加工できる …… 138

3-2-1 引数

□□□ 任意引数は「*変数名」のかたちで宣言
し，複数の引数の内容をタプルで格納
………………………………………………… 144

□□□ Pythonの関数での引数の渡し方の基
本は，参照渡し …………………… 144

3-2-2 スコープ

□□□ 関数の中でグローバル変数を使うには，
global宣言が必要………………… 148

□□□ リストのコピーには浅いコピーと深いコ
ピーがあり，copyライブラリを使用す
る …………………………………………… 148

3-2-3 ジェネレータ

□□□ ジェネレータ関数ではyield文を使って，
要素の値を1つずつ返す ………… 151

□□□ next()関数を使用すると，イテレータの
値を1つずつ取得できる ………… 151

3-2-4 関数の様々な機能

□□□ 「lambda 引数:戻り値」で，簡単な無名
関数を作成できる………………… 155

□□□ 「@デコレータ名」を用いて，すでにあ
る関数に新たな機能を追加できる
………………………………………………… 155

第4章 クラスとオブジェクト指向

4-1-1 オブジェクト指向

□□□ 多相性を用いることで，同じメソッドで異なる
クラスに異なる動作をさせる ………… 176

□□□ 集約（コンポジション）で，クラスの中に
別のクラスをもつことができる …… 176

4-1-2 オブジェクト指向とUML

□□□ クラス図で汎化を表すには△，
集約を表すには◆を使用する …… 181

□□□ シーケンス図とコミュニケーション図は
置換え可能 ……………………… 181

4-2-1 クラス

□□□ 「class クラス名: 」でクラスを定義。
メソッドの引数にはselfを書く…… 191

□□□ スーパクラスのメソッドはサブクラスで
オーバライドできる ……………… 191

4-2-2 クラスの応用

□□□ インスタンス変数はインスタンスのみ，クラス
変数はクラス共通で用いられる ……… 198

□□□ 特殊メソッドを使うと，初期化や演算などの
処理の内容がオーバライドできる …… 198

第5章 データ構造とアルゴリズム

5-1-1 データ構造とは

□□□ データ構造には，スタック，キュー，リ
スト，ハッシュなど様々なものがある
………………………………………………… 221

□□□ グラフの中で，ループをもたないデータ
構造が木 ………………………… 221

5-1-2 データ構造の表現

☐☐☐ **リスト**や**クラス**を用いることで，様々なデータ構造を表現できる ………… 225

☐☐☐ グラフ構造を表現する方法には，**隣接行列**と**隣接リスト**がある ………… 225

5-2-1 アルゴリズムとは

☐☐☐ **アルゴリズム**を学習することで，効率的なプログラムを書くことができる … 232

☐☐☐ プログラムの計算量は，**O（オーダ）**を用いて表現する ………………… 232

5-2-2 探索・整列のアルゴリズム

☐☐☐ 定番の探索アルゴリズムは，**線形，2分，ハッシュ表探索**の3つ …………… 240

☐☐☐ 効率的な整列アルゴリズムに，**クイック，マージ，ヒープソート**がある … 240

5-2-3 再帰のアルゴリズム

☐☐☐ **再帰関数**は，自分自身を関数内で呼び出す関数 ……………………… 245

☐☐☐ **クイックソート**や**マージソート**は，部分列を作って再帰処理を行う ……… 245

5-2-4 グラフのアルゴリズム

☐☐☐ **幅優先探索**では，キューを使って順番を保存する ……………………… 251

☐☐☐ **深さ優先探索**では，再帰を使用して根から葉まで探索する ……………… 251

5-2-5 その他のアルゴリズム

☐☐☐ **文字列探索**は，**BM法**を使って探索回数を減らすことができる ………… 255

☐☐☐ アルゴリズムには様々なものがあり，様々な問題解決方法がある ……… 255

第6章 データサイエンスとAI

6-1-1 データサイエンスとは

☐☐☐ **正規分布**では，平均を中心としたグラフになり，±1σに**約68%**が含まれる … 278

☐☐☐ ビッグデータの活用は，見える化だけではなく，**自動制御**に発展 ……… 278

6-1-2 データ分析用ライブラリ

☐☐☐ Pythonで数値演算を行う時によく使われる**NumPy** ……………………… 283

☐☐☐ **Matplotlib**でデータを可視化することができる …………………………… 283

6-2-1 AIとは

☐☐☐ **機械学習**には，教師あり学習と教師なし学習に加え，強化学習がある … 292

☐☐☐ **ディープラーニング**は教師あり学習の一種で，**CNN**は画像解析などで活用 ………… 292

6-2-2 AI関連のライブラリ

☐☐☐ 機械学習を実現するライブラリに**scikit-learn**がある ……………… 297

☐☐☐ ディープラーニングを実現するライブラリに**TensorFlow**がある ……… 297

CONTENTS

目次

はじめに.. 3
本書の構成 4
Python問題の要点チェック 5
基本情報技術者試験とPython 12
Pythonの概要... 26

第1章　Pythonの基本

1-1 Pythonとは 32

1-1-1　Pythonことはじめ 32
1-1-2　Pythonの基本文法 34
1-1-3　演習問題... 40

1-2 データ型.. 42

1-2-1　基本データ型 42
1-2-2　要素をもつデータ型 47
1-2-3　リスト 53
1-2-4　演習問題... 58

1-3 プログラムの構造 62

1-3-1　プログラムの基本3構造.. 62
1-3-2　選択型のプログラム 65
1-3-3　反復型のプログラム 69
　　　　【コラム】繰り返しは人間には難しい... 78
1-3-4　演習問題... 79

第2章　Pythonの機能

2-1 入出力.. 84

2-1-1　ファイルからの入出力... 84
2-1-2　フォーマット 89
　　　　【コラム】浮動小数点とPython 96
2-1-3　演習問題... 97

2-2 エラーと例外 99

2-2-1　エラー，例外 99
2-2-2　ユーザ定義例外 104
2-2-3　演習問題...106

2-3	ライブラリ	108

2-3-1	ライブラリの利用	108
2-3-2	標準ライブラリ	112
2-3-3	その他のライブラリ	114
	【コラム】データサイエンス用プラットフォーム「Anaconda」	116
2-3-4	演習問題	117

第3章 関数の定義

3-1	関数	120

3-1-1	関数	120
3-1-2	基本的な組み込み関数	126
3-1-3	要素に処理を行う組み込み関数	131
	【コラム】Pythonの関数は難しい	138
3-1-4	演習問題	139

3-2	関数の応用	142

3-2-1	引数	142
3-2-2	スコープ	145
3-2-3	ジェネレータ	149
3-2-4	関数の様々な機能	152
3-2-5	演習問題	156

3-3	関数問題	158

| 3-3-1 | 関数問題の演習 | 158 |

第4章 クラスとオブジェクト指向

4-1	オブジェクト指向	168

4-1-1	オブジェクト指向	168
4-1-2	オブジェクト指向とUML	177
4-1-3	演習問題	182

4-2	クラス	184

4-2-1	クラス	184
	【コラム】Pythonのオブジェクト指向の特徴	191
4-2-2	クラスの応用	192
4-2-3	演習問題	199

4-3	オブジェクト指向問題	203

| 4-3-1 | オブジェクト指向問題の演習 | 203 |

第5章 データ構造とアルゴリズム

5-1 データ構造 216
5-1-1 データ構造とは 216
5-1-2 データ構造の表現 222
5-1-3 演習問題 226

5-2 アルゴリズム 230
5-2-1 アルゴリズムとは 230
5-2-2 探索・整列のアルゴリズム 233
5-2-3 再帰のアルゴリズム 241
5-2-4 グラフのアルゴリズム 246
5-2-5 その他のアルゴリズム 252
　　　【コラム】アルゴリズム学習のポイント 255
5-2-6 演習問題 256

5-3 アルゴリズム問題 260
5-3-1 アルゴリズム問題の演習 260

第6章 データサイエンスとAI

6-1 データサイエンス 274
6-1-1 データサイエンスとは 274
6-1-2 データ分析用ライブラリ 279
6-1-3 演習問題 284

6-2 AI関連技術 288
6-2-1 AIとは 288
6-2-2 AI関連のライブラリ 293
　　　【コラム】AIとPython 297
6-2-3 演習問題 298

6-3 データサイエンス問題 301
6-3-1 データサイエンス問題の演習 301

第**7**章　**Python午後問題演習**

7-1 予想問題の演習 **314**

7-1-1　予想問題1 314
7-1-2　予想問題2 327
7-1-3　予想問題3 335
7-1-4　予想問題4 344
7-1-5　予想問題5 354

7-2 サンプル問題の演習 **362**

7-2-1　サンプル問題 362
　　　　【コラム】さらなる学習に向けて 376

付録　Python環境の準備 377

索引 384

基本情報技術者試験とPython

試験の概要

　基本情報技術者試験は，IT関連のほぼ全分野を網羅する，技術者の登竜門となる試験です。合格のカギとなるのが，データ構造とアルゴリズムを含むプログラミングです。

　まずは，基本情報技術者試験の全体像を押さえながら，試験の学習をすることで広がる可能性，Pythonを学ぶメリットなどを確認していきます。

Pythonで基本情報技術者試験に合格して，世界を広げよう！

Pythonは，これからのAI時代に輝くスキル！

　2020年（令和2年度）から，基本情報技術者試験の午後で出題されるプログラミング言語にPythonが加わりました。これは，AIの社会実装が進展していることや，政府の「未来投資戦略2018」の中でプログラミング能力及び理数能力の重要性が示されていることなどを踏まえて変更されたものです。

　Pythonのスキルが最も役立つのが，AIやビッグデータなどを含むデータサイエンスに関わる業務です。Pythonは様々な分野で利用されていますが，特にビッグデータを取り扱うデータサイエンス分野では最も普及しているプログラミング言語となっています。

データサイエンスとは

　情報処理技術者試験を実施しているIPA（独立行政法人情報処理推進機構）では，HRDイニシアティブセンターで，IT全般に関するスキル標準（ITSS）を作成しています。

　2017年4月に，今の時代に対応した過渡的なスキル標準として「ITSS＋（プラス）」が発表され，セキュリティ領域と**データサイエンス領域**が追加されました。

　データサイエンス領域は，需要が多いものの必要となるスキルがあまり定義されていなかった領域として急遽整備されたもので，AIやビッグデータなどの内容を含み，これからの時代に注目されている領域です。

　データサイエンス領域のスキルカテゴリは，次の3つとなります。

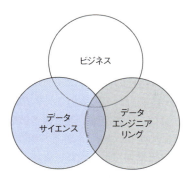

データサイエンス領域のスキルカテゴリ

　データサイエンス領域では，1人がフルセットのスキルをもつことは現実的ではなく，様々な人が協力してプロジェクトを遂行することが想定されています。そのために3つの役割を定義しており，役割によって学習する内容が異なります。

データサイエンス領域のスキルカテゴリとその内容

スキルカテゴリ	内容・対応する試験など
ビジネス	課題の背景を理解した上で，ビジネス課題を整理し，解決するスキル。情報処理技術者試験の高度区分ではITストラテジスト試験などが該当する
データサイエンス	情報処理(IT)，人工知能(AI)，統計学などの情報科学系の知識を理解し，活用するスキル。体系的にまとまっておらず，該当する試験はまだ存在しない分野だが，コンピュータサイエンス全般についての深い理解が必要となるので，基本情報技術者試験，応用情報技術者試験などで全体的に幅広く知識を身につけておくことが役に立つ
データエンジニアリング	データサイエンスによって得られた知見を意味のある形にして使えるようにし，実装，適用するスキル。情報処理技術者試験の高度区分ではデータベーススペシャリスト試験などが該当する

　基本情報技術者試験はIT関連の分野全般にわたる試験であり，これらの**3分野すべての基本となる内容**が含まれます。特に，プログラミング問題でPythonを選択し学習することで，データサイエンスに必要な全分野の基礎をひととおり押さえることができます。その上で専門分野とするデータサイエンス領域の各スキルカテゴリについて深く学習すると，効率的に進めることができるようになります。
　また，データサイエンス領域のプロジェクトは複数人が協力して遂行しますが，ひととおりの基礎を身に付けておくことで，ほかの人の業務が理解しやすくなり，仕事をスムーズに進めることができます。

基本情報技術者試験とは

　それでは，基本情報技術者試験について詳しくみていきます。

　情報処理技術者試験は，「情報処理の促進に関する法律」に基づき経済産業省が，情報処理技術者としての「知識・技能」が一定以上の水準であることを認定している国家試験です。基本情報技術者試験は，その情報処理技術者試験の中で最も歴史が長く，昭和44年（1969年）から毎年実施されています（名称は，第二種情報処理技術者認定試験，第二種情報処理技術者試験，基本情報技術者試験と変更されています）。

　第二種として設立された当初からプログラミング問題が出題されており，プログラマを認定する唯一の国家試験です。ただ，プログラミングだけでなく，IT関連のほぼ全分野が出題され，IT関連の技術者が身に付けておくべき知識がひととおり網羅されています。「10年経っても通用するスキルを身に付ける」ための道しるべとなる試験です。

基本情報技術者試験の実施方法

　令和2年度から，基本情報技術者試験はCBT（Computer Based Testing）方式で実施されています。CBT方式とは，試験会場に設置されたコンピュータを使用する試験です。試験制度についての詳細は，下記の公式ページをご確認ください。

　https://www.jitec.ipa.go.jp/1_11seido/cbt_sg_fe.html

　試験会場は，プロメトリック（CBT方式による試験実施業務の委託先）が運営する全国にある会場の中から選択します。

　試験は年2回（上期，下期に各1回ずつ）の一定期間に実施されます。令和3年には，1月～3月，及び5月～6月の各期間で実施される予定です。

　試験は次のような構成で午前と午後に分かれていて，全問が多肢選択式となっています。

基本情報技術者試験の構成

区分	試験時間	出題形式	出題数・解答数	合格ライン
午前	150分（2時間30分）	多肢選択式（四肢択一）	80問・80問	60点／100点満点
午後	150分（2時間30分）	多肢選択式	11問・5問	60点／100点満点

　続いて，CBT方式の試験の申込み方法や受験方法，結果の確認方法などについて紹介します。今後変わる可能性もありますので，受験時に公式ページで必ず詳細を確認してください。

試験の申込み

　試験は，午前と午後それぞれ，プロメトリックが運営する以下のWebサイトで申し込みます。

http://pf.prometric-jp.com/testlist/fe/index.html

　申込時に，受験したい試験会場の空席状況を確認し，午前試験，午後試験の順で申込みを行います。午前免除の資格をもっている場合には，「免除試験」を選択し，午後試験のみを受験します。

　それぞれの試験時間が150分で，試験会場のコマ数（45分で1単位）で4コマ相当です。そのため，連続して4コマ空きがある会場でないと申込みができませんので注意が必要です。

　「よくある質問」も掲載されていますので，ご確認ください。

http://pf.prometric-jp.com/testlist/fe/faq_fe_index.html

受験と結果レポート

　申込みが完了したら，当日，試験会場に行って受験します。集合時刻は**試験開始の15分前**です。遅れると受験できないこともありますので，早めに会場に着くようにしましょう。試験受付時には，受付時刻や受験規定への同意の署名などの記入が求められます。

　試験の受付の際は，本人確認のために免許証などの身分証明書が必要です。メモ用紙やシャープペンシルなどの筆記用具は会場に用意されていますので必要ありません。

　試験室の指定の席に案内されたら，PCの画面で氏名や試験名，試験の説明などを確認します。確認後，「開始」ボタンを押すと試験がスタートします。画面の左半分に問題文が表示され，右半分に解答するスペースが用意されます。

試験画面のイメージ

早く終わったら，試験時間内でも終了させることができます。「終了」ボタンを押すと試験終了です。試験の画面や受験方法は，今後も変わることがあります。詳細は，試験会場の公式ページ（http://pf.prometric-jp.com/testlist/fe/exam_procedure.html）で確認してください。

　終了後は試験室から退出し，退出時刻の記入などの終了手続きをして終わりです。

　試験終了後，しばらくすると（たいていの場合は試験会場を出てすぐぐらいに），申込時に登録したメールアドレスに，スコアレポートのURLが送られてきます。スコアレポートを見ることで，合否や点数など，おおよその状況を知ることができます。

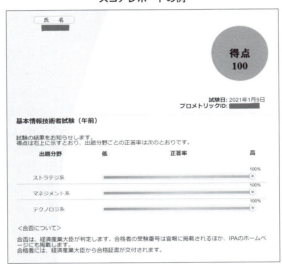

　午後試験については，スコアレポートだけでは，選択した問題での合計点がわかりません。そのため，後日，ハガキで成績通知書が郵送されてきます（今後変わる可能性もあります）。

成績通知書の例

氏　名	■■■■■■
試験日	2021年■月5日
得　点	100.00点

選択問題番号・選択分野

問題番号	分　野
問1	情報セキュリティ
問2	ソフトウェア・ハードウェア
問3	ネットワーク
問6	データ構造及びアルゴリズム
問9	ソフトウェア開発（Python）

　ここまででほぼ合否がわかりますが，合格発表は，受験者ごとに午前・午後の両方の受験が完了した月の翌月に，試験センターのホームページ上で行われます。合格者には，簡易書留で合格証書が郵送されます。

合格証書の例

基本情報技術者試験の内容

基本情報技術者試験の午前試験と午後試験では，次のような内容が出題されます。

午前試験

午前は全問必須の80問で，1問当たり1.25点の100点満点となります。以下のような分野から出題されます。

基本情報技術者試験　午前の出題範囲

分野	大分類	中分類	基本情報技術者試験での出題
テクノロジ系	1 基礎理論	1 基礎理論	○2
		2 アルゴリズムとプログラミング	○2
	2 コンピュータシステム	3 コンピュータ構成要素	○2
		4 システム構成要素	○2
		5 ソフトウェア	○2
		6 ハードウェア	○2
	3 技術要素	7 ヒューマンインタフェース	○2
		8 マルチメディア	○2
		9 データベース	○2
		10 ネットワーク	○2
		11 セキュリティ	◎2
	4 開発技術	12 システム開発技術	○2
		13 ソフトウェア開発管理技術	○2
マネジメント系	5 プロジェクトマネジメント	14 プロジェクトマネジメント	○2
	6 サービスマネジメント	15 サービスマネジメント	○2
		16 システム監査	○2
ストラテジ系	7 システム戦略	17 システム戦略	○2
		18 システム企画	○2
	8 経営戦略	19 経営戦略マネジメント	○2
		20 技術戦略マネジメント	○2
		21 ビジネスインダストリ	○2
	9 企業と法務	22 企業活動	○2
		23 法務	○2

注記1　○は出題範囲であることを，◎は出題範囲のうちの重点分野であることを表す。
注記2　2は，ITSS＋で定められた技術レベルを表す。1，2，3，4の順で，4が最も高度で，上位は下位を包含する。

セキュリティのみが重点分野で，ほかは全分野からまんべんなく出題されます。ITSS＋で定められている技術レベルは全分野で2です。技術レベル1のITパスポート試験と技術レベル3の応用情報技術者試験の間に位置する試験です。

午後試験

　午後試験は選択式で，次のような構成になっています。

基本情報技術者試験　午後試験の分野別出題数

分野	問1	問2〜5	問6	問7〜11
情報セキュリティ	◎	―	―	―
ソフトウェア・ハードウェア	―	○×3	―	―
データベース	―		―	―
ネットワーク	―		―	―
ソフトウェア設計	―		―	―
プロジェクトマネジメント	―	○	―	―
サービスマネジメント	―		―	―
システム戦略	―		―	―
経営戦略・企業と法務	―		―	―
データ構造及びアルゴリズム	―	―	◎	―
ソフトウェア開発	―	―	―	○×5[1)

◎：必須解答問題　　○：選択解答問題
注1)　ソフトウェア開発分野からは，C，Java，Python，アセンブラ言語，表計算ソフトの問
　　　題を1問ずつ出題し，その中から1問を選択して解答
※令和2年（2020年）より変更

　問1の情報セキュリティと問6のデータ構造及びアルゴリズムは必須解答問題です。問2〜5では様々な分野から4問が出題され，そのうちの2問を解答します。問7〜11はソフトウェア開発（プログラミング）問題で，C，Java，Python，アセンブラ言語，表計算ソフトの問題が1問ずつ出題され，そのうちの1問を選択して解答します。配点は，問1が20点，問2〜5は2問選択で各15点，問6が25点，問7〜11は1問選択で25点となっています。Pythonは問9の選択問題として出題され，配点は25点になります。

■ 突破率と合格率

　以下に，平成29年から令和元年までに実施された試験において，午前，午後での合格ラインを突破した割合（突破率）と，全体の合格率を示します。合格の条件は，午前，午後ともに合格ラインを突破することです。

午前・午後の突破率と合格率

突破率	平成29年春	平成29年秋	平成30年春	平成30年秋	平成31年春	令和元年秋
午前	39.1%	45.8%	55.6%	41.1%	47.0%	42.3%
午後	30.2%	26.5%	32.8%	28.5%	26.1%	36.3%
全体（合格率）	22.5%	21.8%	23.9%	22.9%	22.2%	28.5%

例年，午前より午後の方が突破率が低く，午後の攻略が合格のカギとなることが読み取れます。

令和2年度から開催されたCBT方式の試験では，午前，午後の区分別の受験者情報は令和3年4月時点では公開されていません。全体の合格者数は公開されていますので，合格率を集計すると，次のようになります。

合格者数と合格率

受験年月	受験者数	合格者数	合格率(%)
令和3年1月	8,519	4,934	57.9
令和3年2月	14,568	7,356	50.5
令和3年3月	29,906	13,209	44.2

CBT方式の試験となってから，全体的に合格率はかなり上昇しています。

この要因としては，午前免除の方が受験者に含まれていることと，応用情報技術者試験や高度区分などと併願できるようになったことなども考えられます。しかし，問題冊子で行われていたときの午後単独の突破率より，CBT方式の合格率の方が高いので，傾向として「受かりやすくなった」とは言えます。

CBT方式になった時点でちょうど試験制度が変わり，選択問題数が減って時間に余裕ができました。受かりやすくなったと前向きにとらえ，今後の学習を進めていくとよいでしょう。

◯ 基本情報技術者試験の現実的なメリット

情報処理技術者試験は国家試験ですが，取得すると与えられる免許などはなく，独占的な業務もありません。また，合格率は高くても30%程度であり，簡単に合格できる試験でもありません。そのため，IT業界の中からも，「取っても役に立たない」などという声が聞かれます。実際，「取りさえすれば人生バラ色」とまではいきません。

しかし，質が高い国家試験ですので，現実的に役に立つ場面はいくつもあります。筆者の周りでも，情報処理技術者試験の合格を生かして就職や転職に成功した，社内での地位が向上したり褒賞金がもらえたりした，といった事例はよく耳にします。

情報処理技術者試験に合格すると得られるメリットは，情報処理推進機構のWebサイトに「試験のメリット」として挙げられています（https://www.jitec.ipa.go.jp/1_08gaiyou/merit.html）。これらのうち，基本情報技術者試験に合格すると得られるメリットには次のものがあります。

企業からの高い評価

　日経BPが2019年に行った調査をもとに作成した記事「いる資格、いらない資格 2019決定版」(https://tech.nikkeibp.co.jp/atcl/nxt/column/18/00969/091100002/)※では，保有するIT資格の第1位が基本情報技術者となっています（第2位は応用情報技術者）。IT関連の企業では，新人研修の一環として基本情報技術者試験の受験を推奨することも多く，「取得しているのが一般的」な資格でもあります。また，基本情報技術者の取得を社員に奨励している企業は多く，実際に，合格者に一時金や資格手当などを支給する報奨金制度を設けたり，採用の際に試験合格を考慮したりすることがあります。

　IT関連の企業に就職や転職をするためにも取得していると有利ですし，就職した後も，手当などで収入アップが見込めることが多い資格です。ちなみに，筆者が新卒で入社した会社でも資格手当があり，二種（現在の基本情報技術者技術者）は月額5,000円でした（学生時代の最終年に合格したので，入社時から月額手当がつきました）。

　企業によって金額や優遇の度合いは違いますが，優遇する企業は実際に多いようですし，いろいろな企業で資格取得を奨励しています。

※有料会員が閲覧できる記事となっています。

大学における活用（単位認定・入試優遇など）

　取得者数が多いと大学のアピールポイントにもなりますし，実際に多くの大学で取得者を優遇しています。大学入試で基本情報技術者試験に合格していると優遇する大学も多いです。情報処理技術者試験を活用している大学・短大については，IPAが「大学における活用」として掲載しています（https://www.jitec.ipa.go.jp/1_22example/list_00_all.html）。

　ステップアップとして，応用情報技術者まで取得しているとさらに有利です。このような優遇措置は，情報系の学部よりも経済学部や商学部などに比較的多い傾向があります。

自己のスキルアップ，能力レベルの確認

　基本情報技術者試験の問題は，かなり考えて作成されているため質が高いので，付け焼き刃の勉強では合格しづらい試験です。しかし，しっかり勉強して合格すれば，IT人材としての基本的な知識や技能を身に付けることができます。

　何かを学ぶときには目標がないと続かないものですが，合格を目標にスキルアップするという点で基本情報技術者試験はとても優れています。ITの専門家としての基礎を幅広く学ぶことができ，それらを身に付けると実際に仕事で役立つからです。また，実務をこなしているだけでは経験が偏りがちになるので，足りない部分の知識を補うことにも活用できます。

基本情報技術者試験 合格のポイント

　基本情報技術者試験では，午後の試験を突破することが合否の一番のポイントです。午後試験では，プログラミングとアルゴリズムが最も配点が高く，合格のカギとなります。

プログラミングとアルゴリズムが午後の合否を分ける！

　基本情報技術者試験の午後の配点は，プログラミング（Pythonなど）が25点，データ構造及びアルゴリズムが25点で，合計で50点になります。合格ラインは60点ですので，この2つの分野ができれば，合格にかなり近づきます。逆に，この2つの分野で点数を取らないと，合格は難しいといえます。

　プログラミングとアルゴリズムは，習得するのに最も時間がかかる分野です。一夜漬けで簡単にマスターできるものではなく，数か月の継続的な学習が必須です。また，この2つの分野は完全に別のものではなく，どちらもプログラミング能力を試すための内容が出題されます。そのため，プログラミングを学習するときに同時にデータ構造やアルゴリズムも学習すると，効率的に習得することができます。

　基本情報技術者試験の午後のデータ構造及びアルゴリズム分野で出題された内容は，次のとおりです。

基本情報技術者試験 午後のデータ構造及びアルゴリズム分野の出題

年度期	問番号	テーマ
平成21年春	8	図形の塗替え
平成21年秋	8	数値計算と計算誤差
平成22年春	8	マージソート
平成22年秋	8	符号付き2進整数の乗算
平成23年特別	8	組合せ
平成23年秋	8	代入文の処理
平成24年春	8	ビットの検査
平成24年秋	8	駅間の最短距離を求めるプログラム
平成25年春	8	食料品店の値引き処理
平成25年秋	8	文字列の圧縮
平成26年春	8	空き領域の管理
平成26年秋	8	編集距離の算出
平成27年春	8	クイックソートを応用した選択アルゴリズム
平成27年秋	8	Boyer-Moore-Horspool法を用いた文字列検索
平成28年春	8	簡易メモ帳のメモリ管理
平成28年秋	8	数値の編集
平成29年春	8	最短経路の探索
平成29年秋	8	文字列の誤りの検出
平成30年春	8	ヒープの性質を利用したデータの整列
平成30年秋	8	整数式の解析と計算
平成31年春	8	ハフマン符号を用いた文字列圧縮
令和元年秋	8	Bitap法による文字列検索

　文字列処理からソート，2進数のビット演算，メモリ管理や図形描画など，様々な内容のアルゴリズムが出題されています。データ構造及びアルゴリズムに関しては，午前問題でも4～5問出題されます。午後では必須解答問題なので，合格には外せない内容です。

　また，アルゴリズムは，プログラミングの骨組みに該当します。プログラミング言語に依存しない，どんなプログラミング言語でも書ける内容が出題されます。これまでのプログラミング問題で，アルゴリズムと重複する内容が最も多く出題されているのがC言語です。基本情報技術者試験の午後のC言語問題は,次のようなテーマとなっています。

基本情報技術者試験のソフトウェア開発（C）の出題

年度期	問番号	テーマ
平成21年春	9	絶対パスへの変換
平成21年秋	9	多倍長整数の加算
平成22年春	9	英文テキストの整形出力
平成22年秋	9	バスの到着待ち時間
平成23年特別	9	劇場の空き座席の確認
平成23年秋	9	循環小数の出力
平成24年春	9	会議時間の調整
平成24年秋	9	くじの当選番号の確認
平成25年春	9	ケーブルテレビ局が提供するサービスの料金計算
平成25年秋	9	辞書順での文字列の比較
平成26年春	9	テキストの編集
平成26年秋	9	利用者IDの管理状況の確認
平成27年春	9	換字式暗号
平成27年秋	9	入退室状況の印字
平成28年春	9	フラクタル図形の描画
平成28年秋	9	サブシステムの開発作業順序
平成29年春	9	マーク式試験の答案の採点
平成29年秋	9	回文の探索と表示
平成30年春	9	簡易集計プログラム
平成30年秋	9	鉄道模型における列車の運行シミュレーション
平成31年春	9	入力ファイル中の文字の出現回数の印字
令和元年秋	9	入力ファイルの内容を文字及び16進数で表示

　プログラミング言語を学習するときにアルゴリズムを合わせて学習することで，どちらの問題も解けるようになり，相乗効果が期待できます。

　Pythonは，アルゴリズムを記述するのに適したプログラミング言語です。アルゴリズムの記述によく使われる言語に擬似言語があります。Pythonは擬似言語の文法に似ており，簡単に変換可能です。

■ 基本情報技術者試験で出題されるプログラミング言語

　基本情報技術者試験で従来から出題されているプログラミング言語には，それぞれ次のような特徴があります。言語選択を考える際の参考にしてみてください。

C

　自由度の高いプログラミング言語で，OSやハードウェアの操作など様々なことができます。文法自体は単純ですが，メモリを参照するためのポインタの扱いなどを理解する必要があり，言語習得の難易度は高めです。基本情報技術者試験の午後問題では，アルゴリズムやデータの表示などの問題がよく出題されます。オブジェクト指向言語ではな

いため試験問題があまり複雑にならず，午後問題の難易度は低めのことが多い言語です。

Java

　業務システムやWebシステムなどで最も広く普及している言語です。企業の需要は多く，マスターすることでプログラマとして活躍できる可能性が高くなります。オブジェクト指向言語であり，クラスの取扱い方法をしっかり学習する必要があるため，習得の難易度は高めです。基本情報技術者試験の午後問題では，ライブラリの利用や，インタフェースを活用したものが多く出題されます。多数のクラスが出てきて問題が複雑になりがちで，午後問題の難易度は一番高いことが多い言語です。

アセンブラ

　アセンブラは，コンピュータの動きを直接制御するプログラミング言語です。基本情報技術者試験では，仮想のコンピュータシステムCOMET IIを想定した言語CASL IIを利用します。このまま実際の業務に使われることはありませんので，直接の活用にはつながりませんが，コンピュータシステムの動きを理解するためには最適な言語です。

　命令数が少なく，できることが限られているため，マスターするための時間は少なくてすみます。そのため，最短で基本情報技術者試験に合格したい場合には適した言語です。

表計算

　Excelなどで使用される，表を基に計算するときの言語です。マクロも含まれます。基本情報技術者試験では，Excelなどで使用される関数を独自の規格で定義しなおしています。通常のプログラミング言語と違い，一見，取り掛かりが簡単そうなので，選択する受験者が多い言語です。しかし近年は，問題文が他のプログラミング言語に比べてかなり長い傾向があり，プログラミング能力だけでなく，読解力が求められる問題が増えてきています。

　このほかにCOBOLがありましたが，これが廃止され，代わりに追加されたプログラミング言語がPythonです。以降では，Pythonがどのような言語なのか，詳しくみていきます。

Pythonの概要

Pythonの特徴

Pythonは，学習を始めることが簡単で，小学校でも採用されているプログラミング言語です。Pythonをマスターすることで，プログラマとして就職することも可能です。

Pythonは，他のプログラミング言語と比べ，最初に学びやすい言語です。また，データサイエンス分野に強いため，将来性が高いことも特徴です。

他の言語と異なる，Pythonの利点

基本情報技術者試験では，C，Java，アセンブラ，表計算に合わせてPythonが午後のプログラミングの選択問題として出題されます。これらの言語と比較したときのPythonの特徴には，次のものがあります。

初心者が学習しやすい

Pythonは，「学習しやすい」ことと「実用的に使える」ことの両立を目指した言語です。そのため，最初の学習は，他の言語よりもはるかに簡単です。例えば，最初に「Hello, World!」と表示させるときに，CやJavaでは次のように何行も記述する必要があります。

Cの例

```
include <stdio.h>
int main(void){
    printf("Hello World!");
}
```

Javaの例

```
public class HelloWorld {
    public static void main(String[] args) {
        System.out.println("Hello World!");
    }
}
```

このように，Cではmain関数，Javaではクラスとmain()メソッドを作成しないと，処理を実行できません。しかし，Pythonでは次の行だけで表示できます。

Pythonの例

```
print("Hello, World!")
```

このように，最初の取り掛かりが簡単で，動くプログラムを作成するまでの道のりが短いのが，Pythonの特徴です。そのため，小学校や様々な子ども向けプログラミングスクールでもPythonを使用する場合が多くあります。

また，YouTubeやCode.orgなどのプログラミング学習サイトでも，無料で学べる講座が多いのも，Pythonの特徴です。英語の情報が多いですが，全世界に普及していますので，学ぶための教材も無料または安価で数多く用意されています。

プログラミング環境の構築が簡単

他のプログラミング言語と同様，Pythonの開発環境には様々なものがあります。特徴的なのが，データサイエンスのための開発環境Anacondaで，これをインストールすると，様々な環境で簡単にPythonの実行環境を整えることができます（本書では，付録でAnacondaのインストールについて解説しています）。

また，PCにインストールしなくても，Googleが提供しているColaboratoryというサービス（https://colab.research.google.com/）を使用すると，Webブラウザ上でPythonを実行させることができます（付録を参照）。

プログラミングの学習においては，環境を構築して実際に試してみることがとても大切です。そのための環境を整えやすいのも，Pythonの利点です。

仕事や学習に役立つ

Pythonは，単に初心者向けの簡単な言語というだけではありません。機能がかなり豊富で，本格的なプログラミングも可能です。オブジェクト指向言語なのでクラスを作成することもできますし，様々なライブラリを駆使して，数値演算やWeb開発，セキュリティプログラミングなどを行うこともできます。様々な応用が可能となる，拡張性の高い言語なので，一度習得するといろいろな場面で使えます。

■ Pythonを学習するときの注意点

Pythonを学習するときに注意しなければならないのは，この言語は，「はじめに学習しやすい」言語であるというだけで，決して「簡単な」言語ではないということです。使

いこなすためには，**関数やアルゴリズム，オブジェクト指向のクラスなどもしっかり理解する必要**がありますし，学習する内容も多めです。CやJavaでできることはPythonでもできますが，その分，実際の学習量もCやJava並みに必要になります。

　実用的な言語なので，マスターすれば就職にも実務にも役に立ちます。しかし，単純に「簡単そうだから」で選ぶと，途中で難しくなり，挫折する原因にもなります。

　学習する場合にはぜひ，「Pythonでできること」をイメージし，難しくてもあきらめず，少しずつステップアップしていきましょう。

■ Python特有の出題内容

　Pythonのプログラミング問題には，他の言語の問題では出題されない，Python特有の出題内容があります。他の言語と異なる部分はしっかり押さえておくことが大切です。

　午後問題での出題が予想されるPython特有の内容としては，例えば次のようなものがあります。

リストでのデータ構造の表現
・リストを用いた配列の表現。添字の指定，スライスなど
・リストのメソッド（pop(),append()など）を利用した，スタックやキューの実現

リスト内包表記
・2重ループのリスト内包表記なども含む複雑なリスト内包表記

クラスの表現
・クラスの引数には，selfなどの自分自身を指す引数が必要なこと
・クラスの変数は，基本的に他で参照可能なこと

関数の表現
・関数自体を引数として受け渡せること
・map()，zip()，ジェネレータ関数など，特有の組み込み関数

　本書では，シラバスに準拠して，基本情報技術者試験の午後のPython問題で出題されるPythonの文法内容を網羅しました。一部難しい部分もありますが，合格に向けてひととおりマスターする必要があります。

Python学習のポイント

　基本情報技術者試験の午後でPythonを選択する場合のポイントは，「Pythonだけ」を学習しようとしないことです。他の分野と合わせて学習することで，効率的にスキルアップすることができます。

PythonでIT全般を学ぶ

　基本情報技術者試験は，単に「プログラミング言語を知っている」ことを試すのではなく，「プログラミングができるエンジニアである」ことを評価する試験です。そのため，「Python3エンジニア認定試験」などの，Pythonだけの試験とは異なり，Python以外のプログラミングに関するスキルも必要になってきます。

　特に関係が深いのが，**データ構造及びアルゴリズム**です。基本情報技術者試験の午後では必須問題として出題されますし，Pythonはアルゴリズムを実際に記述してみるのに適している言語です。「Pythonで学ぶアルゴリズム」などの本や講座，YouTube動画や動画教材なども数多く出ていますし，アルゴリズムをPythonで実際に動かしてみるのは，とても効果的です。また，2進数や16進数などの基礎理論，データベースやネットワークなど，それぞれのIT分野についても，Pythonを使いながら実際に試して学ぶことは効率的です。

　本書では，基礎理論の午前問題などについても，Pythonのプログラムと合わせて取り上げていますので，合わせて学習してみてください。

合格に向けた学習方法

　基本情報技術者試験では，IT全般についての幅広い基礎知識と，自分が選択する問題の分野（Pythonなど）に関するスキルの両方が要求されます。定番の学習方法としては，次のような内容が挙げられます。

①午前

　参考書をひととおり読んで学習し，午前問題で演習を行います。演習量の目安は過去問題だと3，4回分程度（だいたい問題集1冊分）です。

②午後

　過去問題や予想問題をもとに演習を行います。演習量の目安は，セキュリティや自分が選択する分野（ソフトウェアやネットワーク，システム戦略などの8分野から3，4分野）について，それぞれ3～6問程度（だいたい問題集1冊に掲載されている分）です。それとは別に，データ構造及びアルゴリズム分野と，選択するプログラミング言語について，

それぞれ過去問題や予想問題を5，6回分程度（問題集1冊分＋α）演習します。プログラミングに関しては，問題演習だけではなく，実際にプログラミングを行ってみることも大切です。

データ構造及びアルゴリズム分野とプログラミング言語の問題は配点も高く，習得に時間がかかるので，特に学習時間をとる必要があります。本書では，プログラミング言語でPythonを選択することを前提に，アルゴリズムについても取り上げていますので，本書をベースに次の3つの学習を行うと，基本情報技術者試験に合格するだけの実力を身に付けることができます。

- ・本書でPythonについて学習する
- ・午前レベルの参考書や教材（動画も含め，自分に合ったもの）で，ひととおり全分野を網羅する
- ・過去問題が掲載されている問題集を使い，午前と午後，両方の過去問題3，4回分程度の演習を行う

通常はこれだけの分量の勉強をするのに3か月程度はかかりますので，継続して学習することが最も大切です。まずはスタートして，少しずつ積み重ねていきましょう。

● 本書のフォローアップ

本書の訂正情報につきましては，インプレスのサイトをご参照ください。内容に関するご質問は，「お問い合わせフォーム」よりお問い合わせください。

●お問い合わせと訂正ページ
https://book.impress.co.jp/books/1120101146
上記のページで「お問い合わせフォーム」ボタンをクリックしますとフォーム画面に進みます。

第 **1** 章

Pythonの基本

Pythonは，わかりやすさ，使いやすさを重視したプログラミング言語です。基本的な文法を押さえ，変数やデータの型などを理解することで，いろいろなプログラムを組むことが可能となります。この章でのポイントは，整数，文字列などの基本のデータ型と，リスト，タプル，辞書など，複数のデータが集まった複雑なデータ型（コレクション）です。

基本的な文法を学んで，まずはPythonを使えるようになりましょう。

1-1 Pythonとは
- 1-1-1 Pythonことはじめ
- 1-1-2 Pythonの基本文法
- 1-1-3 演習問題

1-2 データ型
- 1-2-1 基本データ型
- 1-2-2 要素をもつデータ型
- 1-2-3 リスト
- 1-2-4 演習問題

1-3 プログラムの構造
- 1-3-1 プログラムの基本3構造
- 1-3-2 選択型のプログラム
- 1-3-3 反復型のプログラム
- 1-3-4 演習問題

1-1 Pythonとは

Pythonは，わかりやすさ，使いやすさを重視したプログラミング言語です。対話モードが用意されており，計算結果などを即座に表示させることができます。スクリプト言語で，少しずつ順番に実行でき，最初に設定すべきことが少ないため，やりたい処理を試行錯誤しながら進めることができます。

1-1-1 Pythonことはじめ

Pythonを理解するには，使ってみることが一番です。まずは実際に使ってみて，感覚をつかみましょう。

Pythonの実行方法

Pythonを実行する方法には，次の2種類があります。

①実行モード

ファイルにプログラムをすべて記述し，それを呼び出して実行させる方式です。通常はこの方法で実行されます。

②対話モード

対話形式で1処理ごとに双方向で処理を実行する方法です。処理ごとの結果を見て，試行錯誤しながらいろいろ実行してみることができます。本書では，対話モードの環境としてJupyter Notebookを使用します。

まずは，対話モードで簡単なプログラムを実行してみましょう。

Pythonで数値演算を実行

Pythonでは，＋，−，×，÷などの四則演算は，そのまま書けばできます（×は*，÷は/で表現します）。例えば，

```
3 + 5
```

と入力して改行する（[Enter]キーを押す）と，

関連

公式サイトからPythonをダウンロードしてインストールした場合には，実行モードが基本となります。実行モードでプログラムを実行するには，コマンドプロンプトなどのコマンドを書く画面で
> python ファイル名
というかたちでファイルを実行させます。
対話モードを実行するには，単に
> python
と入力すると，>>> が表示され，対話モードになります。
Jupyter Notebookは，対話モードでの実行を行う開発環境なので，同じように実行できます（実行は，改行（[Enter]キー）ではなく，[Shift]＋[Enter]キーまたは[Ctrl]＋[Enter]キーで行います）。
設定方法や利用方法などについては，巻末の付録を参照してください。

```
8
```

が出力されます。

　掛け算や割り算は，足し算や引き算よりも優先されるので，

```
3 * 5 + 8 * 2
```

は，掛け算 (3 * 5) と (8 * 2) を先に計算し，

```
31
```

が出力されます。

　Pythonの数値演算で使われる演算子には，次のようなものがあります。

●数値演算で使う演算子

演算子	説明	例	結果
+	足し算	3+5	8
-	引き算	3-5	-2
*	掛け算	3*5	15
/	割り算	7/2	3.5
//	割り算の商（整数）	7//2	3
%	割り算の余り（整数）	7%2	1
**	べき乗（数を何回も掛けた数）	2**4	16

発展

演算子の優先順位は，(べき乗) > (掛け算，割り算) > (足し算，引き算) になります。割り算の商や余りは，通常の割り算と同じ優先順位で算出されます。また，括弧 ('(' と ')') で囲むことで，括弧内の計算を優先させることができます。

POINT!

・　四則演算は，そのまま書けば実行できる

・　割り算の商は/，商の整数部分は//，余りは%

1-1-2 Pythonの基本文法

Pythonの基本文法は，他のプログラミング言語と共通するものが多く，覚えやすく作られています。変数や値の代入，組み込み関数やコメントを学習することで，基本的なプログラムが書けるようになります。

■ 変数

変数は，データを入れるための入れ物で，名前を付けて区別します。Pythonでは変数名に，大文字と小文字のアルファベットと数字，アンダースコア(_)が使えます。ただし，先頭の1文字目に数字を使うことはできません。例えば，変数名に「abc」や「abc1」は使えますが，「1abc」は使えません。

また，None，if，listなど，プログラムで特別な意味をもつ単語は予約語として登録されています。予約語は変数名として使用できません。

代入文

変数は入れ物なので，代入文(=)を用いて値を代入します。例えば，

```
a = 1
```

とすると，変数aに「1」を代入できます。

なお，数値はそのまま代入できますが，アルファベットや漢字で始まる文字列は変数と区別がつかないので，そのままでは代入できません。

文字列を表す場合には，シングルクォーテーション(')かダブルクォーテーション(")で囲む必要があります。例えば，変数aに文字列「Hello」を代入する場合には，

```
a = 'Hello'
```

または

発展

最新バージョンのPython3ではUnicode文字も使えるようになったため，日本語で変数名を付けることも可能です。しかし，すべてのUnicode文字が使えるわけではありませんし，エラーにならないだけで使うメリットはあまりないので，使用は推奨しません。

```
a = "Hello"
```

とします。

このとき，シングルクォーテーションとダブルクォーテーションはどちらを使ってもいいですが，前後の記号は同じもので揃える必要があります。

演算子を使った変数への代入

変数には，演算子を使って計算した値を入れることができます。例えば，

```
a = 5 + 3
```

とすると，5+3の演算結果「8」がaに代入されます。

文字列も，演算子を使って計算することができます。例えば，

```
c = 'Hello' + 'World'
```

であれば，cには「HelloWorld」が代入されます。また，

```
c = 'Hello' * 3
```

であれば，cには「HelloHelloHello」が代入されます。

では，実際に変数に計算結果を入力してみましょう。

【例】演算子による計算結果を変数に代入

```
a = 2 * 3
b = 'World' * 3
print(a, b)     #print()については後述します
```

実行結果

```
6 WorldWorldWorld
```

変数の内容を変更する

変数の値は，代入文を使用することで変更できます。例えば，aに1を加えるときには，次のように代入します。

```
a = a + 1
```

このとき，省略する記法として代入演算子「+=」を用いることができます。代入演算子を使うと，上記の内容は次のように省略することができます。

```
a += 1
```

では，実際に変数の内容を変更してみましょう。

【例】変数の内容を変更

```
a = 1
a = a + 1
a   # 変数aの内容を表示
```

実行結果

```
2
```

```
a += 1    # 代入演算子の使用
a         # 変数aの内容を表示
```

実行結果

```
3
```

文字列変数に文字列を連結させるときにも，演算子を用いることができます。例えば，変数bの後ろに「World」を加えるときには，以下のようにします。

```
b = b + 'World'
```

このとき，省略する記法として，数値の場合と同様に代入演算子を使用することで，変数bの後ろに「World」を連結させることができます。

> **関連**
>
> Pythonの対話モードやJupyter Notebookでは，print()関数を使わなくても，最後の実行結果が表示されます。そのため，変数aが定義されている場合，「a」とだけ記述すると，その内容が表示されます。

実際にやってみると，次のようになります。

【例】変数の内容を変更（文字列を連結）

```
b = 'Hello'
b = b + 'World'
b   # 変数bの内容を表示
```
実行結果
```
'HelloWorld'
```

```
b += 'World'
b   # 変数bの内容を表示
```
実行結果
```
'HelloWorldWorld'
```

代入演算子には，ほかにも引き算を行う「-=」や掛け算を行う「*=」など，通常の演算子と同様のものが使用できます。

■ 組み込み関数の利用

Pythonには，あらかじめ用意されていてすぐに利用できる関数があり，これを組み込み関数といいます。

print()関数

組み込み関数として最もよく使用されるのは，画面に表示を行うprint()関数です。例えば「Hello」という文字列を表示させたい場合には，次のように入力します。

```
print('Hello')
```

print()関数に変数名を指定すると，変数の中の値を表示することができます。例えば，変数aに先ほど行ったように「Hello」が代入されている場合，次のように入力すると「Hello」と表示されます。

```
print(a)
```

関連

プログラムにおける関数とは，一連の処理をまとめたものです。( )内に値を指定すると，その入力値に何らかの操作を行い実行結果を返します。詳細は，第3章「関数の定義」で学習します。

input( )関数

プログラムの実行中に値を入力することが必要なときには，input( )関数を使います。例えば，変数zに値を入力するときには，次のように記述します。

```
z = input()
```

これを実行すると値の入力が求められ，その内容に合わせて処理が実行されます。具体的には，次のようになります。

【例】input( )関数で値を入力

```
z = input()
print(z)
```

←入力する場所が表示されるので，「3」を入力

実行結果
```
3
```

組み込み関数には，print( )関数やinput( )関数以外にも，整数に変換するint( )関数や文字列に変換するstr( )関数など，様々なものがあります。

■ インデントによるブロック表現

Pythonでは，インデント（字下げ）によって，ブロック（かたまり）を表現します。例えば，変数aが1の場合に「OK」とaの値を順に表示させる場合には，次のように記述します。

```
if a == 1:
    print('OK')
    print(a)
```

Pythonではインデントは必須です。インデントを適切に行っていないとエラーになります。

 関連

インデントは，1文字以上ずれていれば文法上の問題はありません。一般的には，Pythonの基本的なコーディング規約であるPEP8（Style Guide for Python Code）に従って，1インデントにスペース4つを使って字下げを行います。

 関連

条件式のif文や比較演算子==については後述します。まずはブロックを学んでください。

■ コメント

Pythonでのコメントはシャープ（#）を用います。コメントはプログラムとしては実行されません。行の先頭に「#」があればその行全体が，途中で利用するとその「#」以降がすべてコメントとして扱われます。コメントの記述例を以下に示します。

```
# これはコメントです
name = 'pan'  # nameは商品名を表す
```

1行目はすべてコメントなので，プログラムの実行には関係ありません。2行目では，変数nameへの代入が行われ，「#」以降はコメントなのでプログラムでは無視されます。

また，複数行をまとめてコメントとする場合には，コメントの部分をシングルクオーテーション3つ「'''」，またはダブルクオーテーション3つ「"""」で囲みます。

■ 複数の変数への代入

Pythonでは，複数の変数に一度に値を代入することができます。例えば，変数aに1，変数bに2を代入するときには，次のように1行にまとめることができます。

```
a, b = 1, 2
```

発展

Jupyter Notebook を使用すると，プログラム中以外に，ノートとして様々なコメントを残すことができます。Markdown形式という文書を書くための形式で数式なども表現できます。

発展

複数行のコメントは，プログラム中にそのプログラムを説明するために記述するdocstringでよく利用されます。
具体的には
"""
コメント1
コメント2
"""
といったかたちで利用します。

POINT!

- ・ 代入は，「変数 ＝ 値」で行う
- ・ Pythonでは字下げが必須，4文字のスペースが望ましい

40　第 1 章　Python の基本

1-1-3 ◯ 演習問題

問1　数値演算　　　　　　　　　　　　　　　　CHECK ▶ ☐☐☐

Python の対話モードで以下のように入力した際の出力結果として，正しいものはどれか。

```
3 + 2 ** 4
```

ア　11　　　　　　　イ　19　　　　　　　ウ　20　　　　　　　エ　625

問2　変数の利用　　　　　　　　　　　　　　　　CHECK ▶ ☐☐☐

次のプログラムを実行した際の出力結果として正しいものはどれか。

```
a = 9
b = 4

c = a / b
print(c)
```

ア　1　　　　　　　　　　　　　　　イ　2
ウ　2.25　　　　　　　　　　　　　　エ　SyntaxError: invalid syntax

問3　文字列の演算　　　　　　　　　　　　　　　CHECK ▶ ☐☐☐

次のプログラムを実行した際の出力結果として正しいものはどれか。

```
a = 'Hello'
a + 'World'
print(a)
```

ア　Hello　　　　　　　　　　　　　イ　HelloWorld
ウ　World　　　　　　　　　　　　　エ　SyntaxError: invalid syntax

1-1 Python とは　41

■ 演習問題の解説

問1　　　　　　　　　　　　　　　　　　　　　　　　　　　《解答》イ

3 + 2 ** 4 では，足し算「+」とべき乗「**」の計算を行います。演算子の優先順位はべき
乗の方が高いので，まずは 2 ** 4 = 16（2の4乗）の計算を行います。その後，べき乗の
演算結果を利用し，3 + 16 = 19 となります。したがって，**イ**が正解です。

ア　3 + 2 * 4（「*」は掛け算）の計算結果です。

ウ　(3 + 2) * 4の計算結果です。

エ　(3 + 2) ** 4 の計算結果です。優先順位はべき乗の方が上です。

問2　　　　　　　　　　　　　　　　　　　　　　　　　　　《解答》ウ

a = 9では変数aに9を，b = 4では変数bに4を代入します。「/」は割り算を行う演算子で，
小数になっても割り切れるまで計算します。そのため，c = a / b = 9 / 4 = 2.25 となるので，
ウが正解です。

ア　演算子「%」によって c = a % b として余りを求めたときの結果です。

イ　演算子「//」によって c = a // b として商の整数部分のみを求めたときの結果です。

エ　文字の入力ミスなど，文法的に誤っているときに出力されるエラーです。

問3　　　　　　　　　　　　　　　　　　　　　　　　　　　《解答》ア

a = 'Hello' では，変数aに文字列「Hello」を代入します。

「+」は，文字列を扱うときは連結を行う演算子なので，a + 'World'は，文字列「HelloWorld」
になります。しかし，a + 'World' の演算結果が「=」を用いてaに代入されているわけでは
ないので，変数aの値は変わりません。そのため，aの値はHelloのままとなるので，**ア**が正
解です。

イ，ウ　aに代入されていないので，Worldを含むものは誤りです。

エ　文字の打ち間違いなど，文法的に誤っているときに出力されるエラーです（エラーにつ
　　いては，「2-2 エラーと例外」で学びます）。

1-2 データ型

Pythonでは,データの型を指定しなくてもプログラミングを行うことが可能です。ここでは,数値型や論理型,文字列型などのデータ型のほか,要素をもつデータ型であるリスト,タプル,辞書,集合について学びます。

1-2-1 ● 基本データ型

データ型とは,プログラムが扱う値を分類したものです。プログラミングを行うときにデータ型を指定することで,プログラムがそのデータを適切に処理することができます。

Pythonでは,変数などを使用するときにデータの型(整数型,文字列型など)を指定する必要はありません。これは,自動でデータ型が設定されるためであり,データ型がないわけではありません。ただし,文字列型の数値は計算できないなどのエラーが起こることがあるので,データの型を意識する必要があります。

Pythonの主なデータ型には,次のものがあります。

● Pythonの主なデータ型

	データ型	説明
1	数値型(number)	数値を扱うデータ型
2	文字列型(string)	文字列を扱うデータ型
3	論理型(boolean)	真(true)と偽(false)をとるデータ型
4	リスト型(list)	要素の集まりを扱うデータ型。要素は変更可能
5	タプル型(tuple)	要素の集まりを扱うデータ型。要素は変更不可能
6	辞書型(dict)	キーと値を組み合わせたデータ型
7	集合型(set)	要素の集まりを扱うデータ型

 発展

Pythonのデータ型には,これら以外にも,バイナリデータを格納するbyte型や,数値シーケンスを表すrange型などがあります。利用できるすべての型については,Pythonドキュメントの以下のページを参考にしてください。
https://docs.python.org/ja/3/library/stdtypes.html

ここでは,1〜3を基本データ型として取り扱います。4〜7は,複数の要素をもつデータ型なので,次節「要素をもつデータ型」で取り扱います。

■ 数値型

数値型には，整数（int）と浮動小数点数（float）があります。浮動小数点数では，小数点を使って数値を表すことができます。

 発展
数値型には，整数，浮動小数点数以外に複素数（complex）があります。これは，虚数を用いた複素数を表す数で，高度な数値演算などで用いられます。

【例】整数，浮動小数点数を出力

```
print(11)      # 整数
print(11.5)    # 浮動小数点数
```

実行結果

```
11
11.5
```

整数型，浮動小数点型に変換することもできます。整数にしたいときにはint( ),浮動小数点数にしたいときにはfloat( )を用います。
これらを用いて，数値を出力すると，次のようになります。

【例】整数型，浮動小数点型に変換

```
print(int(11.5))   # 整数に変換
print(float(11))   # 浮動小数点数に変換
```

実行結果

```
11
11.0
```

また，通常の数値は10進数ですが，2進数，8進数，16進数などを表すことも可能です。2進数（0b），8進数（0o），16進数（0x）の値を出力させると，次のようになります。

【例】2進数，8進数，16進数を出力

```
print(0b11)    # 2進数は「0b」を先頭に付ける
print(0o11)    # 8進数は「0o」を先頭に付ける
print(0x11)    # 16進数は「0x」を先頭に付ける
```

実行結果

```
3
9
17
```

44　第1章　Python の基本

　このように，通常は10進数で出力されます。2進数で出力した
いときには bin( )，8進数で出力したいときには oct( )，16進数で
出力したいときには hex( ) を用います。

　これらを用いて10進数の17を表示させると，次のようになり
ます。

【例】10進数の17を出力

```
print(bin(17))   # 2進数で出力
print(oct(17))   # 8進数で出力
print(hex(17))   # 16進数で出力
```

実行結果

```
0b10001
0o21
0x11
```

　また，ビット演算を行うこともできます。

●ビット演算

演算	結果
x | y	x と y のビット単位の論理和
x ^ y	x と y のビット単位の排他的論理和
x & y	x と y のビット単位の論理積
x << n	x の n ビット左シフト
x >> n	x の n ビット右シフト
~x	x のビット反転

　例えば，$x = (10101000)_2$ と $y = (11110000)_2$ のビットごとの論
理積をとる演算は，次のように行います。

【例】$x = (10101000)_2$ と $y = (11110000)_2$ のビットごとの論理積を出力

```
x = 0b10101000
y = 0b11110000
bin(x & y)
```

実行結果

```
'0b10100000'
```

文字列型

Pythonでは，文字列は文字列型（string）として扱います。文字列として値を表示させるときや変数に代入するときは，次の3つのいずれかの符号（囲む記号を引用符といいます）で囲む必要があります。

● 文字列を囲む引用符

引用符	符号	説明
シングルクォーテーション	'	ダブルクォーテーション（"）を埋め込むことができる
ダブルクォーテーション	"	シングルクォーテーション（'）を埋め込むことができる
三重引用符	''' / """	文字列を複数行に分けることができる

Pythonには文字列メソッドと呼ばれる操作の方法が用意されており，文字列に対して様々な操作を行うことができます。

例えば，文字列（str）をすべて小文字にする *str*.lower( ) という文字列メソッドがあります。以下の例では，文字列変数stringに string.lower( )と追加することで，すべて小文字にした値を返します。

> **関連**
>
> メソッドとは，クラスという単位で処理を取り扱うときに使用するものです。詳細は，第4章の「4-2 クラス」で学びます。
> ここでは，文字列を使うときに，その文字列の後にメソッドというものを付けるといろいろ変更できるということを押さえておいてください。

【例】*str*.lower( )の使用

```
string = 'Hello, World!'
string.lower()
```

実行結果

```
'hello, world!'
```

代表的な文字列メソッドには，次のものがあります。

● 代表的な文字列メソッド

メソッド	動作
str.lstrip()	文字列の先頭の空白文字を除去する
str.rstrip()	文字列の末尾の空白文字を除去する
str.strip()	文字列の先頭及び末尾の空白文字を除去する
str.lower()	文字列の大文字をすべて小文字にする
str.upper()	文字列の小文字をすべて大文字にする
str.split(sep)	文字列を sep を区切り文字にして分割し，リストにする

46　第1章　Pythonの基本

　文字列メソッドは，文字列そのものを変更するのではなく，変換した値を返すだけです。そのため,元の値はそのままになります。

【例】*str*.lower()を使用した後の変数の内容

```
string = 'Hello, World!'
string.lower()
string
```

実行結果

```
'Hello, World!'
```

　値を変更したい場合には，変更した値を同じ変数に代入し直す必要があります。

【例】*str*.lower()で変数の値を変更

```
string = 'Hello, World!'
string = string.lower()
string
```

実行結果

```
'hello, world!'
```

■ 論理型

　論理型は，真と偽を表す型です。真の場合はTrue，偽の場合はFalseを設定します。

　論理型は，後述するif文やwhile文などと合わせて使用されることが多くなるので，「1-3 プログラムの構造」で具体的に取り扱います。

POINT!

- 数値型には，整数（int），浮動小数点数（float）がある
- 文字列は，シングルクォーテーション，ダブルクォーテーション，三重引用符のどれかで囲む

1-2-2 ● 要素をもつデータ型

Pythonで使われる，要素をもつデータ型の代表的なものに，リスト，タプル，辞書，集合があります。

■ 複合 (compound) データ型

Pythonでは，多くの要素をもつデータ型を複合 (compound) データ型といい，複数の値をまとめるときに使われます。連続データを表現するものとして，**イテレータ**とも呼ばれます。

最も汎用性が高く，よく用いられる型がリスト (list) で，そのほかにタプル，辞書，集合があります。

複合データ型には，要素に順番があり，順序でアクセスできるシーケンス型と，順番には意味がない集合型やマッピング型があります。シーケンス型には，変更可能 (mutable：ミュータブル) なシーケンス型と，変更不可能 (immutable：イミュータブル) なシーケンス型があります。

それぞれのデータ型については以降で学習していきますが，先に複合データ型をまとめると次のようになります。

関連

イテレータは，処理を反復して繰り返すときに用いられます。詳細は「1-3-3 反復型のプログラム」で取り扱います。

● 複合データ型

	順番あり	順番なし
変更可能	リスト	辞書，集合 (Set)
変更不可能	タプル，文字列	Frozen Set

■ リスト

リストは，変更可能なシーケンス型です。コンマ区切りの値 (要素) の並びを角括弧で囲んだものとして記述されます。通常は同じ型の要素のみをもちますが，異なる型の要素を含むこともできます。リストの典型的な例を以下に示します。

【例】リスト square

```
squares = [1, 4, 9, 16, 25, 36]
```

squaresは数値 (整数) のリストです。リストでは，添字 (順番に振った番号) を指定して，特定の値を取り出すことができます。

48 第1章 Python の基本

添字は0から始まり，先頭から0，1，2…で表します。

　添字には，マイナスの値を設定することもできます。−1はリス
トの最後尾を表し，順に−2，−3，…と前に戻ります。

　上のリストsquaresは，次のような添字を指定できます。

●リストsquaresの添字

値	1	4	9	16	25	36
添字	0	1	2	3	4	5
添字（−）	−6	−5	−4	−3	−2	−1

これに沿ってリストsquareの値を出力してみます。

【例】リストsquareの値を出力

```
squares[2]
```
実行結果
```
9
```

```
squares[-3]
```
実行結果
```
16
```

　また，リストは1つの値だけでなく，範囲を指定して一部分を
取り出すこともできます。この操作を**スライス**といいます。

　[始点の添字 ： 終点の添字 **+1**] のかたちで始点と終点を記述す
ることで範囲を指定します。始点と終点の添字は省略可能であ
り，省略した場合はそれぞれ先頭と末尾を指します。

　リストsquareの一部分を出力する場合は，次のようになります。

【例】リストsquareの一部分を出力

```
squares[2:5]    # 3〜5番目の値を出力
```
実行結果
```
[9, 16, 25]
```

```
squares[-3:]    # 後ろから3番目（4番目）から最後までの値を出力
```
実行結果
```
[16, 25, 36]
```

さらに，リストは変更可能なので，次のように位置を指定して値を変更することができます。

【例】リストsquareの位置を指定して値を変更

```
squares[2] = 5          # 3番目の値を「5」に変更
squares                 # リストsquaresを出力
```
実行結果
```
[1, 4, 5, 16, 25, 36]
```

リストの一部を別のリストで置き換えることができます。次のように，リストの位置をスライスで指定して，値を置き換えます。

```
squares[2:5] = [6, 7, 8]   # スライスで3～5番目の値を「6, 7, 8」に変更
squares                    # リストsquaresを出力
```
実行結果
```
[1, 4, 6, 7, 8, 36]
```

リストには，数値だけでなく文字列などを入れることもできます。文字列の場合も，数値と同様にスライスの操作が可能です。

【例】文字列のリストfruitsにおけるスライス

```
fruits = ['apple', 'blueberry', 'melon']
fruits[1:3]              # リストfruitsの2, 3番目の値を出力
```
実行結果
```
['blueberry', 'melon']
```

■ タプル

タプルは，変更不可能なシーケンス型です。コンマ区切りの値（要素）の並びを括弧で囲んで記述します。タプルの典型的な例を次に示します。

【例】タプルnumbers

```
numbers = (1, 2, 3, 4, 5, 6)
```

50 第1章 Pythonの基本

リストと同様に記述しますが，括弧の種類が異なります。添字を使ってデータを取り出すことはできますが，タプルは変更不可能なので，値を変更しようとすると，次のようにエラーになります。

関連

エラーの出力は，開発環境によって異なります。エラーや例外については，「2-2-1 エラー，例外」で詳しく取り扱います。

【例】タプルnumbersの値の出力と変更

```
numbers[3]   # 4番目の値を出力
```

実行結果

```
4
```

```
numbers[3] = 2   # 4番目の値を「2」に変更
```

実行結果

```
TypeError: 'tuple' object does not support item assignment
```

■ 辞書

辞書型は，**キー**（key）と**値**（value）の組合せで管理される型です。キーをインデックス（索引）として用い，キーに対する値を取り出します。

順番はもたないため，添字で順序を指定することはできません。また，キーは同じ辞書の中で一意である（ほかに同じ値をもたない）必要があります。

キーと値の組みを1つの要素として，{ }（波括弧）で囲んで表します。

辞書の典型的な例を次に示します。

発展

辞書型では，キーの変更はできません。そのため，キーにタプルなどの変更不可能なシーケンス型は利用できますが，リストを使用することはできません。値は変更可能なので特に制限はありません。

【例】辞書tel

```
tel = {'Mary': 2048, 'John': 4096}
```

キーを指定することで値を取り出すことができます。また，キーは変更できませんが，値の内容は変更することが可能です。

【例】辞書型telでキーを指定して出力，変更

```
tel['Mary']   # Maryの値を出力
```

実行結果

```
2048
```

```
tel['John'] = 8192   # Johnの値を変更
tel
```
実行結果
```
{'Mary': 2048, 'John': 8192}
```

■集合

集合とは，重複する要素をもたない，順序づけられていない要素の集まりです。{}を用いることで表現します。要素が重複している場合は1つにまとめられます。

集合の典型的な例を次に示します。

関連

集合は，set()関数を用いることで生成できます。リストにset()関数を用いると，重複を排除することが可能です。

【例】集合
```
basket = {'Apple', 'Melon', 'Apple', 'Water'}
basket
```
実行結果
```
{'Apple', 'Melon', 'Water'}
```

集合を用いることで，和（union），積（intersection），差（difference）などの集合演算を行うことができます。

発展

集合は，変更可能なデータ型なので，値を変更することも可能です。変更不可能な集合にFrozen Set型があり，frozenset()関数を用いることで生成できます。

■文字列の取扱い

文字列は，要素をもつデータ型として取り扱われます。タプルと同様，変更不可能なシーケンス型であり，文字列の一部のみを変更するなどの操作はできません。

例えば，文字列の一部を取り出すには，リストやタプルと同様，スライスを用います。

【例】文字列stringsの一部を出力
```
strings = 'ABCDEFG'
strings[2:5]   # 3～5番目の値を出力
```
実行結果
```
'CDE'
```

しかし，一部分のみを変更しようとすると，次のようにエラー

となります。

【例】文字列stringsの一部を変更

```
strings[3] = 'C'   # 4番目の値を変更
```

実行結果

```
TypeError: 'str' object does not support item assignment
```

なお，次のように，文字列全体の値を変更することは可能です。

【例】文字列stringsの全体の値を変更

```
strings = 'ABCDEFG'
strings = 'HIJKLMN'   # すべての値を変更
strings[2:5]          # 3〜5番目の値を出力
```

実行結果

```
'JKL'
```

POINT!

- 要素をもつデータ型には，リスト，タプル，辞書，集合の4種類と文字列型がある
- リストは変更可能だが，タプルは変更不可能

1-2-3 ● リスト

前節でリストについて説明しましたが，汎用性が高く，よく使われるので，ここでもう少し詳しく説明します。リストには，いろいろなメソッドがあり，様々な操作が可能です。リストにはリスト内包表記など，様々な手法があります。

■ インプレース演算

リストの演算などでは通常，元のリストの書き換えは行いません。例えば，リストの並べ替えを行う関数にsorted()がありますが，次のようにしても，並べ替えただけで，リストの中身そのものは書き換わりません。

【例】sorted()関数によるリストlistaの並べ替え

```
lista = [1, 2, 5, 4, 3]
sorted(lista)   # リストlistaを並べ替える
```

実行結果

```
[1, 2, 3, 4, 5]
```

```
lista   # リストlistaを出力
```

実行結果

```
[1, 2, 5, 4, 3]
```

このような関数を用いる場合，並べ替えた値をlistaとしたければ，並べ替え後の値をlistaに代入します。

【例】並べ替え後の値をリストlistaに代入

```
lista = [1, 2, 5, 4, 3]
lista = sorted(lista)   # 並べ替え後の値をlistaに代入
lista                   # リストlistaを出力
```

実行結果

```
[1, 2, 3, 4, 5]
```

このような代入を行わず，リストそのものの値を変える演算もあります。このような演算を**インプレース演算**といい，インプレー

ス演算を行うメソッドがあります。

例えば，sorted( )関数と同様に並べ替えを行うメソッドで，インプレース演算を行うものに*list*.sort( )メソッドがあります。*list*の部分に，リスト型の変数の名前を使用し，変数の後に.sort( )と付けることで，並べ替えを行います。

【例】リストlistaを，*list*.sort( )メソッドを用いて並べ替え

```
lista = [1, 2, 5, 4, 3]
lista.sort()      # リストlistaをインプレース演算で並べ替え
lista             # リストlistaを出力
```

実行結果

```
[1, 2, 3, 4, 5]
```

このように，lista.sort( )でインプレース演算での並べ替えが行われ，元のlistaの並びが変わります。

■ リストのメソッド

リストのデータ型は，メソッドを付け加えることによって様々な操作を行うことが可能となります。

メソッドは，リストやリストを表す変数の後ろに「.」（ドット）を付け，その後に記述することで操作を実行します。

リストの代表的なメソッドには次のようなものがあります。

●リストの主なメソッド

メソッド	操作
list.append(x)	リストの末尾に要素を1つ追加する
list.extend(iterable)	iterable（イテレータを示す変数）のすべての要素を対象のリストに追加し，リストを拡張する
list.insert(i, x)	添字iで指定した位置に要素xを挿入する
list.remove(x)	リストの中でxと等しい値をもつ最初の要素を削除する。該当する要素がなければ ValueError となる
list.pop([i])	添字iの位置にある要素をリストから削除し，その要素を返す。添字を指定しないlist.pop()はリストの末尾の要素を削除して返す（この場合も要素は削除される）
list.clear()	リスト中のすべての要素を削除する
list.index(x)	リスト中でxと等しい値をもつ最初の要素の位置をゼロから始まる添字で返す。該当する要素がなければ ValueError となる
list.count(x)	リストでの x の出現回数を返す
list.sort(key, reverse)	リストの項目をインプレース演算でソートする。key，reverseはオプションの引数で，ソート方法のカスタマイズに使用できる
list.reverse()	リストの要素をインプレース演算で逆順にする

■ del文

　リストから要素を削除する場合，*list*.remove(x)では，リスト中の値がxの要素を削除します。値ではなく添字（位置）を指定してリストから特定の部分を削除したい場合には，del文を使用します。del文で，特定の要素やスライスを指定することで，次のようにリストの要素を削除できます。

【例】 del文による要素の削除

```
lista = [1, 2, 3, 4, 5]
del lista[2]   # 3番目の要素を削除
lista
```

実行結果

```
[1, 2, 4, 5]
```

```
del lista[1:3]   # さらに2, 3番目の要素を削除
lista
```

実行結果

```
[1, 5]
```

■ in を使った値の有無のテスト

in演算子を用いると，リストの中に特定の値が含まれているかどうかを確認することができます。

in演算子は，特定の値 in リスト のかたちで利用します。リストの中に存在する場合にはTrue，存在しない場合にはFalseが返されます。具体例を次に示します。

【例】in演算子の使用例

```
fruits = ['Apple', 'Melon', 'Strawberry']
'Apple' in fruits
```

実行結果
```
True
```

```
'Pumpkin' in fruits
```

実行結果
```
False
```

■ 応用例：リストをスタックとして使う

スタックとは，後入れ先出し（LIFO：Last In First Out）のデータ構造です。データを取り出すときには，最後に入れたデータが取り出されます。スタックにデータを入れる操作をpush操作，データを取り出す操作をpop操作と呼びます。

参考

データ構造とは，コンピュータ上でデータをどのように保持するかを決めた形式です。
アルゴリズムと一緒に使用されるので，「5-2 アルゴリズム」でも取り上げています。

● スタック

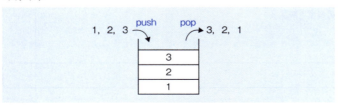

Pythonのリストでは，push操作に*list*.append()メソッドを，pop操作に*list*.pop()メソッドを使用することで，スタックを実現できます。

例えば，次のようにリストstackを作って活用します。

1-2 データ型　57

【例】スタック

```
stack = [1, 2, 3]
stack.append(4)  # リストstackに「4」を入れる
stack
```

実行結果

```
[1, 2, 3, 4]
```

```
stack.pop()  # リストstackからデータを取り出す
```

実行結果

```
4
```

```
stack
```

実行結果

```
[1, 2, 3]
```

POINT!

- ・ sorted()はリストを変更せず，*list*.sort()は変更する
- ・ リストの削除は，値指定は*list*.remove()，添字ではdel

1-2-4 ● 演習問題

問1　ビット演算　　　　　　　　　　　　　　　　　　　　　　CHECK ▶ □□□

8ビットの値xの全ビットを反転する操作はどれか。

ア　x ^ 0x00 # 16進表記00のビット列と排他的論理和をとる。
イ　x | 0x00 # 16進表記00のビット列と論理和をとる。
ウ　x ^ 0xFF # 16進表記FFのビット列と排他的論理和をとる。
エ　x | 0xFF # 16進表記FFのビット列と論理和をとる。

問2　リストの添字　　　　　　　　　　　　　　　　　　　　　CHECK ▶ □□□

次のプログラムを実行した際の出力結果として，正しいものはどれか。

```
x = ['a', 'b', 'c', 'd', 'e']
print(x[:-3])
```

ア　['a', 'b']
イ　['a', 'b', 'c']
ウ　['c', 'd', 'e']
エ　IndexError: list index out of range

1-2 データ型 59

| 問3 | スタック操作 | CHECK ▶ □□□ | 1 |

次の二つのスタック操作を定義する。

・stack.append(n)：スタックにデータ（整数値n）をプッシュする。
・stack.pop()：スタックからデータをポップする。

　空のスタックを表すリスト（stack）に対して，次の順序でスタック操作を行った結果はどれか。

```
stack.append(1)
stack.append(5)
stack.pop()
stack.append(7)
stack.append(6)
stack.append(4)
stack.pop()
stack.pop()
stack.append(3)
```

ア　[3, 7, 1]　　　　　　　イ　[6, 4, 3]
ウ　[1, 7, 3]　　　　　　　エ　[3, 4, 6]

60 第1章　Pythonの基本

■ 演習問題の解説

問1　　　　　　　　　（令和元年春 基本情報技術者試験 午前 問2改）《**解 答**》**ウ**

Pythonを用いて，xに$(10101010)_2$を設定し，それぞれの演算をPythonで実行してみると，次のようになります。

```
x = 0b10101010
print('ア', bin(x ^ 0x00)) # 16進表記00のビット列と排他的論理和をとる。
print('イ', bin(x | 0x00)) # 16進表記00のビット列と論理和をとる。
print('ウ', bin(x ^ 0xFF)) # 16進表記FFのビット列と排他的論理和をとる。
print('エ', bin(x | 0xFF)) # 16進表記FFのビット列と論理和をとる。
```

実行結果

```
ア 0b10101010
イ 0b10101010
ウ 0b1010101
エ 0b11111111
```

16進数の0x00（2進数では0b00000000）との排他的論理和や論理和は，元の数値をそのまま返します。16進数の0xFF（2進数では0b11111111）との論理和は，すべてのビットが1となってしまいます。

16進数の0xFF（2進数では0b11111111）との排他的論理和では，0と1の排他的論理和が1，1と1の排他的論理和が0となるため，全ビットを反転する操作となります。したがって，**ウ**が正解です。

問2　　　　　　　　　　　　　　　　　　　　　　　　　《**解 答**》**ア**

リストは「リスト名[始点：終点]」のかたちで，取得する要素のスライスを表します。このとき，リストでは始点から終点の直前までを取得します。

省略された場合は，始点は0，終点は最後尾（長さ）となります。また，マイナスの場合には，最後尾から順に数えていきます。x = ['a', 'b', 'c', 'd', 'e']での要素の添字は次のようになります。

x	'a'	'b'	'c'	'd'	'e'
添字	0	1	2	3	4
添字（−）	-5	-4	-3	-2	-1

x[:-3]では，始点は省略されているので0の'a'となり，終点は-3で'c'が該当します。ただし，表示するのは終点の直前までなので，'c'までではなく，その直前の'b'までとなります。したがって，print(x[:-3])で表示されるのは['a'，'b']となり，**ア**が正解です。

問3　　　　　　　　　　　　（平成30年春 基本情報技術者試験 午前 問5改）《**解答**》**ウ**

　Pythonでリストを用いてスタックを表現するときには，push操作にstack.append(n)，pop操作にstack.pop()を用います。

　問題文のプログラムの順に操作を実行すると，stackの状態は次のようになります。

操作	stackの状態
stack.append(1)	[1]
stack.append(5)	[1, 5]
stack.pop()	[1]
stack.append(7)	[1, 7]
stack.append(6)	[1, 7, 6]
stack.append(4)	[1, 7, 6, 4]
stack.pop()	[1, 7, 6]
stack.pop()	[1, 7]
stack.append(3)	[1, 7, 3]

　したがって，スタック操作の結果は[1，7，3]となり，**ウ**が正解です。

1-3 プログラムの構造

プログラムの構造は，順次，選択，反復などの基本3構造が基になります。Pythonでは，選択をif文，反復をfor文，while文で表現します。

1-3-1 プログラムの基本3構造

基本3構造（順次，選択，反復）は，プログラムの構造の基本となるものです。フローチャートや擬似言語と同様に，Pythonでも表現できます。

■ 構造化プログラミング

コンピュータが発展し，プログラミング言語ができた初期の頃は，構造などを考えずに思いつくままにプログラムを書くことが主流でした。Goto文という，プログラムのどの部分にもジャンプできる命令を使って，自由自在にプログラムを書いていました。しかしそうすると，後で読んだときに分かりにくく，バグ（プログラムのミス）を発見することが難しくなります。

そこで，プログラムの構造をシンプルにするために，構造化プログラミングという考え方が登場しました。これは，基本3構造（順次，選択，反復）だけを用いることでプログラムを分かりやすくするというものです。現在主流のプログラミング言語のほとんどは，この基本3構造をサポートしています。

■ 基本3構造

基本3構造とは，順次，選択，反復（繰返し）の3つの構造で，これに基づきプログラムを記述します。

順次は，プログラムで実行することを上から順番に記述することです。選択は，ある条件に当てはまっているかいないかによって，次に行う処理を変えることです。反復は，特定の処理を何度も繰り返すことです。

プログラムを記述する前によく用いられる図法であるフローチャートや，擬似的なプログラミング言語である擬似言語でも，基本3構造を記述することができます。

発展

擬似言語は様々な形があります。基本情報技術者試験の午後のアルゴリズム問題で使用されるものは，擬似言語の一形態です。応用情報技術者試験では，もう少しプログラムに近い形の擬似言語が用いられます。

フローチャート

例えば、フローチャートを用いて順次、選択、反復を記述すると、次のようになります。

●基本3構造をフローチャートで記述した例

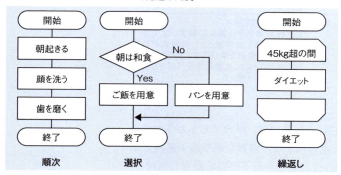

> **参考**
> フローチャートでは、楕円のような両端が丸い長方形で開始と終了を示し、その間に処理を記述します。単純な処理は長方形で表します。
> 選択の分岐は条件式を菱形で表します。条件での分岐内容を線の上に記述し、Yesの場合、Noの場合などで処理を分けます。
> 繰返しは、六角形（上と下の角が欠けた長方形の組）で囲んで繰返しの範囲を表します。繰返しの条件を枠内に記述します。

擬似言語

また、基本情報技術者試験の午後のアルゴリズム問題で使用される形式では、順次は単純に、先頭に「・」をつけて処理を順番に記述していきます。選択は▲と▼、反復は■を線で結んで表現します。

擬似言語では、選択は次のように表現します。

●擬似言語での選択

▲ 条件式 　　処理 ▼	単岐選択処理を示す。 条件式が真のときに処理を実行する。
▲ 条件式 　　処理1 ――――― 　　処理2 ▼	双岐選択処理を示す。 条件式が真のときに処理1を実行し、偽のときは処理2を実行する。

擬似言語での選択処理には、ある条件式が真のときに処理を実行する単岐選択処理と、処理が真のときと偽のときの両方で別の処理を実行する双岐選択処理の2種類があります。

反復は次のように表現されます。

第1章 Python の基本

●擬似言語での反復

■ 条件式 処理 ■	前判定繰返し処理を示す。 条件式が真の間，処理を繰り返し 実行する。
■ 処理 条件式	後判定繰返し処理を示す。 処理を実行し，条件式が真の間， 処理を繰り返し実行する。
■ 変数：初期値，条件式，増分 処理 ■	繰返し処理を示す。 開始時点で変数に初期値（式で与 えられる）が格納され，条件式が真 の間，処理を繰り返す。また，繰り 返すごとに，変数に増分（式で与え られる）を加える。

　擬似言語での反復（繰返し）処理には，反復するかどうかの条件を判定する処理と，一定の決まった回数を繰り返す処理があります。前者の処理には，先に判定を行う前判定繰返し処理と，処理の終了後に判定を行う後判定繰返し処理の2種類があるので，反復処理には合計で3つのパターンがあります。

■ Python での基本3構造の表現

　Pythonでは，順次は単純に，処理を順番に記述することで表現します。選択にはif文，判定を行う反復はwhile文，一定の決まった回数を繰り返す反復にはfor文を使用します。使用法については，次項以降で詳しく学習していきましょう。

POINT!

- 基本3構造は，順次，選択，反復
- Pythonでは，選択はif文，反復はwhile文，for文で表現

1-3-2 選択型のプログラム

Pythonでは，選択型のプログラムはif文を用いて記述します。処理内容を記述するときには，インデントが必須です。

if文の構造

Pythonにおけるif文の基本的な構造は，次のとおりです。

【構文】if文の基本構造

```
if 条件式1:
    条件式1に当てはまったときの処理
elif 条件式2:
    条件式1に当てはまらず，条件式2に当てはまったときの処理
else:
    どの条件式にも当てはまらなかったときの処理
```

elif部はいくつでも書くことができます。elif部，else部は省略可能です。

if文のポイントは，条件式のあとにコロン (:) を付けることと，処理を記述するときにはインデント (字下げ) を使用することです。

発展
elif部をいくつも並べることによって，他の言語で使用できる，ある変数での複数条件分岐を行うswitch文やcase文の代用となります。

単岐選択処理は，if文の条件式1だけで記述します。

【例】単岐選択処理

```
a = 3
if a > 0:    #aが0より大きい場合
    print('OK')
```

実行結果
```
OK
```

elif部は，複数重ねることも可能です。

66　第1章　Pythonの基本

【例】elif部

```
b = int(input())
if b == 0:          # bが0の場合
    print('ぜろ')
elif b == 1:        # bが0以外で，1の場合
    print('いち')
elif b == 2:        # bが0,1以外で，2の場合
    print('に')
else:               # bが0,1,2以外の場合
    print('たくさん')
```

```
                                              ←入力する場所が表示されるので，「3」を入力
```

実行結果

```
たくさん
```

■ 条件式での判定

　if文の条件式では，演算子を用いることで，複数の条件式を組み合わせて判定したり，判定を反転させたりすることができます。使用できる演算子は，and，or，notの3つで，次のように使用します。

● if文の条件式

条件式	説明
条件式1 and 条件式2	まず条件式1を評価し，偽であれば条件式1の値を返す。それ以外の場合は条件式2を評価し，条件式2の値を返す
条件式1 or 条件式2	まず条件式1を評価し，真であれば条件式1の値を返す。それ以外の場合は条件式2を評価し，条件式2の値を返す
not 条件式	条件式が偽であればTrueを，それ以外の場合はFalseを返す

　andとorは，返す値をTrueとFalseに制限せず，最後に評価した引数の値を返します。具体的には，次のように，設定された値を返します。

1-3 プログラムの構造　67

【例】and演算の結果

```
a, b = 1, 2
a and b
```

実行結果
```
2
```

　if文での条件判定では，False，None，すべての型における数値の0，空の文字列，空のコンテナ（文字列，タプル，リスト，辞書，集合など）は偽と判断され，それ以外は真と判定されます。そのため，先ほどのand演算をif文で用いると，次のように真と判断され，処理が実行されます。

【例】if文の条件判定

```
if a and b:
    print('OK')
```

実行結果
```
OK
```

■ 簡略化した表現

　単純なif文は，インデントを行わず1行で表現することが可能です。例えば，次のように記述することができます。

【例】簡略化したif文

```
a = 3
if a == 3: print('OK')
```

実行結果
```
OK
```

■ 複雑な条件式

　Pythonでは，比較演算子を組み合わせることで，複雑な条件式を作成することができます。例えば次のように，aとbとcを比較した結果を利用します。

第 1 章　Python の基本

【例】複雑な条件式

```
a, b, c = 7, 5, 3
if a > b > c:        # aよりもb, bよりもcが小さい場合
    print('OK')      # 'OK'を出力
```

実行結果

```
OK
```

a > b > c は，a > b and b > c とほぼ同じ意味です。

POINT!

- ・「if 条件式:」のあとに，インデントを付けて処理を記述
- ・elifは複数使用可能で，elseは省略可能

1-3-3 ◯ 反復型のプログラム

反復型のプログラムでは，while文やfor文を使用します。

■ while文

Pythonで判定処理の反復を記述するときには，while文を使用します。while文の基本的な構造は，次のとおりです。

【構文】while文の基本構造

```
while 条件式：
    条件式に当てはまったときに繰り返す処理
else：
    条件式に当てはまらなかったときの処理
```

while文では，条件に当てはまっている間は処理を繰り返します。条件に当てはまらないときには，elseの処理を実行し，繰返しを終了します。

while文を強制的に終了するときには，break文を使用できます。break文を使用すると，else以下の処理は実行されません。

while文の実行例を次に示します。

発展

print()関数は，endという引数を指定することで，値を表示したあとに何を出力するかを設定できます。デフォルトではend='¥n'（改行文字）となっているので，通常のprint()関数では設定を行わなければ改行されることになります。

【例】while文の実行

```
a = 1
while a < 10:           # aが10未満の場合繰り返す
    print(a, end=' ')   # aを区切り文字' '（スペース）で出力
    a += 1              # aに1加える
else:                   # while文の条件に当てはまらなくなったとき
    print('END')        # 'END'を出力
```

実行結果
```
1 2 3 4 5 6 7 8 9 END
```

上記の例でbreak文を使うと，次のようになります。

第1章 Pythonの基本

【例】break文を使ったwhile文

```
a = 1
while a < 10:
    print(a, end=' ')
    a += 1
    if a == 5:      # aが5のとき
        break       # while文の処理を中断
else:
    print('END')
```

実行結果
```
1 2 3 4
```

else文は，不要な場合は設定する必要はありません。

また，while True: のように設定すると無限ループを作成することができます。無限ループを使用するときには，次のようにbreak文と組み合わせて繰返しを終了させます。

【例】break文を使った無限ループの終了処理

```
a = 1
while True:             # 無限ループ
    print(a, end=' ')
    a += 1
    if a == 5:          # aが5のとき
        break           # while文の処理を中断
```

実行結果
```
1 2 3 4
```

■ for文

Pythonでイテレータを使用する反復を記述するときには，for文を使用します。for文の基本的な構造は，次のとおりです。

【構文】for文の基本構造

```
for 要素 in イテレータ:
    繰り返す処理
```

イテレータとは，リスト，タプルなど，要素をもつデータ型のことです。イテレータの中から要素を1つずつ取り出し，その要素に対して処理を行います。

例えば，リストを順に表示するプログラムは次のようになります。

【例】for文でリストの要素を順に表示

```
months = ['睦月', '如月', '弥生', '卯月', '皐月', '水無月', '文月', '葉月', '長月',
          '神無月' ,'霜月', '師走']
for month in months:        # リストmonthsの要素をmonthに入れて繰り返す
    print(month, end=' ')   # monthを区切り文字' '（スペース）で出力
```
実行結果

睦月 如月 弥生 卯月 皐月 水無月 文月 葉月 長月 神無月 霜月 師走

■ range( )関数

単純に10回繰り返すなど，要素に対するイテレータが特にない場合は，Pythonではrange( )関数を使用し，イテレータを作成してから処理を実行します。

例えば，「Hello」を3回表示するプログラムは，次のようになります。

【例】for文でのrange( )関数の利用

```
for i in range(3):   # range(3)では，0以上3未満の整数で，0, 1, 2の3つの値を生成
    print(i, 'Hello')
```
実行結果

```
0 Hello
1 Hello
2 Hello
```

range( )関数の構文について説明します。

【構文】range( )関数

```
range(start, stop, step)
```

start以上，stop未満の整数を，stepの値ごとに作成します。startとstepは省略可能で，デフォルトではstartが0，stepは1となります。start，stop，stepの値は整数である必要があります。stepにはマイナスの値も設定可能で，その場合にはstart以下でstopより大きい値を作成します。

例えば，1から10まで，2つ飛びの整数が必要な場合は，次のように記述します。

【例】range( )関数による値の出力

```
list(range(1, 10, 2))
```

実行結果

```
[1, 3, 5, 7, 9]
```

range( )関数の実行結果はそのままでは表示されないため，表示させるためには，上記の例のようにlist( )関数でリストに変換する処理が必要です。

■ break文とcontinue文

for文でもwhile文の場合と同様に，break文を用いて処理を途中で終わらせることができます。また，continue文を用いて，イテレータで順に繰返し処理を行っている現在の要素の処理を終わらせ，次の要素の処理に移ることができます。

例えば，for文において，break文とcontinue文を使ったプログラムは，次のように動きます。

【例】for文におけるbreak文とcontinue文の使用

```
for i in range(1, 100):
    if i % 2 == 1:
        print(i, end=' ')
        continue
    if i % 5 == 0:
        break
```

実行結果

```
1 3 5 7 9
```

iの値が2で割り切れない（奇数）場合にはcontinue文で次の要素の処理に移行するため，break文は実行されません。偶数でなおかつ5で割り切れる10のときにbreak文が実行され，処理を終了します。

■ pass文

pass文は，何もしない文です。例えば，次のプログラムは何もしない無限ループとなります。

【例】pass文の使用

```
while True:
    pass
```

このプログラムは，[Ctrl] + [C]キーや停止ボタンなどで強制的に終了させる必要があります。pass文は，プログラムを書いている途中，まだ処理を記述する前の段階で，仮に行を設定する場合などに用いられます。

■ リスト内包表記

リストを作成する際にリスト内包表記を使うと，簡略化したプログラムを作成できます。

for文などを利用することで，イテレータのそれぞれの要素に対して操作を行った結果を要素にすることができます。

if文などを組み合わせることで，特定の条件を満たす要素だけからなる部分リストを作成することができます。

例えば，1から5までの数値を2乗したリストを作成する場合，for文を用いると次のようになります。

発展
リスト内包表記は，リストを示す角括弧 [ ] を波括弧 { } に変えることで，辞書や集合を作成する辞書内包表記や集合内包表記にできます。

【例】for文によるリストsquaresの作成

```
squares = []
for n in range(1, 6):
    squares.append(n**2)    # リストrangeの数値を2乗
squares
```

実行結果

```
[1, 4, 9, 16, 25]
```

　リスト内包表記は，計算式とfor句を用いて次のように記述することができます。

【構文】リスト内包表記（計算式とfor句を利用）

```
[ 計算式 for 要素 in イテレータ if 条件式 ]
```

※if文は省略可能

　リスト内包表記を用いると，前ページのプログラムは次のように書き換えることができます。

【例】リスト内包表記を用いたリストsquaresの作成

```
squares = [n**2 for n in range(1, 6)]
squares
```

実行結果

```
[1, 4, 9, 16, 25]
```

　リスト内包表記で条件を付ける場合には，if文で条件式を追加します。例えば，nの値が奇数の場合のみリストに追加するには、次のようにします。

【例】条件を付与したリスト内包表記

```
squares = [n**2 for n in range(1, 6) if n % 2 == 1]
squares
```

実行結果

```
[1, 9, 25]
```

　if n % 2 == 1で，nの値が2で割ると1余る，つまりnが奇数の場合のみという条件を追加し，nが1，3，5の場合のみの2乗の値をリストに追加します。

1-3 プログラムの構造 75

■ 多重ループ

繰り返しの処理を行うときに使うループは，複数のループを重ねることができます。二つ以上のループが重なったかたちを多重ループといいます。

多重ループの書き方

多重ループを書く場合は，ループの中にループを重ねます。例えば，二つのリストに対して組合せをすべて表示する多重ループは，次のように記述します。

【例】多重ループ

```
alpha_list = ['A', 'B', 'C']
num_list = [1, 2, 3]

for alpha in alpha_list:
    for num in num_list:
        print(alpha, num)
```

実行結果

```
A 1
A 2
A 3
B 1
B 2
B 3
C 1
C 2
C 3
```

多重ループでは，外側のループの中で順番に中側のループを実行します。そのため，実行回数は，

（外側のループの回数）×（中側のループの回数）

となり，ループが重なるごとに実行回数はどんどん増えていきます。それを避けるために、多重ループはなるべく少なくすることが大切です。

多重ループでのbreak文やcontinue文

多重ループの中でも，break文やcontinue文を使用することができます。

例として，先ほどのリストで，次のようなbreak文とcontinue文を追加したプログラムを実行してみます。

【例】多重ループでのbreak文とcontinue文

```python
for alpha in alpha_list:
    for num in num_list:
        if alpha == 'B':
            break
        elif num == 2:
            continue
        print(alpha, num)
```

実行結果

```
A 1
A 3
C 1
C 3
```

break文もcontinue文も，内側のループで実行すると，内側のループのみに影響を与えます。そのため，alpha == 'B'で内側のループは終了しますが，外側のループは継続されます。

多重ループの内包表記

多重ループでリストを作成する場合にも，リスト内包表記を使用できます。例えば，for文で多重ループを使って1から3までの数字のかけ算の値リストmultipleを作る場合には，次のようになります。

1-3 プログラムの構造 77

【例】多重ループでのリストmultiple作成

```
multiple = []
for i in range(1, 4):
    for j in range(1, 4):
        multiple.append(i * j)
multiple
```

実行結果

```
[1, 2, 3, 2, 4, 6, 3, 6, 9]
```

これをリスト内包表記で記述するには，for文を重ねて，次の
ように表記します。

【例】リスト内包表記でのリストmultiple作成

```
multiple = [i * j for i in range(1, 4) for j in range(1, 4)]
multiple
```

実行結果

```
[1, 2, 3, 2, 4, 6, 3, 6, 9]
```

for文は，**外側のループから順**に記述します。

POINT!

・「while 条件式:」のあとに，インデントして繰返し処理を記述
・「for 要素 in イテレータ:」のあとに，インデントして繰返し処理を記述

繰り返しは人間には難しい

　プログラミングの学習でつまずく人が多いのが、この章で学んだfor文やwhile文を用いた「繰り返し」です。if文で条件ごとに処理を考えるのは、人間にとって直感的に理解しやすく、プログラムも書きやすいです。しかし、for文で同じ処理の繰り返しを考えるのは、人間には難しいのです。

　同じ処理を10000回、20000回と繰り返すことは人間には苦痛ですが、コンピュータにとっては簡単です。「10000個のデータをチェックして、ミスがあるものを全部見つける」という処理でも、コンピュータなら順番に一つずつチェックして、ミスがあるデータかどうかを確認することができます。

　人間が処理を考えるときには、「とにかく回数を重ねてしらみつぶしに実行する」という発想はなかなか浮かびません。それはとても大変に感じますし、やりたくないという気持ちがあると思いつきにくくなります。しかし、コンピュータでのプログラミングで自動で行う場合には、繰り返し処理が最適なことが多いのです。

　プログラミングの難しさは、このような"人間"と"コンピュータ"の発想の違いが原因で起こることがよくあります。繰り返しを記述するループは、基本的な文法ではありますが、人間には理解しにくく、最初につまずくポイントになりがちです。

　「繰り返し」は、実際にプログラミングを行い、具体的な例をいろいろと知ることで慣れることができます。はじめは理解しづらいですが、実際に試しながら少しずつ感覚を身につけていきましょう。

1-3 プログラムの構造　79

1-3-4 ● 演習問題

問1 range( )関数　　　　　　　　　　　　　　　CHECK ▶ □□□

次のプログラムを実行した際の出力結果として，正しいものはどれか。

```
for i in range(10, 5, -1):
    print(i, end=' ')
```

ア　何も表示されない　　　　　　　　イ　10 9 8 7 6
ウ　5 6 7 8 9　　　　　　　　　　　エ　9 8 7 6 5

問2 リスト内包表記　　　　　　　　　　　　　　CHECK ▶ □□□

次のプログラムを実行した際の出力結果として，正しいものはどれか。

```
hello = [n for n in 'Hello' if n in 'hello']
print(hello)
```

ア　'ello'　　　　　　　　　　　　　イ　['Hello', 'Hello']
ウ　['e', 'l', 'l', 'o']　　　　　　エ　エラーになる

問3 多重ループのリスト内包表記　　　　　　　　CHECK ▶ □□□

次のプログラムを実行した際の出力結果として，正しいものはどれか。

```
multiple = [i * j for i in range(1, 3) for j in range(1, 4)]
print(multiple)
```

ア　[1, 2, 2, 4, 3, 6]
イ　[1, 2, 3, 2, 4, 6]
ウ　[1, 2, 3, 2, 4, 6, 3, 6, 9, 4, 8, 12]
エ　[1, 2, 3, 4, 2, 4, 6, 8, 3, 6, 9, 12]

80　第1章　Python の基本

問4　10進数を2進数に変換する処理　　　　　　CHECK ▶ □□□

　次のプログラムは，10進整数 j（0＜j＜100）を8桁の2進数に変換する処理を表している。2進数は下位桁から順に，リストの要素 NISHIN[0]から NISHIN[7] に格納される。プログラムのa及びbに入れる処理はどれか。

　ここで，j // 2 は j を2で割った商の整数部分を，j % 2 は j を2で割った余りを表す。また，リスト NISHIN は要素数8の数値0であらかじめ初期化されているものとする。

```
j = int(input())
for k in range(0, 8, 1):
      a
      b
```

	a	b
ア	j = j // 2	NISHIN[k] = j % 2
イ	j = j % 2	NISHIN[k] = j // 2
ウ	NISHIN[k] = j // 2	j = j % 2
エ	NISHIN[k] = j % 2	j = j // 2

1-3 プログラムの構造 81

■ 演習問題の解説

問1 《解答》**イ**

range()関数は，range(*start*, *stop*, *step*)のかたちで，start以上，stop未満の整数を，stepの値ごとに作成します。stepにはマイナスの値も設定可能で，その場合にはstart以下でstopより大きい値を作成します。range(10, 5, -1)では，10からスタートして，9, 8, 7, 6と実行し，5になる前に終了します。そのため，10, 9, 8, 7, 6の順に出力されるので**イ**が正解です。

問2 《解答》**ウ**

リスト内包表記は，[計算式 for 要素 in イテレータ if 条件式]のかたちで表現します。イテレータでは文字列も使用でき，この場合は文字の要素は1文字ごとになり，H, e, l, l, o の1文字ずつがif文の評価の対象となります。

それぞれの文字について，'hello'の要素に含まれる，つまり，h, e, l, l, oのどれかに当てはまるかどうかを確認します。このとき，最初のHは当てはまりませんが，残りの4文字は同じ文字です。したがって，リスト内包表記でできるリストは['e', 'l', 'l', 'o']となり，**ウ**が正解となります。

問3 《解答》**イ**

多重ループのリスト内包では，外側のループから順番に記述します。つまり，外側のループが変数iにrange(1, 3)を順に入れるループで，内側のループが変数jにrange(1, 4)を順に入れるループです。変数iには1から3の前まで，つまり，1と2の二つを順番に入れます。変数jには1から4の前まで，つまり，1から3の三つを順番に入れます。

リストに追加する順で考えていくと，最初に変数iが1で，変数jが1から3までになります。そのため，iとjをかけ算し，[1, 2, 3]をリストに追加します。次に変数iが2で，変数jが1から3までになります。ここでも，iとjをかけ算し，[2, 4, 6]をリストに追加します。

最終的なリストは，[1, 2, 3, 2, 4, 6]となります。したがって，**イ**が正解です。

第1章　Pythonの基本

問4	（令和元年秋 基本情報技術者試験 午前 問1改）《**解答**》**エ**

10進数を2進数に変換するときには，10進数を順に2で割っていき，その余りを下位桁から順に格納していき，次の桁ではその商を利用して同じ計算を繰り返します。例えば，jが167の場合には，次のような計算になります。

```
          商  余り
167 ÷ 2 = 83 … 1    ←NISHIN[0]に格納
 83 ÷ 2 = 41 … 1    ←NISHIN[1]に格納
 41 ÷ 2 = 20 … 1    ←NISHIN[2]に格納
 20 ÷ 2 = 10 … 0    ←NISHIN[3]に格納
 10 ÷ 2 =  5 … 0    ←NISHIN[4]に格納
  5 ÷ 2 =  2 … 1    ←NISHIN[5]に格納
  2 ÷ 2 =  1 … 0    ←NISHIN[6]に格納
  1 ÷ 2 =  0 … 1    ←NISHIN[7]に格納
```

このとき，余りは j % 2 で求められ，これを NISHIN[k] に格納します。そのため，空欄aは NISHIN[k] = j % 2となります。商は j // 2 で求められます。商は，次の計算に利用するため，新たな j として格納します。そのため，空欄bは j = j // 2となります。したがって，順番と組合せが正しい**エ**が正解となります。

第 **2** 章

Pythonの機能

Pythonは汎用のプログラミング言語であり，様々な機能を備えています。ファイルからデータを入出力することもでき，エラーや例外への対応も可能です。また，標準で数多くのライブラリが用意されており，これらのライブラリを利用することで様々なことを実現できます。さらに，新たなライブラリをインポートすることで，AIやデータベース，セキュリティなど，様々な専門分野で役立てることが可能となります。

2-1　入出力
- 2-1-1　ファイルからの入出力
- 2-1-2　フォーマット
- 2-1-3　演習問題

2-2　エラーと例外
- 2-2-1　エラー，例外
- 2-2-2　ユーザ定義例外
- 2-2-3　演習問題

2-3　ライブラリ
- 2-3-1　ライブラリの利用
- 2-3-2　標準ライブラリ
- 2-3-3　その他のライブラリ
- 2-3-4　演習問題

84　第2章　Pythonの機能

2-1 入出力

Pythonでは，様々な形式でデータの入出力を行うことができます。ファイルなど外部のデータの入出力も可能です。

2-1-1 ● ファイルからの入出力

　Pythonでは，ファイルからデータを取得したり，ファイルに書き込んだりすることができます。ただし，日本語を取り扱う場合には，少し注意が必要です。

■ open( ) 関数の使用

　Pythonでファイルを利用するときには，open( )関数を使用してファイルオブジェクトを作成し，変数に代入します。具体的には，次のようなかたちでファイルを利用します。

【例】open( )関数の使用

```
fp = open('sample.txt', 'wt')  # ファイルオブジェクトfpを作成
```

　fpは，ファイルオブジェクトを格納する変数です。ファイルへの実際の読み書きの操作はファイルオブジェクトを用いて行います。

　'sample.txt'はファイル名です。使用するファイル名を指定します。

　'wt'はモードと呼ばれるもので，1文字ずつ意味をもちます。この例は，テキストデータの新規書き込みを示しています。次表に，モードの一覧を示します。

> **用語**
>
> ファイルオブジェクトとは，特定のファイルを設定して取り扱うためのインスタンスです。インスタンスについては「第4章 クラス」で改めて学習しますが，ここでは，特定のファイルを操作するものを変数に代入して，それを利用するイメージが理解できれば大丈夫です。

● ファイルの読み書きのモード

モード	説明
'r'	読み込み専用（デフォルト）
'w'	新規の書き込み専用。既存のファイルがあれば切り詰め（削除し）て新しく書き込まれる
'x'	新規作成。すでにファイルがあると失敗する
'a'	既存のファイルの末尾に追記
't'	文字などのテキストデータをテキストモードで扱う（デフォルト）
'b'	画像などのバイナリデータをバイナリモードで扱う
'+'	読み書きの両方を行う場合に使用。 'r+'：ファイルの内容を読み込んで更新 'w+'：ファイルを切り詰め（内容を消去し）て更新 'a+'：ファイルの最後に追記して更新

　ファイルは，使用後に終了（クローズ）させる必要があります。ファイルの終了には，close( )メソッドを使用します。前記の例のファイルオブジェクトfpを終了させる場合は次のように行います。

【例】使用後のファイルを終了

```
fp.close()  # ファイルオブジェクトfpを終了させる
```

■ ファイルの書き込み

　まずはファイルに何か書き込んでみましょう。ファイルを新規に作成し，データを書き込んで終了するには，次のように記述します。

【例】ファイルの作成と書き込み，終了

```
fp = open('sample.txt', 'wt')     # ファイルを書き込みモードで作成
fp.write('This is sample.')       # ファイルに書き込み
fp.close()                        # ファイルを終了
```

　このプログラムを実行すると，実行したプログラムと同じディレクトリにsample.txtというファイルが作成され，「This is sample.」というテキストが書き込まれます。'wt'は，新規のテキストファイルを作成するモードです。't'はデフォルトなので省略可能です。

　write( )メソッドは，ファイルに文字列を書き込むためのメソッ

ドです。print( )関数と異なり，改行などは自動的に挿入されないため，改行が必要な場合には改行文字「¥n」を記述する必要があります。

例えば，次のように連続して記述すると，改行文字も含めて書き込みが行われます。

【例】改行を伴う文字列の書き込み

```
fp = open('sample.txt', 'wt')
fp.write('This is sample1.¥n')   # ファイルに1行書き込み
fp.write('This is sample2.¥n')   # ファイルに1行書き込み
fp.close()
```

このとき，同じファイルを2回，'w' モードで使用すると，前の内容は切り詰められてなくなることに注意してください。

■ ファイルの読み込み

次に，先ほど書き込んだファイルを読み込んでみましょう。作成したファイルを読み込むには，'r' モードを指定して開きます。'r' も 't' もデフォルトなので省略可能ですが，明示しておくと確実です。

ファイルの読み込み時に使用するメソッドで最も単純なものは，read( )メソッドです。先ほど作成したsample.txtファイルをオープンし，read( )メソッドで読み込むプログラムは，次のようになります。

【例】read( )によるファイルの読み込み

```
fp = open('sample.txt', 'rt')    # ファイルを読み込みモードで作成
fp.read()                        # ファイル内容を全部読み込み
```

実行結果

```
'This is sample1.¥nThis is sample2.¥n'
```

fp.read( )を用いると，ファイルオブジェクトfpから改行コードなども含めてすべてのファイル内容が一度に読み込まれます。1行ずつ読み込みたい場合は，readline( )メソッドを用います。readline( )メソッドを用いると次のように読み込まれます。

【例】 readline( )によるファイルの読み込み

```
fp = open('sample.txt', 'rt')
fp.readline()
```

実行結果

```
'This is sample1.\n'
```

```
fp.readline()
```

実行結果

```
'This is sample2.\n'
```

　なお，一般的には，ファイルの内容を1行ずつ読み込んで処理を行う場合，forループを用います。forループではファイルオブジェクトをイテレータとして1行ずつ読み込むことができるので，行の読み込みは次のように記述します。

【例】 forループによる1行ずつの読み込み処理

```
fp = open('sample.txt', 'rt')
for line in fp:                  # ファイルから1行ずつ読み込んでlineに設定
    print(line, end='')          # ファイル内容を表示
```

実行結果

```
This is sample1.
This is sample2.
```

　読み込んだ変数lineには改行コードが含まれているので，表示するときに改行を付ける必要はありません。

■ 安全なファイル入出力の方法

　ファイルオブジェクトは，open( )関数で作成したあとに，そのファイルオブジェクトをclose( )メソッドを使用して終了させる必要があります。ファイルをオープンしたままプログラムを終了すると，ファイルが壊れたり，意図しないデータが書き込まれたりするおそれがあります。

　安全にファイル入出力を行うために，with句を用いて記述することが推奨されています。例えば，次のように記述すると，処理終了後に自動でファイルをクローズします。

第2章 Pythonの機能

【例】with句の使用

```
with open('sample.txt', 'rt') as fp:    # ファイルを読み込みモードで安全に作成
    data = fp.read()                     # ファイル内容をすべて変数dataに読み込み

for line in data:                        # ファイルを終了させてからdataを活用
    print(line, end='')
```

実行結果

```
This is sample1.
This is sample2.
```

この例では，変数dataにファイルの内容がすべて書き込まれます。そのため，いったんwith句を終えてファイルを終了させてから，変数dataの内容を使用して，データの出力など別の処理を行うことができます。

■日本語のファイルの読み書き

日本語のファイルを読み書きするときに，文字コードによって不具合が起こることがよくあります。そのため，日本語のファイルを扱う際は，読み込む文字コードをあらかじめ指定することが推奨されます。

例えば，文字コードにUnicodeの1つであるUTF-8を使用する場合には，open( )関数にencodingというキーワードを用いて次のように指定します。

【例】文字コードにUTF-8を使用

```
fp = open('sample.txt', 'wt', encoding='utf-8')
```

このように，日本語のファイルにはencodingを設定しておくと安全です。

発展

Pythonで日本語を使用する場合には，Unicodeの'utf-8'以外に，'shift_jis'，'euc_jp'なども使用可能です。文字コードは，PCやサーバの環境によって異なるので，実際に日本語を扱う場合には，どのような文字コードが使用されているかを確認し，それに合わせてファイルの入出力を行う必要があります。
自分でファイルを作成する場合には，Pythonのデフォルトである'utf-8'にしておくのが最も安全です。

POINT!

- ・ ファイルの使用は，「fp = open(file, mode)」で行う
- ・ 書き込みはfp.write()，読み込みはfp.read()

2-1-2 ● フォーマット

データを人間が読めるかたちにするためには，出力を加工する必要があります。formatメソッドなどを使用することで，出力を様々な形式に変更することができます。

■ print( )関数

print( )関数は，これまで説明してきたように，データを出力して見せるための組み込み関数です。このprint( )関数には様々な出力方法があります。

print( )関数の正式なフォーマットを次に示します。

【構文】 print( )関数

```
print(objects, sep=' ', end='¥n', file=sys.stdout, flush=False)
```

objectsやsep, end, file, flushで設定する値を引数といいます。それぞれの引数について説明します。

objects

objectsはprint( )関数で出力する内容です。複数のオブジェクトを並べて記述でき，リストやタプルなどの複数の要素をもつデータ型も利用できます。

sep

複数のオブジェクトがある場合は，それを区切る文字をsepで指定します。指定しなければ，デフォルト値の半角空白となります。例えば，次のようにsepに '|' を設定すると，区切り文字に「|」が使用されます。

【例】 sepによる複数オブジェクトの区切り

```
print('left', 'right', sep='|')
```

実行結果

```
left|right
```

関連

print( )関数では，objects以外の引数は省略可能です。省略した場合は，**デフォルト値**（あらかじめ設定されている値）が使用されます（sepは' '（スペース），endは'¥n'（改行）など）。
関数における引数の意味や具体的な作成方法は，第3章「3-1 関数」で詳しく学習します。ここでは使い方を押さえておきましょう。

end

print()関数の終了後に何を挿入するかをendで指定できます。デフォルト値は ¥n（改行を表す文字コード）で，終了後に改行を挿入します。空白など別の値を指定すると，print()関数の複数の出力を1行にまとめることができます。endで空白を指定する例を次に示します。

【例】endに空白を指定

```
for i in range(5):
    print(i, end=' ')
```

実行結果

```
0 1 2 3 4
```

file

fileでは，使用するファイルを表すファイルオブジェクトを指定します。デフォルト値は sys.stdout で，標準出力を指すファイルオブジェクトです。標準出力とは，PCのディスプレイなどの画面に出力することを指します。

先ほどファイルの入出力で作成したファイルオブジェクトを使用すると，print()関数を使って指定したファイルに内容を出力することができます。例えば，sample.txtファイルに「Hello, World!」の内容を追加するには，次のように記述します。

【例】出力するファイルのファイルオブジェクトを指定

```
with open('sample.txt', 'at') as fp:    # ファイルに追記するために安全に開く
    print('Hello, World!', file=fp)     # ファイルオブジェクトfpに出力
```

flush

flushでは，強制的に出力させるかどうかを指定します。ファイルに出力する場合は，print()関数ごとに出力せずバッファにためておくこともあるため，そのような場合に指定する項目です。TrueかFalseを指定し，デフォルト値はFalseで，強制出力は行いません。

このように，print()関数では様々な形式でデータを出力することができます。

■ 出力を見やすく変形する方法

Pythonでは様々な形式で出力することができますが，その出力形式を指定する方法には次の3種類があります。

①フォーマット済み文字列リテラルを使用する
②文字列strに対しての*str*.format()メソッドを利用する
③文字列の結合操作（+）などを使用し，手動で設定する

それぞれの方法を確認していきましょう。

①フォーマット済み文字列リテラルを使用する

フォーマット済み文字列リテラルとは，Pythonの式を間に埋め込むことができる文字列です。引用符（「'」や「"」など）の前に「f」または「F」を付けて文字列を始めます。{ }で囲んだ部分に変数などのPythonの式を入れることができます。

具体的な使用例を次に示します。

【例】フォーマット済み文字列リテラルの使用

```
name = 'マイン'
age = 25
f'私は{name}です。{age}歳です。'
```

実行結果

```
'私はマインです。25歳です。'
```

②文字列strに対しての*str*.format()メソッドを使用する

strに対しての*str*.format()メソッドは，あらかじめ形式を決めた文字列strに値を代入していく方法です。{ }で囲んだ部分に，順に値を入れていきます。

具体的な使用例を次に示します（先ほどの続きで，nameとageに値が入っている状態を仮定しています）。

【例】*str*.format()メソッドの使用

```
string = '私は{}です。{}歳です。'
string.format(name, age)
```

実行結果

```
'私はマインです。25歳です。'
```

③手動で設定する

手動で設定するには，単純に文字列連結の方法を使って文字列を連結します。連結の方法には，演算子（+）を使う方法や，*str*.join( )などの文字列連結のメソッドを使用する方法があります。

具体的な使用例を次に示します（先ほどの続きで，nameとageに値が入っている状態を仮定しています）。

【例】文字列の結合操作

```
'私は'+name+'です。'+str(age)+'歳です。'
```

実行結果

```
'私はマインです。25歳です。'
```

手動で設定する場合，ageが数値のままだとエラーになるので，str( )を使ってageを文字列に変換する必要があります。

これら3つの方法のうち，fを最初につけるフォーマット済み文字列リテラルや*str*.format( )メソッドは，Pythonでの出力によく用いられます。

■ *str*.format( )メソッドでの形式の指定方法

str.format( )メソッドを用いると，様々な出力形式に変換することができます。

{ }で囲まれた領域には，format( )メソッドで指定された値を順に指定しますが，その順番を，0から始まる位置を指定することで変更することができます。

例えば，次のように指定すると順番が変わります。

【例】format( )メソッドによる順序変更

```
'{0} and {1}'.format('fish', 'chips')
```

実行結果

```
'fish and chips'
```

```
'{1} and {0}'.format('fish', 'chips')
```

実行結果

```
'chips and fish'
```

また，変数を使って，その変数に設定する内容を指定することもできます。

【例】format( )メソッドによる変数の指定

```
'私は{name}です。{age}歳です。'.format(name='ルッツ', age=18)
```

実行結果

```
'私はルッツです。18歳です。'
```

さらに，文字列の書式指定を利用することによって，数値を右詰めで並べたり，小数点の桁数を指定するなど，様々な変更が可能になります。

例えば，次のように指定すると，0から4までの10進数と2進数（左を0で埋める）を表示できます。

【例】format( )メソッドによる文字列の書式指定

```
for n in range(5):
    print('{0:d} {0:04b}'.format(n))  # 変数nを，10進数と2進数で出力
```

実行結果

```
0 0000
1 0001
2 0010
3 0011
4 0100
```

書式は，位置のあとにコロン（:）を付け，その後ろに桁数の数字，データ型の順に指定します。例えば，上の例の{0:d}は，0番目に指定された値（n）を10進数の整数で表示します。桁数の数字の前に0を付けると，数字がない場合に0でパディング（空白を埋める）を行います。上の例の{0:04b}は，0番目に指定された値（n）を4桁の2進数で表し，数字がない部分は0でパディングします。

よく使われる書式指定を次に示します。

● 書式指定

指定	内容
s	文字列（デフォルト）
d	10進数
b	2進数
xまたはX	16進数（大文字Xだとアルファベットが大文字になる）
+	プラスの場合も正負（＋または－）を表示
fまたはF	固定小数点（大文字Fだとnanが NAN に、inf が INF に変換される）
c	文字。数値の場合は、Unicodeで対応する文字に変換

関連
書式の指定には，このほかにも様々な種類があります。必要な書式が見当たらない場合は，公式ドキュメントの「書式指定文字列の文法」で確認してください。
https://docs.python.org/ja/3/library/string.html#formatspec

　数値を表す書式が指定されたときには，nanまたはNANが表示されます。
　また，数値が無限大になった場合には，infまたはINFが表示されます。

■ 小数の表現

　Pythonでは，数値は2進数を用いて格納されます。小数は内部で浮動小数点型（float）で2進数に変換されます。このとき，演算の精度はハードウェアによって変わりますが，およそ次のようなかたちのIEEE 754の倍精度浮動小数点演算形式が用いられます。倍精度浮動小数点演算形式では，合わせて64ビットで浮動小数点を表現します。浮動小数点は，2の階乗のかたちで形式を決めて表現します。

● IEEE 754倍精度浮動小数点表記

符号部S（1ビット）	指数部E（11ビット）	仮数部D（52ビット）
正：0 負：1	元の指数に+1023	最初の桁の1は記述しない

発展
Pythonの浮動小数点問題については，公式のチュートリアルに記載されています。不具合が起こったときなどのその原因や対処法は，こちらで確認してみてください。
https://docs.python.org/ja/3/tutorial/floatingpoint.html

関連
IEEE 754の浮動小数点表記（単精度32ビット）に関する問題は，基本情報技術者試験の午後問題（平成19年秋 基本情報技術者試験 午後 問1）で出題されています。

　正規化とは，データを正しい形に変換することです。IEEE 754倍精度浮動小数点表記では，データを正規化することで次の形式に合わせ，符号部S，指数部E，仮数部Dを求めます。

$$(-1)^S \times 2^{E-1023} \times (1.D)_2$$

例えば10進小数の0.75を正規化してIEEE 754倍精度浮動小数点表記にすると，次のようになります。

$(0.75)_{10} = (0.11)_2 = 2^{-1} \times (1.1)_2$
$= (-1)^0 \times 2^{1022-1023} \times (1.1)_2$

ここから，S = 0，E = $(1022)_{10}$ = $(01111111110)_2$，D = $(1)_2$（左詰めで，後ろに0が51個続く）となります。
2進数ですべてまとめて表現すると，次のようになります。
00111111 11101000 00000000 00000000 00000000 00000000 00000000 00000000

0.75の場合には2進数で割り切れて表現できますが，割り切れない場合は誤差が生じます。例えば，10進数の0.4の場合は次のようになってしまいます。

$(0.4)_{10} = (0.011001100110\cdots)_2 = 2^{-2} \times (1.1001100110\cdots)_2$
$= (-1)^0 \times 2^{1021-1023} \times (1.10011001100110\cdots)_2$

Dの部分が無限小数となり割り切れないので，ここから有効桁数では次のようになります。
S = 0
E = $(1021)_{10}$ = $(01111111101)_2$
D = $(1001100110011001100110011001100110011001100110011001)_2$

2進数ですべてまとめて表現すると，次のようになります。
00111111 11011001 10011001 10011001 10011001 10011001 10011001 10011001

このように，小数の表記では有効桁数（2進数で53桁）での丸め誤差が出てしまうことになります。
そのため，Pythonでの小数の扱いには注意が必要です。例えば，分数の計算では，1／3や7／3は次のようになります。

用語

丸め誤差とは，指定された有効桁数で演算結果を表すために，切り捨て，切り上げ，四捨五入などで下位の桁を削除することによって発生する誤差です。
基本情報技術者試験の午前に出てくる内容ですので，今回のような具体例と合わせ，用語も押さえておきましょう。

【例】Pythonでの分数計算

```
1 / 3
```
実行結果
```
0.3333333333333333
```

```
7 / 3
```
実行結果
```
2.3333333333333335
```

7 / 3 では，小数点以下16桁目で本来3であるべき値が5となっており，誤差が生じていることが分かります。このように，Pythonでの計算は，誤差や有効数字に関して注意が必要になります。

POINT!
- 文字列にformat( )メソッドを使用すると，様々な形式で出力できる
- 小数は浮動小数点の2進小数に変換されるため，誤差が出る

浮動小数点とPython

Pythonでは，小数の計算を行うときに2進数での浮動小数点演算を行います。そのため，今回の例のように誤差が発生することがよくあります。基本情報技術者試験では，午前の基礎理論分野で，ここで実際に発生しているような丸め誤差などの用語が出題されます。本書はPythonでのプログラミングを中心としていますので，詳細な説明は省きますが，基礎理論の内容はプログラミングを行う上でも重要です。基本情報技術者試験の午前対策の教科書などで一度，基礎理論をしっかり学習し，プログラミングで実際に経験してみることで理解を深めていきましょう。

2-1 入出力 97

2-1-3 ○ 演習問題

問1　**ファイルへの出力**　　　　　　　　　　　　CHECK ▶ □□□

Pythonでファイルオブジェクトを次のように設定する。

```
fout = open('text.txt', 'wt')
```

このとき，ファイル'text.txt'に改行付きで文字列 Hello を書き込むことができるプログラムとして適切なものをすべて選べ。

ア　print('Hello', file='text.txt')
イ　print('Hello', file=fout)
ウ　fout.write('Hello')
エ　fout.write('Hello¥n')

問2　**_str_.format( )**　　　　　　　　　　　　　　CHECK ▶ □□□

Pythonの対話モードで次のように入力した際の出力結果として，正しいものはどれか。

```
print('{0:b} {0:d} {0:x}'.format(123))
```

ア　1 2 3　　　　　　　　　　　　イ　1111011 123 7b
ウ　1111011 7b 123　　　　　　　　エ　エラーとなる

問3　**Pythonでの浮動小数点の扱い**　　　　　　　　CHECK ▶ □□□

次の10進小数のうち，Pythonで表すと誤差が生じる可能性があるものはどれか。

ア　0.05　　　　　　イ　0.125　　　　　　ウ　0.375　　　　　　エ　0.5

98　第2章　Pythonの機能

■ 演習問題の解説

問1　　　　　　　　　　　　　　　　　　　　　　　　　　　　　　《解答》イ，エ

　Pythonでファイルに出力するには，print()関数を使用することができます。print(出力する文字列，file= ファイルオブジェクト)のかたちにします。設問の場合，file= のあとにファイルオブジェクトfoutを指定することで，出力できます。このとき，通常のprint()関数の場合と同様，デフォルトで改行が付加されます。したがって，**イ**が正解となります。アのようにファイル名を直接指定しても，実行できません。

　また，ファイルの出力には，write()メソッドを使用できます。ファイルオブジェクトfoutを使用して，fout.write(文字列)とすることで，その文字列の内容を出力します。write()メソッドでは改行は付加されないので，fout.write('Hello¥n')と，改行コードを記述することで，改行も含めて出力できます。ファイルオブジェクトfoutは，最後にfout.close()として終了させる必要があります。したがって，**エ**が正解です。ウは，改行が出力されないので誤りです。

問2　　　　　　　　　　　　　　　　　　　　　　　　　　　　　　　　《解答》イ

　format()メソッドでは，{ }の書式を指定することができます。設問ではすべての{ }でコロン(:)の左側にある位置を示す値が0となっているので，最初の数123を使用します。書式としては，bは2進数，dは10進数，xは16進数を指すので，123をそれぞれの基数に変換します。

　変換すると，$(123)_{10} = (1111011)_2 = (7b)_{16}$ となり，'{0:b} {0:d} {0:x}'の順に並べると，1111011 123 7b となります。したがって，**イ**が正解です。

　なお，xは小文字なので7bとなりますが，大文字Xの場合は7Bとなります。

問3　　　　　　　　　　　(平成26年春 基本情報技術者試験 午前 問1改)　《解答》ア

　Pythonでの小数表現では，内部で2進小数に変換します。選択肢のそれぞれの値を2進小数に変換すると，次のようになります。

ア　　$(0.05)_{10} = (0.000011001100\cdots)_2$

イ　　$(0.125)_{10} = (0.001)_2$

ウ　　$(0.375)_{10} = (0.011)_2$

エ　　$(0.5)_{10} = (0.1)_2$

　アの0.05は，2進小数に変換すると無限小数となり，誤差が発生します。したがって，**ア**が正解です。

2-2 エラーと例外

　プログラムを実行させようとすると，エラーや例外が発行されることがあります。エラーには，出力されたエラー内容に合わせた対処が必要になります。また，例外を利用することで，エラー発生時の処理を記述することができます。

2-2-1 ◯ エラー，例外

　エラーには，実行前の構文解析で起こる構文エラー（Syntax Error）と，実行時に起こる例外（Exception）の2種類があります。それぞれの内容を見ていきます。

■ 構文エラー

　構文エラーは，構文解析を行っているときに起こるエラー（Parsing Error）です。文法的な違反があった場合に表示されます。例えば，Pythonの対話モードで構文エラーが起こると，次のようなメッセージが表示されます。

【例】構文エラー

```
c === 1
```

実行結果

```
File "<stdin>", line 1 ←この行は，実行環境によって変わります
 c === 1
     ^
SyntaxError: invalid syntax
```

注意：こちらは，Pythonの対話モードでの例です。"<stdin>' の部分や表示内容は，実行環境によって変わります。

　違反している行番号を「line」のあとに表示し，違反している箇所を小さな矢印（^）で示します。これらのエラーメッセージを読み取って変更することで，構文エラーを修正することができます。

関連

エラーメッセージは，実行する環境や状況で表示される値が異なります。
例えば，本書に関連して公開しているサンプルプログラムではJupyter Notebookを使用していますが，Jupyter Notebookでは，左下の【例】構文エラーの実行結果の"<stdin>"の部分が，"<ipython-input-30-034fdd1df92f>"となります（30-034fdd1df92fの部分は毎回変わります）。
ここでは，「エラーの内容」に着目してください。

第2章 Python の機能

■ 例外

プログラムが構文として正しい場合，プログラム実行時に起こるエラーが例外です。それぞれの問題の内容に合わせて，次のような例外を発行します。

・**NameError**：変数が定義されていないときに発行
・**ZeroDivisionError**：0で割り算を行ったときに発行
・**TypeError**：数値と文字列など，型が異なる値を合わせようとしたときに発行
・**ValueError**：整数に変換する文字列が数字ではないなど，型が不適切なときに発行

以下にそれぞれの例外の発行例を示します。

関連

組み込み例外については，公式マニュアルで定義されています。何のエラーか分からない場合はこちらで確認しましょう。
https://docs.python.org/ja/3/library/exceptions.html

【例】NameError

```
apple
```

実行結果

```
Traceback (most recent call last):
  File "<stdin>", line 1, in <module>    ←この行は，実行環境によって変わります
NameError: name 'apple' is not defined
```

【例】ZeroDivisionError

```
20 / 0
```

実行結果

```
Traceback (most recent call last):
  File "<stdin>", line 1, in <module>    ←この行は，実行環境によって変わります
ZeroDivisionError: division by zero
```

【例】TypeError

```
'No.'+1
```

実行結果

```
Traceback (most recent call last):
  File "<stdin>", line 1, in <module>    ←この行は，実行環境によって変わります
TypeError: must be str, not int
```

2-2 エラーと例外 101

【例】ValueError

```
int('Hello')
```

実行結果

```
Traceback (most recent call last):
  File "<stdin>", line 1, in <module>     ←この行は，実行環境によって変わります
ValueError: invalid literal for int() with base 10: 'Hello'
```

■ 例外の処理

例外が発生したときは，それで処理を終了させるだけでなく，特定の例外発生時に処理を行わせることができます。そのときに使用されるのがtry文です。次のように，特定のエラーが発生したときの処理を記述します。

【構文】try文

```
try:
    通常行う処理
except  特定の例外 :
    特定の例外が発生したときに行う処理
```

まず，tryのあとに，本来行いたい処理を記述します。その処理の途中で，想定する特定の例外が発生した場合は，except句に移動し，例外が発生したときの処理を実行します。具体例で確認してみます。

【例】try文による例外（ValueError）の処理

```
try:
    d = int(input('数字を入れてください >'))
    print(d * 2)
except ValueError:
    print('それは数字ではありません。')
```

数字を入れてください> [   ] ←入力場所に「a」を入力

実行結果

```
それは数字ではありません。
```

例外が発生した場合は処理の途中でexcept句に移動するので，例外以降の処理は実行されません。また，except句で指定していない例外が発生した場合は，通常の例外として取り扱われ，処理が終了します。

except句は複数記述することができます。また，1つのexpect句に，タプルのかたちで複数の例外を記述することもできます。例外は上から順に確認されるので，最初の例外に当てはまった場合は次の例外は無視されます。

例外が発生しなかったときの処理は，else句を設定して記述することができます。また，ファイルのクローズなど，例外が発生してもしなくても必ず行う処理は，finally句を用いて記述します。

ここまでの説明をまとめて，複数のexcept句や複数の例外（タプル），else句，finally句を用いた例外の例を次に示します。

【例】様々な例外処理

```python
try:
    fp = open('sample.txt', 'rt')
    line = fp.readline()
    num = int(line)
except OSError:
    print('OSのエラーです')
except (ValueError, ZeroDivisionError, TypeError):
    print('数値演算のエラーです')
except Exception:
    print('一般的なエラーです')      # 上記の例外以外の例外を一般的なエラーとして処理
else:
    print('結果は{}です。'.format(num))      # 例外が発生しなかったときの処理
finally:
    fp.close()                        # 例外発生の有無にかかわらず，必ず行う処理
```

ファイル（sample.txt）から読み取った最初の行が数値ではない場合は，「数値演算のエラーです」と表示されます。最初の行が数値（25）である場合は，「結果は25です。」と，else句の内容が実行されます。

どちらの場合にも，finally句でファイルはきちんとクローズされます。

■ 警告

警告は，エラーとは異なり，プログラムの実行を中断しませんが，問題があるときに表示されるメッセージです。

文法があいまいなときの警告「SyntaxWarning」や，Unicodeに関係した警告「UnicodeWarning」などがあります。

Warningの表示は，警告フィルタで制御することができます。警告フィルタとは，警告を表示するレベルを設定するものです。標準ライブラリwarningsをインポートして使用します。

例えば，次のように警告レベルに「ignore」を設定すると，警告をすべて無視して，非表示にすることができます。

【例】警告フィルタの設定

```
import warnings
warnings.simplefilter('ignore')
```

関連
標準ライブラリを含めたライブラリの利用については，「2-3 ライブラリ」で詳しく学習します。

POINT!

・ エラーには，構文エラーと例外がある

・ 例外は，try文で，except句以下で種類に応じた処理が記述できる

104 第2章 Pythonの機能

2-2-2 ⚪ ユーザ定義例外

例外は，ユーザ自身で作成することができます。また，特定のタイミングで，ユーザが例外を発生させることも可能です。

■ 例外の送出

特定の例外を発生させたい場合には，次のようにraise文を使用します。

【例】raise文による特定の例外発生

```
raise ValueError
```

実行結果

```
Traceback (most recent call last):
  File "<stdin>", line 1, in <module>    ←この行は，実行環境によって変わります
ValueError
```

このように，raiseのあとに特定の例外を記述すると，強制的にその例外を発行させることができます。ユーザ定義例外では，プログラムの必要な部分にraise文をユーザが記述して，例外を発生させます。また，もともと定義されている例外も，raise文を用いて強制的に発生させることができます。

例外を発生させるときにメッセージを表示させることもできます。try文の中では，except句で as 変数 のかたちでメッセージを受け取ることで，そのメッセージを表示させることができます。
例えば，次のように記述することで，メッセージを表示させることができます。

【例】except句でエラー発生時にメッセージを表示

```
try:
    raise ValueError('値のエラー')
except ValueError as msg:
    print(msg,'という例外なのです')
```

実行結果

```
値のエラー　という例外なのです
```

■ ユーザ定義例外の作成

ユーザ自身が例外を作成するこの場合は，例外クラスを作り，例外時の処理内容を設定します。

例外クラスは，すべての例外の基本となるクラスであるException クラスを継承する必要があります。Exception クラスを継承することで，例外に必要な機能（発生時に except 以下を実行するなど）を実現できます。

例外時に特別な処理を行う必要がない場合には，pass とだけ記述します。例えば，新たな例外として AnonymousError を作成し，特に例外を発生させるほかに実行することがない場合には次のように記述します。

【例】特別な処理を行わない例外クラス AnonymousError を作成

```python
class AnonymousError(Exception):
    pass
```

作成した AnonymousError を発生させるには，raise 文を使用します。try 文を利用して発生した例外の処理を行う場合は，次のように記述します。

【例】AnonymousError 発生時にメッセージ表示

```python
try:
    raise AnonymousError
except AnonymousError:
    print('AnonymousErrorが発生しました')
```

実行結果

```
AnonymousErrorが発生しました
```

例外に特定の名前を付けて発行させることで，どのようなエラーかを具体的に示し，不具合の解決に役立てることができます。

> **関連**
>
> クラスの具体的な作成方法については，「第4章　クラスとオブジェクト指向」で詳しく取り扱います。ここでは，例外はクラスを作ることで作成できるということだけを覚えてください。

POINT!

- 例外を明示的に発生させるには raise 文を使う
- 例外は，Exception クラスを継承することで，自分で作成できる

106 第2章 Python の機能

2-2-3 ● 演習問題

問1　例外の種類　　　　　　　　　　　　　　　　　CHECK ▶ □□□

次の処理を実行した場合に発生する例外はどれか。

```
'Hello'+5
```

ア　NameError　　　　　　　　　　イ　TypeError
ウ　ValueError　　　　　　　　　　エ　ZeroDivisionError

問2　例外の発生　　　　　　　　　　　　　　　　　CHECK ▶ □□□

次のプログラムを実行した際の出力結果として，正しいものはどれか。

```python
print('実行結果:', end=' ')
try:
    raise NameError('名前のエラー')
except Exception as msg:
    print('例外が発生しました', end=' ')
except NameError as msg:
    print(msg, 'が発生しました', end=' ')
finally:
    print('終わり')
```

ア　実行結果: 名前のエラー が発生しました 終わり
イ　実行結果: 名前のエラー 例外が発生しました 終わり
ウ　実行結果: 例外が発生しました 終わり
エ　実行結果: 例外が発生しました 名前のエラー が発生しました 終わり

演習問題の解説

問1　　　　　　　　　　　　　　　　　　　　　　　　　　　　　　　　《解答》イ

　'Hello' は文字列型，5は数値型の値です。演算子 (+) で，型の異なる2つを計算することはできず，型が不適切であることを示すTypeErrorとなります。したがって，**イ**が正解です。

ア　変数が定義されていないときに起こるエラーです。

ウ　型は合っていても，型の値が適切でないときに起こるエラーです。

エ　0で割り算を行ったときに起こるエラーです。

問2　　　　　　　　　　　　　　　　　　　　　　　　　　　　　　　　《解答》ウ

　まず最初のprint( )関数により，「実行結果　」が表示されます。

　次に，try文の中でNameErrorを発生させます。このとき，NameErrorは，すべての例外を含むスーパークラスExceptionのサブクラスです。そのため，最初の except Exception に当てはまり，「例外が発生しました」が表示されます。

　except句は，順番に確認していき，当てはまるとほかのexpect句は確認しません。そのため，except NameErrorは無視され，最後のfinally句に移行します。

　最後に「終わり」と表示して終了です。したがって，**ウ**が正解となります。

108 第2章 Pythonの機能

2-3 ライブラリ

Pythonでは，ライブラリを利用することで様々なことが実現できます。ライブラリには，標準のライブラリと，必要に応じてインポートして利用するライブラリがあります。

2-3-1 ◯ ライブラリの利用

ライブラリとは，作成したプログラムを再利用できるようにまとめたものです。ライブラリを利用するときには，import文を使用する必要があります。Pythonにあらかじめ含まれている標準ライブラリ以外のライブラリを使用するには，あらかじめpipコマンドなどを用いてインストールしておく必要があります。

■ モジュールとライブラリ

モジュールとは，Pythonで書かれたプログラムです。通常は関数やクラスとして作成される，再利用可能なPythonプログラムのまとまりとなります。

パッケージとは，複数のモジュールをまとめたもので，いくつかのパッケージをまとめてインストール可能なかたちにしたものをライブラリといいます。ライブラリには，あらかじめPythonに含まれている標準ライブラリと，インストールが必要な外部ライブラリがあります。

■ import文

モジュールを使用するときには，それを取り込むためにimport文を使用します。import文の記述方法には次の2つがあります。

【構文】基本のimport文

```
import  モジュール名
```

【構文】from形式のimport文

```
from  モジュール名  import  モジュール内のサブモジュール
```

> **関連**
>
> ライブラリを作成する場合の関数の作成方法は第3章で，クラスの作成方法は第4章で詳しく学習します。ここではまず，既存のライブラリの利用方法を学びます。

基本のimport文では，指定したモジュール全体をプログラムに読み込みます。そのため，読み込みに時間がかかる場合があります。

from形式のimport文は，モジュール内の一部となるサブモジュールのみを読み込むときに使用します。サブモジュールとは，モジュール内にあるモジュールの1つです。サブモジュールがさらにサブモジュールをもつこともあり，順にたどっていくことができます。

例えば，基本的な日付型および時間型を取り扱うモジュールに，標準ライブラリで用意されているdatetimeがあります。datetimeをインポートして今日の日付を表示するためには，次のように記述します（実行結果は，プログラム実行時の日付）。

【例】datetime（基本のimport文）

```
import datetime
print(datetime.date.today())
```

実行結果

```
2021-03-20  ←この行には，実行した日の日付が表示されます
```

from形式で記述すると，次のようになります。from形式には，モジュール利用の際の記述が少なくて済むという利点があります。

【例】datetime（from形式のimport文）

```
from datetime import date
print(date.today())
```

実行結果

```
2021-03-20  ←この行には，実行した日の日付が表示されます
```

■ 標準ライブラリ

Pythonには，あらかじめプログラム言語とともに用意されているモジュールをまとめた標準ライブラリがあります。

標準ライブラリは，Pythonライブラリリファレンスとして公開されており，インポートするだけで利用できます。

●Python標準ライブラリ

https://docs.python.org/ja/3/library/index.html

代表的な標準ライブラリについては，次項「2-3-2 標準ライブラリ」で学習します。

■外部ライブラリのインストール

標準ライブラリ以外の外部ライブラリを利用する場合には，ライブラリをあらかじめインストールしておく必要があります。外部ライブラリのインストールには，pipというコマンドを用います。

Pythonを実行させてpipを利用するには，次のように実行します。

【構文】pip

```
python -m pip 実行する内容
```

参考

外部ライブラリのインストールは，インターネット上のサイトからダウンロードして行います。そのため，インストールやアップデートを行うには，実行する端末がインターネットに接続している必要があります。インターネットに接続できない環境でpipでのインストールを行うためには，あらかじめダウンロードしたファイルを読み込むなどの手法があります。

数値演算を行うときによく用いられる外部ライブラリであるNumPyをインストールする例を次に示します。pipでは，pip install ライブラリ名 で，ライブラリのインポートを行います。

【例】NumPyのインストール

```
python -m pip install numpy
```

インストールしたライブラリNumPyを新しいバージョンにアップグレードする場合は，次のように記述します。

【例】NumPyのアップグレード

```
python -m pip install --upgrade numpy
```

■別名

import文では，モジュール名のあとにasを用いて別名を付けることができます。別名を付けることで，長い名前のモジュールを簡単に操作することができます。

例えば，先ほどの数値演算を行うライブラリNumPyに含まれるモジュール名はnumpyです。numpyには別名npを付けることがよく行われます。モジュール名numpyに別名npを付けて取り扱う例を次に示します。

関連

NumPyは，AIや数値演算，データサイエンスを行う場合に必須のライブラリです。詳細は「第6章　データサイエンスとAI」で学習します。

【例】別名を付けたモジュールの呼び出し

```
import numpy as np
a = np.array([[1, 2], [3, 4]])
print(a)
```

実行結果

```
[[1 2]
 [3 4]]
```

2行目の np.array() は，配列（N次元配列）を作成するメソッドです。

POINT!

・ Pythonのライブラリには，標準ライブラリと，pipでインストールするものがある
・ 「import モジュール名」，または 「from モジュール名 import サブモジュール」 でインポート

2-3-2 ◯ 標準ライブラリ

Pythonには多数の標準ライブラリが用意されています。標準ライブラリを使用するだけで，Pythonに様々な機能を追加できます。

■ 標準ライブラリの例

Pythonの標準ライブラリは，Pythonライブラリリファレンスとして公開されており，バージョンが上がると新しいものに更新されます。標準ライブラリに含まれるモジュールは，import文でインポートするだけで利用できます。

標準ライブラリに含まれる代表的なモジュールには，次のようなものがあります。

● Pythonの標準ライブラリ

モジュール名	内容
string	文字列操作を行う
re	正規表現を使用する
datetime	日付や時間を扱う
time	時刻データへのアクセスと変換
calendar	カレンダー（月や曜日など）を扱う
math	数学関数
decima	固定及び浮動小数点の演算
random	擬似乱数を生成する
statistics	数理統計関数
os	OSに依存する機能を利用する
os.path	OS共通のディレクトリ操作
shutil	高水準のファイル操作
sqlite3	SQLiteデータベースに対するAPIインタフェース
zlib	gzip互換の圧縮
zipfile	ZIPファイルの処理
csv	CSVファイルの読み書き
hashlib	セキュアハッシュおよびメッセージダイジェスト
hmac	メッセージ認証のための鍵付きハッシュ化
logging	Python用ロギング機能
socket	ネットワークインタフェース
ssl	TLS/SSLを利用
email	電子メールとMIME処理のためのパッケージ
json	JSONエンコーダおよびデコーダ
base64	Base16, Base32, Base64, Base85データの符号化
html	HyperText Markup Languageのサポート

モジュール名	内容
http	HTTPモジュール群
xml	XMLを扱うモジュール群
cgi	CGI（ゲートウェイインタフェース規格）のサポート
urllib	URLを扱うモジュール群
sys	システムを操作
warnings	警告の表示を制御する

このほかにも様々なものがあります。

ライブラリの名前を覚える必要はありません。基本的には，覚えなくても使用できるように，分かりやすい名前が付けられています。必要に応じてライブラリをインポートして使用します。

■ dir()関数

dir()関数は，インポートしたモジュールで使用できる関数やクラス（サブモジュール）のリストを返す組み込み関数です。

何も設定せず dir() と記述すると，現在利用できる関数やクラスなどの名前のリストを返します。dir(モジュール名) のようにモジュールを指定すると，そのモジュールで使用できる属性（変数や関数，クラスなど）のリストを表示できます。

例えば，日時を扱うモジュールdatetimeをインポートし，使用する属性のリストを表示すると，次のようになります。

【例】datetimeで使用できる属性のリストを表示

```
import datetime
dir(datetime)
```

実行結果

```
['MAXYEAR', 'MINYEAR', '__builtins__', '__cached__', '__doc__', '__file__',
'__loader__', '__name__', '__package__', '__spec__', 'date', 'datetime',
'datetime_CAPI', 'sys', 'time', 'timedelta', 'timezone', 'tzinfo']
```

※開発環境によって，改行などの表示形式が異なります。

POINT!

- ・ 標準ライブラリは，importするだけで利用できる
- ・ dir()関数を用いると，利用できる属性のリストが得られる

2-3-3 その他のライブラリ

Pythonでは，数多くの外部ライブラリが公開されています。ライブラリをインストールすることで，必要に応じて様々な分野でのプログラミングを行うことが可能です。

AIやデータサイエンス

Pythonのライブラリが最も充実している分野は，AIやデータサイエンスなどです。数値演算の汎用的なライブラリであるNumPyをはじめとして，機械学習用のライブラリのscikit-learnや，ディープラーニング用のライブラリのTensorFlowなど，様々なライブラリが用意されています。

データサイエンス関係のライブラリをPythonのプログラムとまとめてインストールできるパッケージに，Anacondaがあります。

通信ネットワーク

Pythonでの通信ネットワークについては，標準ライブラリのsocketやurllibなどを用いることで基本的なことが行えます。

ネットワーク関連のライブラリとしてよく使われているものにrequestsがあります。requestsを用いると，次のように，URLにアクセスすることができます。

【例】requestsによるURLアクセス

```
import requests
url = "https://www.wakuwakustudyworld.co.jp"
response = requests.get(url)
print(response.status_code)
```

実行結果

```
200
```

requests.get(url)を使用すると，urlが示すWebページにアクセスし，その応答を変数responseに格納します。ステータスコード（status_code）は，正常に通信されたかどうかを表すコードで，200は正常終了を示します。

関連

AnacondaについてはP.116のコラムを参照してください。
また，AIやデータサイエンスでのPythonライブラリの利用については，「第6章　データサイエンスとAI」で詳しく取り扱います。

発展

Anacondaには，NumPyやscikit-learnなど，データサイエンス関係のライブラリはひととおり含まれています。しかし，TensorFlowなどのディープラーニング関連のライブラリは含まれていませんので，改めてインストールする必要があります。

■ Webスクレイピング

Webから必要な情報を取得する技術のことを，Webスクレイピングといいます。先ほどのrequestsライブラリなどで取得したデータを解析し，必要な情報を抽出することで，Webスクレイピングを実現できます。

Webスクレイピングでよく用いられるライブラリには，Beautiful SoupやSeleniumがあります。Beautiful Soupは，取得したHTMLデータから，必要な情報を取り出すときに使用します。Seleniumは，Webブラウザを操作するときに使用します。

Webスクレイピングは，Webサーバやネットワークに負荷をかけることがあるので，ルールや節度を守って行うことが大切です。

> **関連**
>
> これらのライブラリを使用するには，最初にインストールが必要です。
> 例えば，Beautiful Soupを利用するには，
> > python -m pip install bs4
> を実行する必要があります。
> また，pycriptodomeを利用するには，
> > python -m pip install pycryptodome
> を実行する必要があります。

■ セキュリティ

Pythonの標準ライブラリには，ハッシュ関数を作成するライブラリhashlibなどがあります。Pythonで暗号化や復号を行うときのライブラリには，pycryptodomeがあります（インポートするときには，import Crypto と記述します）。

例えば，公開鍵暗号方式のアルゴリズムであるRSAを，Cryptoに含まれる公開鍵暗号方式のモジュールPublicKeyを用いて公開鍵と秘密鍵を作成するプログラムは，次のようになります。

【例】RSAの秘密鍵と公開鍵を作成

```
from Crypto.PublicKey import RSA            # モジュールRSAをインポート
key = RSA.generate(2048)                    # 公開鍵と秘密鍵のペアkeyを作成
private_key = key.exportKey()               # keyから，秘密鍵を取り出す
public_key = key.publickey().exportKey()    # keyから，公開鍵を取り出す
print(public_key)                           # 公開鍵を出力
```

116　第2章　Pythonの機能

実行結果

```
b'-----BEGIN PUBLIC KEY-----¥nMIIBIjANBgkqhkiG9w0BAQEFAAOCAQ8AMIIBCgKCAQEAw
4hwbp95Kv+vtanCyyBH¥n8Ay9cWEnKwnn5+33mL4G1QoNsd8VJO8b6HvRAyQx54TbSkj+KCBn4C
Y9MmJWsAEk¥ndjPjLQKoq2a5Kz/cSYFGf1JQ2XG46F3B8r6zfthX+1EGv0FVsoGSh4MqK8DGze
ob¥nxe0XZuY2mux7Sb6+GBCHIuROVD+WAQWcpJaR4OCoLLCr0g1UbOeXbHWh6meInn+Q¥nPNSa4
i6ujJ8QQuo6sVKsunlv2xCplSUXCFZPkMdx0/TiBSpDzwemXqMslZ6QEsx5¥nGwlD/
H1svk8XRXk5f0NTHO/MBp4Z+TjjQQbXeDXXaxoSHaLSo54nppB59MWbvL9t¥nGwIDAQAB¥n----
-END PUBLIC KEY-----'
```

※公開鍵はランダムに作成されるため，毎回内容は異なります。
　また，実行するコンピュータのセキュリティ設定によっては，秘密鍵を取り出せずエラーとなることがあります。

　通常の暗号化や復号だけでなく，ビットコインを取り扱うライブラリpybitcointoolsなど様々なライブラリがあります。
　このように，いろいろな分野で作成されているライブラリを利用して，機能を拡張しやすいのがPythonの特徴です。

> 参考
> pybitcointoolsは，次のようにインストールできます。
> `> python -m pip install bitcoin`

POINT!

・ 外部ライブラリをインストールすることで，様々なことができる
・ セキュリティやWebスクレイピングなど，分野ごとにライブラリがある

コラム

データサイエンス用プラットフォーム「Anaconda」

　Anacondaは，データ分析の分野でよく使われているオープンソースのデータサイエンス用プラットフォームです。Pythonと合わせて，様々なデータ分析用ライブラリやJupyter Notebookなどの開発環境をまとめてインストールできます。

　Anacondaは，以下のページで環境（Windows，Mac，Linux）に合わせてダウンロードできます。

https://www.anaconda.com/distribution/

　巻末の付録で，Anacondaのインストール方法及びJupyter Notebookの使用方法を解説しています。詳しくはそちらを参考にしてください。

2-3-4 ● 演習問題

問1　import文　　　　　　　　　　　　　　　　　　　CHECK ▶ □□□

次のプログラムを実行して今日の日付を表示するときに，空欄a，bに入れる内容の組合せとして正しいものはどれか。

```
from [   a   ] import [   b   ]
print(date.today())
```

	a	b
ア	date	datetime
イ	date	date
ウ	datetime	date
エ	datetime	datetime

問2　円周率の表示　　　　　　　　　　　　　　　　　　CHECK ▶ □□□

Pythonの対話モードで以下のように入力した際の出力結果として，正しいものはどれか。

```
from math import pi
print('{0:.0f} {0:.2f} {0:.4f}'.format(pi))
```

ア　3 3.14 3.1416　　　　　　　イ　3.0 3.2 3.4

ウ　3.0 3.14 3.1415　　　　　　エ　3.141592653589793

118　第2章　Pythonの機能

■ 演習問題の解説

問1　　　　　　　　　　　　　　　　　　　　　　　　《解答》ウ

import文でfrom形式を用いるときには，from モジュール名 import モジュール内のサブモジュール のかたちで実行します。標準ライブラリで日付を表示するモジュールはdatetimeで，その中のサブモジュールdateにtoday()というメソッドがあり，今日の日付を取得できます。

そのため，import文は from datetime import date となり，空欄aはdatetime，空欄bはdateとなります。したがって，組合せの正しいウが正解です。

問2　　　　　　　　　　　　　　　　　　　　　　　　《解答》ア

標準ライブラリに含まれるモジュールmathには，円周率πを表す変数piがあります。浮動小数点型の定数として単純にpiを出力すると，3.141592653589793となります。

設問のプログラムのprint()関数は，format形式で，3つの{}はすべて0:で始まっており，同じpiを違う形式で3回表示します。

1つ目の{0:.0f}は，小数点以下の有効数字を0桁で表示するので，3が表示されます。

2つ目の{0:.2f}は，小数点以下の有効数字を2桁で表示するので，3.14が表示されます。

3つ目の{0:.4f}は，小数点以下の有効数字を4桁で表示すので，3.1416が表示されます。

このとき，小数点以下の4桁目は5ですが，次の5桁目が9なので，四捨五入されて6となります。

したがって，表示される内容は 3 3.14 3.1416 となり，アが正解です。

第3章

関数の定義

関数は，一連の処理をまとめて記述したものです。ライブラリなどを利用することで他の人が作ったプログラムを使うだけでなく，自分で関数を定義することも可能です。また，Pythonではジェネレータやラムダ式など，応用的な様々な機能を利用することができます。

3-1 関数
- 3-1-1 関数
- 3-1-2 基本的な組み込み関数
- 3-1-3 要素に処理を行う組み込み関数
- 3-1-4 演習問題

3-2 関数の応用
- 3-2-1 引数
- 3-2-2 スコープ
- 3-2-3 ジェネレータ
- 3-2-4 関数の様々な機能
- 3-2-5 演習問題

3-3 関数問題
- 3-3-1 関数問題の演習

3-1 関数

関数は，一連の処理をまとめて記述したものです。関数を使用することで，同じ処理を何度も行うことができます。Pythonの関数の表記法には様々な形式があります。

3-1-1 ● 関数

Pythonでは，関数はdef文を用いて定義します。Pythonの引数の設定方法には，様々なものがあります。

■ 関数の利用

関数は一連の処理をまとめたものです。引数というかたちで，特定の値や値の組を入力として関数に引き渡すことができます。また，その計算結果を戻り値として出力させることができます。

関数を利用することで，様々な引数に対して，同じ処理を何度も実行させることが容易になります。また，同じ目的で行う処理の単位をまとめることで，プログラムを簡単に理解できるようになります。

■ Pythonでの関数の書き方

Pythonでは，関数はdef文を使用して定義します。一連の処理は，インデントを用いて字下げして記述します。基本文法は，次のとおりです。

【構文】def文の基本構文

```
def 関数名(引数):
    処理
    return 戻り値
```

引数には，関数に引き渡す値を設定します。記述しなくてもよく，複数指定することもできます。

処理は，字下げして記述します。複数行の記述が可能です。

returnのあとには，関数の出力となる戻り値を設定します。戻り値を出力する必要がない場合は省略可能です。returnを実行すると関数の実行を終了するので，return以降の処理は実行されません。

例えば，三角形の面積（area）を，底辺（base）と高さ（height）を用いて計算する関数は，次のようになります。

【例】三角形の面積を計算する関数triangle_area( )

```
def triangle_area(base, height):    # 引数として，底辺base，高さheightを入力
    area = base * height / 2        # 面積areaを計算する処理を実行
    return area                     # 面積areaを戻り値として返す
```

作成した関数を使用するには，関数名（引数）のかたちで実行します。関数名の前に変数を設定すると，その変数に戻り値が格納されます。上記の関数 triangle_area( ) を実行すると，次のようになります。

【例】関数triangle_area( )の実行

```
area = triangle_area(5, 3)   # 関数triangle_area()をbase=5, height=3で実行
print(area)
```

実行結果

```
7.5
```

引数には，リストなどのコレクション型も指定できます。また，処理の中でif文やfor文などで複雑な処理の流れを記述することができます。

リストを引数にして，その中に要素を1つずつ取り出すためには，関数内でfor文を使用します。また，引数の値によって処理を変える場合には，関数内でif文を使用します。

例えば，数字の文字列のリスト（digitlist）を引数にして，そのリストの中のそれぞれの要素（digit）の値が数値に変換できる場合にだけ数値に変換して合計する関数は，次のように記述できます。

122　第3章　関数の定義

【例】文字列のリストを数値に変換して合計する関数 sum_list( )

```python
def sum_list(digitlist):        # 引数として，数字の文字列リストdigitlistを入力
    sum_digit = 0
    for digit in digitlist:     # 引数digitlistから，要素を1つずつdigitに入れて繰返し
        if digit.isdigit():     # 文字列digitが，数値に直せるかどうか判定
            sum_digit += int(digit)   # digitを数値に変換して，sum_digitに加算
    return sum_digit            # 合計sum_digitを戻り値として返す
```

　digit.isdigit( )は，文字列の要素digitのすべてが数字かどうかを判定するメソッドです。数字の場合にはTrue，そうでない場合にはFalseを返します。

　文字列を数値に変換する組み込み関数int( )は，文字列の要素すべてが数字でないと変換できないので，その前にif文でdigit.isdigit( )を使い，数値に変換できるかどうかを確認します。

　この関数を実行すると，次のようになります。

【例】関数 sum_list(digitlist) の実行

```python
digitlist = ['1', '4', 'abc']
sum_digit = sum_list(digitlist)   # '1', '4' だけを数値として合計
print(sum_digit)
```

実行結果

```
5
```

◻ デフォルトの引数値

　Pythonの関数では，値を指定されないときにデフォルトの引数値を設定することができます。デフォルト値を指定すると，関数の引数が足りないときにも処理を実行することが可能です。

　デフォルト値は，引数の中で，変数 = デフォルト値 として記述します。例えば，前述の三角形の面積を求める関数で，高さを指定されないときには「1」として計算する場合は，次のように記述します。

3-1 関数 **123**

【例】関数triangle_area( )にデフォルト値を設定

```
def triangle_area(base, height=1):   # 引数heightにデフォルト値「1」を設定
    area = base * height / 2
    return area
```

デフォルトの引数値を設定した関数は，次のように実行されます。

・引数の値が設定されない場合には，デフォルト値が用いられる
・引数の値が設定された場合には，設定された値が用いられる

先ほどの関数を引数を変えて実行すると，次のようになります。

【例】デフォルト値を設定した関数triangle_area( )の実行

```
area = triangle_area(5)   # 引数baseのみ設定，heightはデフォルト値
print(area)
```

実行結果

```
2.5
```

```
area = triangle_area(5, 3)   # 引数base，heightを設定，デフォルト値より優先される
print(area)
```

実行結果

```
7.5
```

■ キーワード引数

関数を呼び出すときに，関数内で使用する引数の変数名を指定することができます。この引数を**キーワード引数**といいます。

キーワード引数は，変数名 = 値 のかたちで設定します。例えば，先ほどの関数 triangle_area( )でキーワード引数を使用すると，次のようになります。

【例】関数 triangle_area( ) でキーワード引数を使用

```
area = triangle_area(base=5, height=3)  # キーワード引数で, 引数base, heightを設定
```

実行結果

```
print(area)
7.5
```

通常使われる，順番に記述する引数のことを**位置引数**といいます。位置引数を使う場合には，キーワード引数は位置引数のあとに記述する必要があります。位置引数とキーワード引数の両方で同じ引数に値を代入することはできません。

また，デフォルトの値を設定した引数はオプション引数となり，値が設定されない場合にはデフォルト値が使用されます。デフォルトの値が設定されない場合には必須引数となり，関数呼び出し時に設定しないとエラーとなります。

そのため，次のような関数呼び出しはすべてエラーとなります。

【例】関数 triangle_area( ) 呼出しでエラーとなる場合

```
area = triangle_area(base=5, 3)         # キーワード引数のあとの位置引数

area = triangle_area(height=3)          # 必須引数baseがない

area = triangle_area(5, base=3)         # 引数baseを2回使用

area = triangle_area(base=5, angle=60)  # 定義していない引数angleを使用
```

次のような関数呼出しは，正常に動きます。

【例】関数 triangle_area( ) の呼出しで正常に動く場合

```
area = triangle_area(base=5)            # 必須引数baseのみ設定

area = triangle_area(5, height=3)       # heightのみキーワード引数

area = triangle_area(height=3, base=5)  # キーワード引数の順番変更
```

位置変数をすべて記述したあとは，位置の順序に関係なく自由にキーワード引数を設定できます。

POINT!

・ 関数は，「def 関数名（引数名）:」で定義する
・ デフォルト値やキーワード引数を利用して，引数の内容を設定できる

126 第3章 関数の定義

3-1-2 ○ 基本的な組み込み関数

　組み込み関数は，Pythonにあらかじめ組み込まれている関数です。組み込み関数を活用することで，様々な処理が実行できます。

関連

すべての組み込み関数のリストは，Pythonドキュメントに掲載されています。設定できる引数など，詳細は下記のページで確認することができます。
https://docs.python.org/ja/3/library/functions.html

■ Pythonの組み込み関数

　Pythonの組み込み関数は，print( )関数など，いくつかは本書ですでに登場していますが，これら以外にも数多く用意されています。ここでは，よく用いられる代表的な関数について学習します。

■ データを入出力する関数

　Pythonでのデータの入力にはinput( )関数，出力にはprint( )関数を用います。ファイルの入出力にはopen( )関数を用います。

関連

print( )関数については「2-1-2 フォーマット」で，open( )関数については「2-1-1 ファイル入出力」で詳しく取り上げています。

input( )関数

　input( )関数は，入力から1行を読み込み，文字列に変換して返す関数です。形式は次のとおりです。

【構文】input( )関数

```
input([プロンプト])
```

　[プロンプト]の部分に記述した内容は標準出力に表示されます。例えば，次のように，データの入力内容を促すプロンプト（コマンドが入力待ちであることを示す符号）を表示します。

【例】input( )関数

```
num_str = input('何か数値を入力してください>')
num_str
```

　何か数値を入力してください> [　　　　　　　　] ←入力する場所が表示されるので，「5」を入力

実行結果

```
'5'
```

input( )関数で入力される内容は文字列なので，数値として使用する場合には，int( )関数などを用いて変換する必要があります。

◾ 数値演算を行う関数

数値演算を行う組み込み関数には，次のようなものがあります。

①基数変換を行う関数

基数変換を行う関数には次のものがあります。

関連

bin( )やoct( )，hex( )については，「1-2-1 基本データ型」でも取り上げています。また，Pythonのbin( )，oct( )，hex( )関数では，負の数や小数などの基数変換はできません。

●基数変換を行う関数

関数	説明
bin(x)	正の整数xを0bが付いた2進文字列に変換する
oct(x)	正の整数xを0oが付いた8進文字列に変換する
hex(x)	正の整数xを0xが付いた16進文字列に変換する。a～fは小文字で表示される

②abs( )関数

abs( )関数は，数値の絶対値を求める関数です。abs(x)のかたちで，数値xの絶対値を返します。

abs( )関数を利用して絶対値を求める例は，次のとおりです。

【例】abs( )関数

```
abs(-1.4)
```

実行結果
```
1.4
```

③round( )関数

round( )関数は，整数や小数を丸めた値を返す関数です。次の形式で，数値numberをndigits桁に丸めた値を返します。

発展

round( )関数は，偶数への丸めを行うため，厳密に四捨五入を行う場合などには向いていません。四捨五入は，標準ライブラリdecimalのquantize( )関数を利用することで実現可能です。

【構文】round( )関数

```
round(number[,ndigits])
```

ndigitsはオプションで，省略した場合は，numberに最も近い整数を返します。値は$10^{-ndigits}$乗の倍数の中で最も近い整数に丸

められます。numberに最も近い整数が2つあるときには，単純な四捨五入ではなく，**偶数への丸め**を行います。例えば，round (0.5) と round (− 0.5) はいずれも0に、round (1.5) は2に丸められます。

round( )関数の実行例は，次のとおりです。

【例】round( )関数

```
round(-2.5)
```
実行結果
```
-2
```

```
round(247, -2)    # 小数点から右に-2桁(左に2桁, 100の位)での丸め
```
実行結果
```
200
```

④pow( )関数

pow( )関数はべき乗を返す関数です。次の形式で，xのy乗を返します。

【構文】pow( )関数

```
pow(x, y, [z])
```

zはオプションで，設定された場合にはxのy乗をzで割ったときの余りを返します。

yには負の値も設定できます。例えば，10^{-2}を計算する場合は次のように記述します。

【例】pow( )関数

```
pow(10, -2)
```
実行結果
```
0.01
```

◻ 文字コードを変換する関数

文字コードとは，コンピュータで文字を扱うために，それぞれの文字に数値を割り当てたものです。Pythonでは，文字に対応する文字コードをord( )関数で求めたり，文字コードの数値をchr( )関数で文字に変換することができます。実行例は次のとおりです。

【例】ord( )関数

```
ord('a')
```

実行結果
```
97
```

【例】chr( )関数

```
chr(97)
```

実行結果
```
'a'
```

◻ データの状況を確認する関数

データの長さや，データの型などを確認するための関数には，次のものがあります。

●データの状況を確認する関数

関数	説明
len(s)	sの長さ（オブジェクトの長さ，要素の数）を返す
type(object)	objectの型を返す

発展

len( )関数は，文字列の長さだけでなく，「3-1-3 要素に処理を行う組み込み関数」で取り上げるイテレータの要素数を数えることもできます。

◻ データ型を変換する関数

数値や文字列などにデータ型を変換する関数には，次のものがあります。

●データ型を変換する関数

関数	説明
int(x, [base=10])	数値または文字列のxを整数に変換する。オプションのbaseは基数，デフォルトは10（10進数）
float(x)	数値または文字列のxを浮動小数点数に変換する
str(object)	object（データ型はなんでも）を文字列に変換する

※[ ]内はオプション

130　第3章　関数の定義

　int( ), float( ), str( )などのデータ型を変換する関数は，次の
ような形式で使用します。

【例】int( )関数

```
int('5')  # 文字列の5を整数型の5に変換
```

実行結果

```
5
```

【例】float( )関数

```
float('5.2')  # 文字列型の5.2を浮動小数点型の5.2に変換
```

実行結果

```
5.2
```

【例】str( )関数

```
str(5)  # 数値の5を文字列型の5に変換
```

実行結果

```
'5'
```

POINT!

- bin( )，oct( )，hex( )などの関数で，基数変換ができる
- int( )，floar( )，str( )などの関数で，データの型を変換できる

3-1-3 ● 要素に処理を行う組み込み関数

　組み込み関数のうち，複数の要素をもつデータに対して処理を行う関数があります。処理が複雑になりますが，繰り返し処理を組み合わせることで，様々な処理が可能になります。

■ イテレータ

　イテレータとは，複数の要素があるデータ型（リスト，タプル，辞書など）全般を指します。Pythonの組み込み関数では，イテレータに対して処理を行うものが数多くあります。ここでは，イテレータに処理を行う関数を中心に学習します。

■ イテレータに変換する関数

　データ型を変換する関数のうち，リスト，タプル，集合などのイテレータに変換する関数には，次のものがあります。

● イテレータに変換する関数

関数	説明
list([iterable])	イテレータ iterable をリストに変換する
tuple([iterable])	イテレータ iterable をタプルに変換する
set([iterable])	イテレータ iterable を集合に変換する

　list( )，tuple( )，set( )などの，イテレータを変換する関数は，次のような形式で使用します。

【例】list( )関数

```
tuple_sample = (0, 1, 2, 1, 2)    # タプルの例
list(tuple_sample)                # タプル tuple_sample をリストに変換
```

実行結果

```
[0, 1, 2, 1, 2]
```

【例】tuple( )関数

```
list_sample = [0, 1, 2, 1, 2]    # リストの例
tuple(list_sample)               # リスト list_sample をタプルに変換
```

実行結果

```
(0, 1, 2, 1, 2)
```

関連

イテレータについては，複合（compound）データ型，要素をもつデータ型として，「1-2-2 要素をもつデータ型」で詳しく説明しています。難しく感じる場合は，そちらを確認し直してみてください。

【例】set( )関数

```
set(list_sample)          # リストlist_sampleを集合に変換
```
実行結果
```
{0, 1, 2}
```

リストやタプルなどを集合に変換すると，データの値が重複する要素はまとめられて1つになります。

◻ イテレータに演算を行う関数

複数の要素をもつイテレータに対して演算を行う関数には，次のようなものがあります。iterableがイテレータを指します。

● イテレータに演算を行う関数

関数	説明
all(iterable)	iterableのすべての要素が真，もしくはiterableが空の場合にTrueを返す
any(iterable)	iterableのいずれかの要素が真ならTrueを返す。iterableが空の場合はFalseを返す
max(iterable, *[key, default])	iterableの中の最大の要素を返す。比較の基準となるkeyや，iterableが空の場合のデフォルト値も設定可能
min(iterable, *[key, default])	iterableの中の最小の要素を返す。比較の基準となるkeyや，iterableが空の場合のデフォルト値も設定可能
sum(iterable, [start])	iterableの要素すべてとstartの値を合計して返す。startはデフォルトで0

※[ ]内はオプション

◻ for文と合わせてイテレータに使用される関数

for文で繰り返しを行うときに合わせてよく使用される関数に，range( )関数とenumerate( )関数があります。range( )関数は，繰り返しの回数を指定するために使用します。enumerate( )関数は，イテレータと合わせて，繰り返しの回数を表示するために使用されます。

 関連

range( )関数については，「1-3-3 反復型のプログラム」で取り上げています。

enumerate( )関数

enumerate( )関数は，イテレータのそれぞれの要素の順番を示す要素番号と，それぞれの要素をまとめたタプルを返す関数です。次の形式で用います。

【構文】enumerate( ) 関数

```
enumerate(iterable, start=0)
```

※iterableはイテレータを指す

　startは，最初の番号を指定するオプションで，デフォルトは0
です。
　例えば，次のように飲み物リスト（drinklist）を作成して，
enumerate( )関数を使用すると，要素番号を付け加えた次のよう
なタプルの集まりが作成されます。

【例】enumerate( ) 関数

```
drinklist = ['coffee', 'tea', 'water']
print(list(enumerate(drinklist)))
```

実行結果

```
[(0, 'coffee'), (1, 'tea'), (2, 'water')]
```

　上記の例では，enumerate( )のままだと表示されないので，リ
スト関数list( )を用いて，リスト形式に変換して表示させていま
す。
　for文を用いて，要素番号を変数i，要素の内容を変数drinkに
代入させることで，次のように順番に表示させることができます。

【例】enumerate( )関数（for文を用いた例）

```
for i, drink in enumerate(drinklist): # 要素番号をi, リストの内容をdrinkに代入
    print(i, drink)
```

実行結果

```
0 coffee
1 tea
2 water
```

■ イテレータを並べ替える関数

　イテレータに対して並べ替えを行う関数には，reversed( )関数
とsorted( )関数があります。
　reversed( )関数は，単純に要素の並びを後ろから順に取り出

します。**reversed(iterable)** のかたちで，イテレータiterableについて，単純に要素の並びを後ろから順に取り出します。

sorted( )関数は，データを並べ替えます。このとき，並べ替えるキーによって並び方が変わってくるので，並べ替えるキーや並べ方をオプションの引数で指定します。sorted( )関数は，次の形式で使用します。

【構文】sorted( )関数

```
sorted(iterable, *, key=None, reverse=False)
```

上記の構文で，イテレータiterableの要素を並べ替えた新たなリストを返します。オプション引数にkeyとreverseがあります。keyによって，並べ替えを行うキーを設定することができます。また，reverseにTrueを設定すると，逆順に並べ替えることができます。

例えば，作成した果物リスト（fruitlist）をアルファベット順，及び逆順に並べ替える場合には，次のように使用します。

> **関連**
>
> sorted( )関数の整列に用いる引数keyは，lambda関数と組み合わせることで複雑な設定が可能になります。具体的な方法については，「3-2-4 関数の様々な機能」で改めて取り上げます。

【例】sorted( )関数

```
fruitlist = ['kiwi', 'papaya', 'mango']
print(sorted(fruitlist))            # 単純にソート
print(sorted(fruitlist, reverse=True))    # 逆順にソート
print(fruitlist)                    # 元のリストを表示
```

実行結果

```
['kiwi', 'mango', 'papaya']
['papaya', 'mango', 'kiwi']
['kiwi', 'papaya', 'mango']
```

sorted( )関数は，元のリストに変更を加えないので安全です。

■ イテレータに処理を適用する関数

イテレータに対して処理を適用し，新しいイテレータを作成するための関数に，map( )関数とfilter( )関数があります。

map()関数

map()関数はイテレータの各要素に関数を適用します。次の形式で用います。

【構文】map()関数

```
map(function, iterable)
```

関数functionを利用し，イテレータiterableのすべての要素に対して，functionを利用した値を返します。

例えば，すべての要素を2倍する関数double()を作成し，それを適用する場合は，次のように記述します。

【例】map()関数

```
numlist = [1, 2, 4]
def double(x):
    return x * 2
list(map(double, numlist))
```

実行結果

```
[2, 4, 8]
```

map()関数で変換したイテレータは，そのままでは表示されないので，list()関数でリスト形式に変換しています。

filter()関数

filter()関数は，イテレータの要素のうち，条件に適合するものだけを取り出します。次の形式で用います。

【構文】filter()関数

```
filter(function, iterable)
```

functionを利用し，iterableのすべての要素に対して，functionが真を返すものの要素を返します。

例えば，3で割り切れるかどうかを判定し，割り切れる要素だけを取り出す場合は，次のように記述します。

【例】filter( )関数

```
numlist = [1, 3, 6, 8]
def even_three_div(x):
    return x % 3 == 0
list(filter(even_three_div, numlist))
```

実行結果

```
[3, 6]
```

filter( )関数で変換したイテレータは，そのままでは表示されないので，list( )関数でリスト形式に変換しています。

☐ zip( )関数

zip( )関数は，複数のiterableに対して，要素番号が同じものを集めてタプルを作成する関数です。次の形式で用います。

【構文】zip( )関数

```
zip(iterable,iterable…)
```

※iterableは複数指定する（3つ以上も可）

例えば，次のようにして，複数のリストを結合することができます。

【例】zip( )関数で複数のリストを結合

```
meallist = ['steak', 'salad', 'dessert']
drinklist = ['coffee', 'tea', 'water']
list(zip(meallist, drinklist))
```

実行結果

```
[('steak', 'coffee'), ('salad', 'tea'), ('dessert', 'water')]
```

zip( )関数で変換したイテレータは，そのままでは表示されないので，list( )関数でリスト形式に変換しています。

dict( )関数

dict( )関数は，新しい辞書を作成する関数です。辞書型は，キーと値が対応する型なので，キーと値の組合せを登録する必要があります。dict( )関数を使わなくても，{ }の中に記述することでも辞書を作成できます。

dict( )関数を利用して辞書を作成する方法は，次のようにいくつかあります。

キーワード = 値の形式で値を設定

最も基本的な方法は，キーワード = 値の形式で値を設定する方法です。次のように記述します。キーワードは文字列としてキーになります。

【例】dict( )関数 (キーワード = 値の形式)

```
dict_a = dict(steak=1, salad=2, dessert=3)
dict_a
```

実行結果

```
{'steak': 1, 'salad': 2, 'dessert': 3}
```

zip( )関数を利用

zip( )関数を用いて，キーのイテレータと値のイテレータを結合させることで辞書を作成します。次のように，2つのリストから辞書を作成できます。

【例】dict( )関数 (zip( )関数で結合した例)

```
meallist = ['steak', 'salad', 'dessert']
numlist = [1, 2, 3]
dict_b = dict(zip(meallist, numlist))
dict_b
```

実行結果

```
{'steak': 1, 'salad': 2, 'dessert': 3}
```

POINT!

- list( )，tuple( )，set( )，dict( )などの関数で，データの型を変換できる
- map( )，filter( )，zip( )などの関数で，イテレータの内容を加工できる

Pythonの関数は難しい

　Pythonの関数は，def 関数名(引数)： というかたちで定義するだけで，簡単に作成することができます。基本的な使い方をするだけなら，Pythonはとても易しいプログラミング言語です。データ型を定義する必要もなく，様々なことができる柔軟な言語です。しかし,複雑なプログラムでは,その柔軟さが問題になってくることも多いのです。

　例えば，Pythonでは，関数自体を引数として，別の関数に渡すことができます。「3-1-3 要素に処理を行う組み込み関数」で取り扱ったmap( )関数では，map(function,iterable)のかたちで，関数functionを1番目の引数として，2番目のイテレータiterableの要素1つ1つに適用していきます。慣れると便利な関数ですが，最初に理解するときには難しく感じる方が多いです。

　「3-2 関数の応用」では，応用として様々な関数定義を取り扱います。難易度が高いものが多いので，最初から無理にすべてを理解する必要はありません。実際にプログラムを動かして挙動を確認しながら，Python特有の考え方に慣れていくのがおすすめです。無理のない範囲で，一歩一歩，進んでいきましょう。

3-1-4 ● 演習問題

| 問1 | キーワード引数の実行 | CHECK ▶ □□□ |

次のプログラムを実行した際の出力結果として，正しいものはどれか。

```python
def article(title, number=1, content='content'):
    content = 'default content'
    print(title, end=' ')
    print(number, end=' ')
    print(content)

article('Python tutorial', content='Python Love')
```

ア　TypeErrorが発生する
イ　Python tutorial 1 default content
ウ　Python tutorial 1 Python Love
エ　title 1 content

| 問2 | map( )関数 | CHECK ▶ □□□ |

次のプログラムを実行した際の出力結果として，正しいものはどれか。

```python
def double(x):
    return x * 2
fruitlist = ['kiwi', 'papaya', 'mango']

print(list(map(double, fruitlist)))
```

ア　['kiwikiwi', 'papayapapaya', 'mangomango']
イ　['kiwi', 'papaya', 'mango']
ウ　[('kiwi', 'kiwi'), ('papaya', 'papaya'), ('mango', 'mango')]
エ　TypeErrorが発生する

140 第3章 関数の定義

| 問3 | zip( )関数 | CHECK ▶ □□□ |

次のプログラムを実行した際の出力結果として，正しいものはどれか。

```
teacher = ['Benno', 'Ferdinando', 'Myne']
student = ['Mark', 'Myne', 'Lutz']

print(list(zip(teacher, student)))
```

ア　[('Benno', 'Ferdinando', 'Myne'), ('Mark', 'Myne', 'Lutz')]

イ　[['Benno', 'Ferdinando', 'Myne'], ['Mark', 'Myne', 'Lutz']]

ウ　[('Benno', 'Mark'), ('Ferdinando', 'Myne'), ('Myne', 'Lutz')]

エ　[['Benno', 'Mark'], ['Ferdinando', 'Myne'], ['Myne', 'Lutz']]

■ 演習問題の解説

問1 《解答》イ

　関数 article に値が渡されるとき，最初の引数は title なので，最初の値 'Python tutorial' は，位置引数として title に格納されます。content はキーワード引数なので，content の値は 'Python Love' となります。number は渡されていないので，デフォルト値の1となります。

　関数内の行に，content = 'default content' とあるので，変数 content は，'default content' に上書きされます。そのため，print( ) 文で表示されるときには，title は Python tutorial，number は1で，最後に content で default content が出力されます。

　したがって，組合せの正しい**イ**が正解です。

問2 《解答》ア

　map( ) 関数は，イテレータの各要素に関数を適用します。関数 double は引数 x を2倍にする関数で，文字列の場合には値を2回繰り返します。そのため，引数 x に 'kiwi' を与えた場合，2回繰り返した 'kiwikiwi' を返します。同様に，'papaya'，'mango' もそれぞれ 'papayapapaya'，'mangomango' と変換されます。

　list( ) 関数はイテレータをリストに変換する関数なので，map( ) 形式をリストにして表示します。したがって，**ア**が正解です。

　map( ) 関数についての詳細は，「3-1-3　要素に処理を行う組み込み関数」の「map( ) 関数」を参考にしてください。

問3 《解答》ウ

　zip( ) 関数は，zip(*iterables) のかたちで，複数の iterable に対して，要素番号が同じものを集めてタプルを作成する組み込み関数です。そのため，teacher と student のそれぞれのリストから，順番にタプルを生成します。要素番号0の('Benno'，'Mark')，要素番号1の('Ferdinando'，'Myne')，要素番号2の('Myne'，'Lutz')の組合せです。これらを，zip 形式のイテレータとします。

　list( ) 関数は，イテレータをリストに変換する関数ですが，変換するのは最も外側のイテレータだけなので，zip 形式がリスト形式になるだけで，その中身のタプルの組合せは保持されます。したがって，外側だけがリストの [ ] に置き換わったかたちの**ウ**が正解です。

　zip( ) 関数についての詳細は，「3-1-3　要素に処理を行う組み込み関数」の「zip( ) 関数」を参考にしてください。

142 第3章 関数の定義

3-2 関数の応用

　Pythonの関数の機能については，基本を理解することは簡単ですが，応用的な機能は種類が多く，理解が難しいものもあります。

　例えば，ラムダ式やyield文など，Python特有の応用的な機能が多くあります。また，Pythonの引数への値の渡し方も様々です。応用的な機能を使いこなすことで，効率的に処理を実行させることができます。

> **注意！**
> この節の内容は難易度が高いものが多いので，はじめからすべてを理解する必要はありません。難しい場合には，最初は飛ばしていただいてかまいません。

3-2-1 🔵引数

　関数とデータをやりとりするための引数の数は，基本的にあらかじめ決められています。しかし，Pythonでは引数の数も含めて，様々なタイプの引数をやりとりできます。また，引数でのデータの受け渡し方法には，値渡しと参照渡しの2種類があります。

🔲 任意引数リスト

　Pythonの引数は，あらかじめ決められている必須のものと，オプションの引数があり，キーワードで指定することが可能です。さらに，引数がいくつあるか分からない場合には，任意引数リストを利用して，複数の引数をまとめて取り扱うこともできます。

　複数の引数を扱う変数は，*変数名 のかたちで宣言され，複数の引数の内容がタプルの形式で格納されます。通常の変数と組み合わせることも可能で，通常の変数に格納された値をまとめて，任意引数リストに格納します。

　例えば次のように，任意引数 *args を使用します。

　この例では，最初の引数がfirstに，2番目以降の引数がargsにタプルとして格納されます。

【例】任意引数の使用

```python
def variable_args(first, *args):
    print(args)

variable_args(1, 2, 3)
```

実行結果

```
(2, 3)
```

　このように，引数の数を限定せずに関数を実行させることも可能です。

■ Python での値渡しと参照渡し

　関数で引数を渡す方法には，値渡しと参照渡しの2種類があります。**値渡し**とは，関数を呼び出すときに，引数に設定した値をコピーして関数に渡す方法です。引数に設定した元の変数の値は変更されません。**参照渡し**とは，関数を呼び出すときに，引数に設定した値が保管されている場所を関数に渡す方法です。引数に設定した元の変数も変更されます。

　値渡しと参照渡しのどちらの方法で引数を取り扱うかは，プログラミング言語によって異なります。

　Pythonで関数を呼び出すときには，参照渡しを使用します。しかし，数字や文字列などでは，結果的に値渡しと同じ状態になります。例えば，次のようなかたちで引数に変数xの値を渡した場合には，xの値は変更されません。

【例】数値を引数として渡す

```python
def double(x):
    x = x * 2
    return x

x = 1
y = double(x)
print(x, y)
```

実行結果

```
1 2
```

144 第3章 関数の定義

数値や文字列などは，Pythonのプログラムでは**イミュータブル（変更不可能）なデータ型**という位置付けです。そのため，変更するときには別の保管場所に新しい値を保管した上で，同じ変数がその新しい保管場所を示すようになります。元の値は影響を受けないので，値渡しの場合と同じように，元の値を変更せずに使用することができます。

しかし，リストや辞書などの**ミュータブル（変更可能）なデータ型を使用すると，値が変更されてしまいます**。例えば，次のようにリストを変更する関数を使用すると，元のリストが変更されます。

> **関連**
>
> イミュータブル（変更不可能）なデータ型とミュータブル（変更可能）なデータ型については，「1.2.2 要素を持つデータ型」でも解説しています。変更可能かどうかは，データ型の種類によって決まります。

【例】リストを引数に渡す

```python
def list_mod(original):
    original[1] = 'Apple'


vegetables = ['Carrot', 'Potato', 'Pampkin']
list_mod(vegetables)
vegetables
```

実行結果

```
['Carrot', 'Apple', 'Pampkin']
```

このように，Pythonでの関数の動きは，引数が変更可能なデータ型かどうかで変わってくるので注意が必要です。

POINT!

- 任意引数は「*変数名」のかたちで宣言し，複数の引数の内容をタプルで格納
- Pythonの関数での引数の渡し方の基本は，参照渡し

3-2-2 スコープ

Pythonの変数は，その定義の方法によってスコープ（使用可能な範囲）が変わってきます。また，データをコピーする方法には，浅いコピーと深いコピーがあります。

名前空間とスコープ

名前空間とは，名前とオブジェクトの対応付けのことです。オブジェクトとは，変数や関数，次章で取り上げるクラスなどの，1つ1つの要素のことです。それぞれのオブジェクトに名前を付け，名前空間とします。スコープとは，ある名前空間からアクセスできる，プログラム上で使用可能な範囲です。そのため，変数と関数で同じ名前を使用すると混乱することがあるので，注意が必要です。重要なのは名前空間の範囲で，スコープが異なる場合には同じ名前でも影響はありません。

関数とスコープ

Pythonの変数をスコープで分けると，プログラム全体で使用可能なグローバル変数と，関数などの特定の範囲だけで使用可能なローカル変数となります。

関数の中で定義された変数はローカル変数となり，関数の外では確認できません。例えば，次のように関数compute_powの中で変数pow_valueを定義して，関数の外で確認しようとするとエラーとなります。

【例】ローカル変数を関数の外で使用

```
def compute_pow(x):
    pow_value = x ** 2
print(pow_value)   # 関数の外でローカル変数を使用
```

実行結果

```
Traceback (most recent call last):
File "<stdin>", line 1, in <module>
NameError: name 'pow_value' is not defined
```

※こちらはPython対話モードの例です。エラーメッセージの出力内容は，開発環境により異なります。

第3章　関数の定義

　グローバル変数を関数の中で参照することはできます。しかし，関数内でグローバル変数と同じ名前の変数を利用するとローカル変数として扱われ，グローバル変数には影響を与えません。

　例えば，次のように関数afternoonを定義した場合には，グローバル変数の値は更新されないことになります。

【例】関数内でグローバル変数と同じ名前の変数を利用

```
greeting = 'Good Morning '
def afternoon():
    greeting = 'Hello'
afternoon()
print(greeting)
```

実行結果

```
Good Morning
```

　グローバル変数を関数内で使用するためには，次の形式でglobal宣言を行う必要があります。

【構文】global宣言

```
global 変数名
```

　先ほどのプログラムは，global宣言を行うと次のようになります。

【例】global宣言を行って，グローバル変数を関数内で使用

```
greeting = 'Good Morning '
def afternoon():
    global greeting
    greeting = 'Hello'
afternoon()
print(greeting)
```

実行結果

```
Hello
```

□ 浅いコピーと深いコピー

関数の引数と同様に，リストなどのミュータブル（変更可能）なデータ型において，単純に代入文（=）を使っても，コピーとはなりません。参照している場所が代入されるだけなので，同じリストを指し示すためです。

例えば，リストを別の変数に代入すると，次のようになります。

【例】リストを別の変数に代入

```
lista = [1, 2, 3]
listb = lista
listb[1] = 4
print(lista, listb)
```

実行結果

```
[1, 4, 3] [1, 4, 3]
```

代入文では同じリストを指すため，listbに行った変更はlistaにも及びます。

リストなどの変更可能なデータ型では，コピーを行って元の変数を変更させないためには，標準ライブラリのcopyを使用して，明示的にコピーを行う必要があります。

例えば，次のように，import copyでコピーライブラリをインポートしてリストをコピーすることができます。

【例】import copy でリストをコピー

```
import copy

lista = [1, 2, 3]
listb = copy.copy(lista)
listb[1] = 4
print(lista, listb)
```

実行結果

```
[1, 2, 3] [1, 4, 3]
```

しかし，実はリストの形式によっては，これだけでは不十分です。多次元のリストなどでは，このようなコピーはうまくいきま

148　第3章　関数の定義

せん。例えば，次のような状態では，元のリストの値が変更され
てしまいます。

【例】多次元リストのコピー

```
lista = [[1, 2, 3], [4, 5, 6]]
listb = copy.copy(lista)
listb[1][1] = 7
print(lista, listb)
```

実行結果

```
[[1, 2, 3], [4, 7, 6]] [[1, 2, 3], [4, 7, 6]]
```

　これは，多次元リストはリストのリストとして表現され，リス
ト内のリストでは，リストの値ではなく参照する場所をコピーし
てしまうからです。このようなコピーのことを，**浅い（shallow）
コピー**といいます。copy.copy( )は，浅いコピーを行う方法です。
　多次元の場合も含め，すべてのデータを値でコピーすることを，
深い（deep）コピーといいます。深いコピーを使用するときには，
次のようにcopy.deepcopy( )を使用します。

【例】copy.deepcopy( )による多次元リストのコピー

```
lista = [[1, 2, 3], [4, 5, 6]]
listb = copy.deepcopy(lista)
listb[1][1] = 7
print(lista, listb)
```

実行結果

```
[[1, 2, 3], [4, 5, 6]] [[1, 2, 3], [4, 7, 6]]
```

　深いコピーを行うことで，元の値に影響を与えることがなくな
ります。

POINT!

- ・ 関数の中でグローバル変数を使うには，global宣言が必要
- ・ リストのコピーには浅いコピーと深いコピーがあり，copyライブラリを使用する

3-2-3 ジェネレータ

ジェネレータは，イテレータを作成するためのツールです。yield文を使い，反復するデータを1つずつ返していきます。next()関数を用いて，ジェネレータ関数を何度も呼び出すことも可能です。

■ イテレータ（反復子）とジェネレータ

これまでも何度か取り上げてきましたが，リストやタプルなど，複数の要素をもつデータ構造のことをイテレータ（反復子）といいます。イテレータには，リストやタプルなどのデータ型だけでなく，renge()関数やmap()関数など，複数の要素を返す関数なども含まれます。イテレータを作成するためのツールのことをジェネレータといい，ジェネレータ関数は自分で作成することもできます。

■ ジェネレータ関数とyield文

ジェネレータ関数とは，yield文を使用する関数のことです。通常の関数と同じように記述できますが，単独の値を返すreturn文の代わりにyield文を使用することで，何度も次の値を返すことができます。最初にジェネレータ関数を利用する変数としてジェネレータを作成し，ジェネレータを何度も実行させることで，次々と値を返していきます。

例えば，次のように，整数をカウントアップするジェネレータ関数を定義します。

発展

ジェネレータ関数は，処理を順に行っていくときに前の値を保持する必要がない場合などに使用されます。リストなどのイテレータを使用すると，リスト全体を保持しておく必要があるためメモリを多く消費しますが，ジェネレータ関数は直前の値だけ保持するので，メモリを節約できます。

【例】yield文によるジェネレータ関数の定義

```
def count_up():
    n = 1           # nの初期値は1
    while True:
        yield n     # nの値を返す
        n += 1      # nの値を1増やしておく
```

この関数を実行してジェネレータを作成し，処理を7回繰り返すと，次のようになります。

第3章 関数の定義

【例】ジェネレータ関数を利用した処理の繰り返し①

```
generator = count_up()      # ジェネレータ関数を実行してジェネレータを作成
for num in generator:       # ジェネレータを実行して出力をnumに代入
    print(num, end=' ')     # numを出力
    if num == 7:
        break               # numが7になったらbreak文で終了
```

実行結果

```
1 2 3 4 5 6 7
```

さらに，もう一度ジェネレータを用いて，numが15になるま
で処理を繰り返すと，次のようになります。

【例】ジェネレータ関数を利用した処理の繰り返し②

```
for num in generator:       # ジェネレータを実行して出力をnumに代入
    print(num, end=' ')     # numを出力
    if num == 15:
        break               # numが15になったらbreak文で終了
```

実行結果

```
8 9 10 11 12 13 14 15
```

前回のfor文の実行で7まで実行されていたため，8からの続
きが順に呼び出されることになります。このように，前に実行し
た結果が保存され，次々に処理が実行されるようにできるのが
ジェネレータ関数です。

◻ next( )関数

next( )関数は，イテレータから要素を順に取り出す関数です。
ジェネレータ関数を利用するときに値を1つずつ取り出すことが
できます。

例えば，先ほどのジェネレータ関数に引き続きnext( )関数を
使用すると，次のようになります。

【例】next( )関数

```
next(generator)
```

実行結果

```
16
```

先ほど15までカウントした後で実行したので，16となります。

POINT!

- ・ジェネレータ関数ではyield文を使って，要素の値を1つずつ返す
- ・next( )関数を使用すると，イテレータの値を1つずつ取得できる

152 第3章 関数の定義

3-2-4 ● 関数の様々な機能

通常の関数では名前が必要ですが，ラムダ式を使用すると，名前のない単純な関数を作成することができます。また，デコレータを使用することで，すでにある関数に新しい機能を追加することも可能です。

■ 簡単な関数とラムダ式

ラムダ式とは，名前のない簡単な関数を作成するための式です。キーワードlambdaを使用することで，単純な関数を作成できます。

ラムダ式は，次のような形式で記述します。

> **参考**
>
> ソートのキーを設定するlambda関数は，理解するのは難しいですが頻繁に用いられます。
> 難しい場合は，(key = lambda x : x[要素番号]) で，要素番号に列の何番目かを入れると覚えておくだけでも使用できます。

【構文】ラムダ式

```
lambda 引数 ： 戻り値
```

例えば，次のようにラムダ式で簡単に関数を定義し，使用することができます。

【例】lambdaで関数を定義して使用

```
double = lambda x : x * 2
double(2)
```

実行結果

```
4
```

ラムダ式が最もよく用いられるのは，データをソートする場合です。例えば，次のようにすると，タプルの2番目の値（月名）でソートすることができます。

【例】lambdaを利用したデータのソート

```
month_name = [(1, 'January'), (2, 'February'), (3, 'March')]
sorted(month_name, key = lambda x : x[1])    # sortedのkeyに2番目の値を使用
```

実行結果

```
[(2, 'February'), (1, 'January'), (3, 'March')]
```

sorted()関数やsort()メソッドなど，ソートを行う関数やメソッドでは，keyというキーワード引数を用いて，ソートに使用するキーを設定します。このとき，キーに使用する値は，それぞれの値の組ごとに確認する必要があります。

例えば，上のmonth_nameでは，タプルの組(1, 'January'), (2, 'February'), (3, 'March')のそれぞれから，2番目の値 'January', 'February', 'March'を取り出して整列のキーとします。この操作が，無名関数lambdaを用いて行われます。month_nameのそれぞれの要素をxに入れ，x[1] の値をキーとして返す操作が，lambda x : x[1] です。

◻ デコレータ

デコレータとは，すでにある関数に内容を追加して別の関数を定義するための機能です。基本の構文は次のようになります。

【構文】デコレータ

```
@デコレータ名
```

デコレータ名には，すでにある関数名を指定します。
例えば，まず次のように関数wrapping()を定義します。

【例】関数wrapping()を定義

```
def wrapping(contents):
    print('---- start ----')     # 文章の前に表示
    contents()                    # contents()の内容を実行
    print('---- end   ----')      # 文章の後に表示
```

関数wrapping()では，引数に関数contentsを受け取り，前後にprint()文で修飾してcontents()を表示する処理を実行します。
デコレータ @wrappingは，次のように使用します。

154 第3章 関数の定義

【例】デコレータ @wrapping の使用

```
@wrapping                    # デコレータ
def contents():              # contents()の内容を定義
    print('これが内容です。')
```

実行結果

```
---- start ----
これが内容です。
---- end   ----
```

デコレータ@wrappingを使用すると，あらかじめ定義した関数wrapping( )を用いて，defで作成した関数contents( )の処理を実行します。

このデコレータは，次のプログラムと同じ意味になります。

【例】デコレータ @wrapping と同じ結果を返すプログラム

```
def contents():
    print('これが内容です。')
contents = wrapping(contents)
```

実行結果

```
---- start ----
これが内容です。
---- end   ----
```

デコレータを用いることで，既存の関数に変更を加えることなく，機能を追加したり変更したりできるようになります。

▢ ドキュメンテーション文字列（docstring）

関数の最初の行にコメントを用いて文字列を記述し，その関数を説明することができます。この文字列のことをドキュメンテーション文字列（docstring）といいます。

ドキュメンテーション文字列は複数行にわたって書くことが多く，通常はダブルクォーテーション3つ（"""）で囲みます。最初の1行に関数の要約を書き，詳しい説明を入れる場合は，1行の空行を入れてから書き始めるのが一般的です。

ドキュメントを自動生成するツールではドキュメンテーション
文字列を利用することが多いため，新しく関数を作成するときに
記述する習慣を身に付けると役に立ちます。

POINT!

・「lambda 引数:戻り値」で，簡単な無名関数を作成できる
・「@デコレータ名」を用いて，すでにある関数に新たな機能を追加できる

156 第3章 関数の定義

3-2-5 ○ 演習問題

問1 引数の渡し方 　　　　　　　　　　　　CHECK ▶ □□□

　関数への引数の渡し方のうち，変数を引数として渡しても，関数の実行後に変数の値が変更されないことが保証されているものはどれか。

　　ア　値渡し　　　　　　イ　結果渡し　　　　ウ　参照渡し　　　　エ　名前渡し

問2 スコープ 　　　　　　　　　　　　　　CHECK ▶ □□□

次のプログラムを実行した際の出力結果として，正しいものはどれか。

```
a = 1
def two():
    a = 2
two()
print(a)
```

　　ア　1　　　　　　　　　　　　　　　　イ　2
　　ウ　3　　　　　　　　　　　　　　　　エ　3行目でエラーになる

問3 ラムダ式 　　　　　　　　　　　　　　CHECK ▶ □□□

次のプログラムを実行した際の出力結果として，正しいものはどれか。

```
fluits_list = [(1, 'Papaya', 100), (2, 'Kiwi', 50), (3, 'Orange', 15)]
print(sorted(fluits_list, key = lambda x : str(x[2])))
```

　　ア　[(1, 'Papaya', 100), (2, 'Kiwi', 50), (3, 'Orange', 15)]
　　イ　[(1, 'Papaya', 100), (3, 'Orange', 15), (2, 'Kiwi', 50)]
　　ウ　[(2, 'Kiwi', 50), (3, 'Orange', 15), (1, 'Papaya', 100)]
　　エ　[(3, 'Orange', 15), (2, 'Kiwi', 50), (1, 'Papaya', 100)]

3-2 関数の応用 157

■ 演習問題の解説

問1　　　　　　　　　（平成24年春 基本情報技術者試験 午前 問49改）《解答》**ア**

関数への引数の渡し方には，値渡しと参照渡しがあります。参照渡しでは，変数の場所が渡されるため，関数の実行後に変数の値が変更されるおそれがあります（ウ）。値渡しでは，変数の値をコピーしてから変更されるため，元の変数の値が変更されないことが保証されます。したがって，**ア**が正解です。

イやエのような引数の渡し方はありません。

Pythonでは，「3-2-1　引数」の「Pythonでの値渡しと参照渡し」で説明したように，関数への引数は参照渡しなので，値の受渡しには注意が必要です。

問2　　　　　　　　　　　　　　　　　　　　　　　　　《解答》**ア**

関数でのスコープは，その関数内に限られます。設問にある，関数two( )内での変数aは関数two( )内でしか用いられず，関数の外にある変数aとは別のものになります。そのため，内部の変数aに2を代入して関数two( )を実行しても，外部の変数aの値は更新されず，1のままになります。したがって，**ア**が正解です。

問3　　　　　　　　　　　　　　　　　　　　　　　　　《解答》**イ**

ソートするためのキー key を指定するラムダ式は lambda x : str(x[2]) です。これは，タプルの3番目の値である x[2] を文字列に変換してから順に並べるものとなります。(1, 'Papaya', 100)でのstr(x[2])は'100'，(2, 'Kiwi', 50)でのstr(x[2])は'50'，(3, 'Orange', 15)でのstr(x[2])は'15'なので，文字列順は'100'，'15'，'50'となり，1番目，3番目，2番目の順となります。したがって，**イ**が正解です。

158 第3章 関数の定義

3-3 関数問題

ここで，関数を使用した午後問題を解いてみましょう。実際に問題を解いてみることで，より理解が深まります。

3-3-1 ● 関数問題の演習

問　次のPythonプログラムの説明及びプログラムを読んで，設問1，2に答えよ。

入力ファイルの内容を，文字及び16進数で表示するプログラムである。

〔プログラムの説明〕
(1)　関数 dump の引数の仕様は，次のとおりである。
　　　　filename　　入力ファイルのファイル名
　　　　from_byte　表示を開始するバイト位置
　　　　to_byte　　表示を終了するバイト位置（値が負の場合はファイルの末尾）
　　　ここで，バイト位置は，ファイルの先頭のバイトから順に0，1，…と数える。
(2)　入力ファイルは，バイナリファイルとして読み込む。入力ファイル中の各バイトの内容（ビット構成）に制約はない。図1に，入力ファイルの例を示す。
(3)　入力ファイル中の各バイトの内容を，文字及び16進数で表示する。図2は図1の入力ファイルの先頭から末尾までの表示例であり，図3が同じファイルのバイト位置17から40までの表示例である。
(4)　表示の様式を，次に示す。説明中の①，②，…は，図中の網掛け部分を指している。
　　・入力ファイルのバイト位置 from_byte から60バイトずつを，3行1組で表示する。
　　・各組の1行目に各バイトが表す文字を，2行目に各バイトの16進数表示の上位桁を，3行目に同下位桁を，それぞれ表示する。例えば，①のバイトは，文字表示が"i"で，その16進数表示が69である。
　　・バイトの内容が16進数表示で20 ～ 7E以外の場合は，そのバイトが表す文字として，②のように"."を表示する。
　　・各組の1行目の行頭に，その組に表示する最初のバイトのバイト位置を10進数で③の形式で表示する。
　　・入力ファイルの内容の表示が終わった後，最終行の④の位置には，入力ファイル

の終わりに達して終了した場合は"END OF DATA"を，表示を終了するバイト位置に達して終了した場合は"END OF DUMP"を表示する。⑤の位置には，表示した入力ファイルの内容のバイト数を10進数で表示する。

(5) 入力ファイルのファイルサイズ（バイト数）及び引数 from_byte，to_byte の値は，次の式を満たすものとする。

to_byte＜0の場合：　to_byte＜0≦from_byte＜ファイルサイズ＜2^{31}

to_byte≧0の場合：　0≦from_byte≦to_byte＜ファイルサイズ＜2^{31}

```
int main() {
    /* for testing dump() */
    dump("main.c", 0L, -1L);
    dump("main.c", 17L, 40L);
}
```
注記　各行の行末には，復帰文字(0x0D)及び改行文字(0x0A)がある。

図1　入力ファイルの例

③　　①　　　　②
　　　0　 int main() {..　 /* for testing dump() */..　 dump("main.c",
66726666222700022222266727677666267672222200222267622666662622
9E40D19E890BDA000FA06F2045349E7045D0890AFDA00045D082D19EE32C

③
　　60　 0L, -1L);..　 dump("main.c", 17L, 40L);..}..
2342223423002226767226666262223342233423002700700
00CC0D1C9BDA00045D082D19EE32C017CC040C9BDADDA

④　　　　　　⑤
END OF DATA ... 105 byte(s)

図2　図1の入力ファイルの先頭から末尾までまでの表示例

③
　　17　 /* for testing dump() */
222667276776662676722222
FA06F2045349E7045D0890AF

④　　　　　　⑤
END OF DUMP ... 24 byte(s)

図3　図1の入力ファイルのバイト位置17から40までの表示例

160 第3章 関数の定義

〔プログラム〕

```python
WIDTH = 60       # 行当たり表示バイト数
MASKCHR = '.'    # 16進数表示で20～7E以外の場合の表示用文字


def dump(filename, from_byte, to_byte):
    pos, cnt = 0, 0
    hex_char = "0123456789ABCDEF"


    tblC = tblH = tblL = ''
    for c in range(0xFF):
        if 0x20 <= c and c <= 0x7E:
            tblC += chr(c)
        else:
            tblC += MASKCHR
        tblH += hex_char[c >> 4]
        tblL += hex_char[    a    ]


    infile = open(filename, "rb")


    bufC = bufH = bufL = ''
    while True:
        ch = infile.read(1)
        if len(ch) > 0    b1    (to_byte < 0    b2    cnt <= to_byte):
            cnt += 1
        else:
            break


        if    c    :
            ch_int = ord(ch.decode())   # chの文字コードを取得
            bufC += tblC[ch_int]
            bufH += tblH[ch_int]
            bufL += tblL[ch_int]
            pos += 1
```

3-3 関数問題 161

```
            if     d    :
                print("{0:10d}  {1:s} ¥n{2:12s}{3:s} ¥n{4:12s}{5:s} ¥n
".format(cnt - WIDTH, bufC, " ", bufH, " ", bufL))
                bufC = bufH = bufL = ''
                pos = 0

    if pos > 0:
        print("{0:10d}  {1:s} ¥n{2:12s}{3:s} ¥n{4:12s}{5:s} ¥n".format(
            cnt - pos, bufC, " ", bufH, " ", bufL))

    if len(ch) == 0:
        print("END OF DATA ... {0:d} byte(s) ¥n".format(cnt - from_byte))
    else:
        print("END OF DUMP ... {0:d} byte(s) ¥n".format(cnt - from_byte))

    infile.close()
```

設問1 プログラム中の _____ に入れる正しい答えを，解答群の中から選べ。ここ
で，b1とb2に入れる答えは，bに関する解答群の中から組合せとして正しいも
のを選ぶものとする。

aに関する解答群

　ア　c & 0x0F　　　　　　　　　イ　c & 0xF0
　ウ　c && 0x0F　　　　　　　　　エ　c && 0xF0

bに関する解答群

	b1	b2
ア	and	and
イ	and	or
ウ	or	and
エ	or	or

cに関する解答群

　ア　cnt > from_byte　　　イ　cnt >= from_byte　　　ウ　cnt >= from_byte - 1

162　第3章　関数の定義

dに関する解答群

ア　cnt == WIDTH - 1　　イ　cnt == WIDTH　　　ウ　cnt == WIDTH + 1

エ　pos == WIDTH - 1　　オ　pos == WIDTH　　　カ　pos == WIDTH + -1

設問2　関数 dump の動作に関する記述中の ⬚ に入れる正しい答えを，解答群
の中から選べ。

　　表示結果の最終行（表示が1行だけの場合はその行）の表示内容について，次
の二つのケースを考える。

〔ケース1〕　ファイルサイズ = 100，from_byte = 99，to_byte = 99
　　この場合，最終行の表示内容は " ⬚ e ⬚ " となる。

〔ケース2〕　ファイルサイズ = 0，from_byte = 0，to_byte < 0
　　この場合，ファイルサイズ及び from_byte の値がプログラムの説明(5)の条
件を満たしていない。このケースについて関数 dump を実行すると，最終行の
表示内容は " ⬚ f ⬚ " となる。

e，fに関する解答群

ア　END OF DATA ... -1 byte(s)　　　イ　END OF DUMP ... -1 byte(s)

ウ　END OF DATA ... 0 byte(s)　　　エ　END OF DUMP ... 0 byte(s)

オ　END OF DATA ... 1 byte(s)　　　カ　END OF DUMP ... 1 byte(s)

（令和元年秋 基本情報技術者試験 午後問9（C）改）

3-3 関数問題 163

■解答

設問1 a　ア　　　　　b　イ　　　　　c　ア　　　　　d　オ

設問2 e　オ　　　　　f　ウ

■解説

　入力ファイルの内容を，文字及び16進数で表示するプログラムです。16進数と文字列を変換し，表示形式を変更していきます。

設問1

　プログラムの空欄穴埋め問題です。関数dumpを完成させていきます。

空欄a

　tblLに追加する文字列を表すための，hex_charの添字（位置）を答えます。

　hex_char = "0123456789ABCDEF" と定義されており，16進数の文字列を添字0から順に示していますtblHでは hex_char[c >> 4] となっており，c >> 4でcを4ビット右シフトした値を添字にしています。これは，1バイト（8ビット）で表される数の上位4ビットの部分を取ってくるものです。

　〔プログラムの説明〕(4)に「2行目に各バイトの16進数表示の上位桁を，3行目に同下位桁を，それぞれ表示する」とあり，tblHに上位桁，tblLに下位桁を表示すると考えられます。下位桁は，cをそのまま使用すると上位4ビットが含まれるので，必要な下位4ビットのみを取り出す演算を行います。このとき，下位4ビットの部分を1としたビットは $(00001111)_2 = (0F)_{16}$ と変換でき，この値とビットごとの論理積を計算することで，下位4ビットはそのまま，上位4ビットを0とすることができます。なお，この演算をマスク演算といいます。Pythonでは，16進数には0xを付け，ビットごとの論理積は&で求めるので，変数cの下位4ビットを求めるためには，c & 0x0Fとします。したがって，空欄aは**ア**の c & 0x0F が正解です。

空欄b

　if文の条件式で，真なら cnt += 1 を実行し，偽ならbreak文でwhile文の処理を終了する条件式の組合せを求めます。

　まず，len(ch) > 0 は，直前の infile.read(1) で取得した値chの長さを求めています。chは，1バイトをファイルから読み込んだとき，正しく読み込めていたらlen(ch) は1となります。ファイルの終了など，うまく読み込めないときに len(ch) が0となり，条件に当てはまらなくなります。ファイルを最後まで順に読み込んでいくためには，この条件は真である必要があり，他の条件には関係なく必須なので，

3

164 第3章 関数の定義

andで結合します。したがって，空欄b1には and が入ります。

　次に，to_byte < 0 と cnt <= to_byte の間の条件を考えます。関数dumpの仕様より，引数from_byteは表示を開始するバイト位置，to_byteは表示を終了するバイト位置です。to_byteの値が負の場合はファイルの末尾となります。そのため，to_byte < 0 の場合には無条件でファイルの末尾まで読み込み，そうでない場合には，cntがto_byteとなるまで，つまり cnt <= to_byte の間はファイルを読み込みます。どちらかの条件を満たしていればいいため，orで結合します。したがって，空欄b2には or が入ります。

　以上より，空欄bは組合せの正しいイが正解です。

空欄c

　文字コードを取得して，bufC，bufH，bufLに値を設定する場合の，if文の条件式を答えます。

　ファイルを読み込むときは先頭から1バイトずつ読み込みますが，表示を行うのはfrom_byte 目からです。cntは0からスタートしているので，cntの値を1ずつ増やしていき，from_byte を超えた時点でfrom_byte 目となります。そのため，条件式をcnt > from_byte とすることで，表示する部分のみを選択できます。

　したがって，空欄cはアの cnt > from_byte が正解です。

空欄d

　print文でbufC，bufH，bufLなどの値を表示して，posを0に戻す場合の，if文の条件式を答えます。〔プログラムの説明〕(4) に，「入力ファイルのバイト位置 from_byte から60バイトずつを，3行1組で表示する」とあり，WIDTH = 60 で，行当たりの表示バイト数が設定されています。posは1文字格納するごとに1ずつプラスされるので，60文字分の値をbufC，bufH，bufLに格納した時点で，posの値は60となっています。そのため，pos == WIDTH とし，posとWIDTHが等しくなった時点で印刷すると，ちょうど60バイトずつを3行1組で表示することができます。

　したがって，空欄dはオの pos == WIDTH になります。

設問2

　関数 dump の動作に関する記述を完成させる問題です。設問文中の〔ケース1〕，〔ケース2〕の空欄穴埋めを行っていきます。

空欄e

　関数dumpに from_byte=99，to_byte=99 でファイルサイズが100のファイルを読

み込ませた場合を考えます。

while文内で，`ch = infile.read(1)` でファイル内容を1バイトずつ読み込むと，`if len(ch) > 0 and (to_byte < 0 or cnt <= to_byte)` の空欄bを含む条件は，to_byteが99なので，cntが99まではずっと条件を満たし，`cnt += 1` を続けてcntが100となります。次の繰り返しでは，cntが100，from_byteが99なので，`cnt <= to_byte`を満たさなくなり，while文をbreakして抜けます。このとき，`cnt - from_byte = 100 - 99 = 1`となり，最後のprint文前の条件では `len(ch) == 0` の条件を満たし，print文で"END OF DATA ... 1 byte(s)"と表示されます。

したがって，空欄eは**オ**の END OF DATA ... 1 byte(s) になります。

空欄f

関数dumpに from_byte=0，to_byte=0 でファイルサイズが0のファイルを読み込ませた場合を考えます。

while文内で，`ch = infile.read(1)`でファイル内容を1バイト読み込んだとき，ファイルサイズが0だと `len(ch)` が0となり，最初の空欄bを含むif文の条件を満たしません。そのため，cntの値は初期値の0のままで，`cnt - from_byte = 0 - 0 = 0` となるので，最後のprint文前の条件 `len(ch) == 0` を満たし，print文で"END OF DATA ... 0 byte(s)"と表示されます。

したがって，空欄fは**ウ**の END OF DATA ... 0 byte(s) になります。

第**4**章

クラスとオブジェクト指向

Pythonはオブジェクト指向言語なので，クラスを作成することができます。クラスを作成することで，オブジェクト指向でシステム開発をすることができ，プログラムの保守性と再利用性を上げられるようになります。

クラスを利用してPythonでプログラミングを行うためには，オブジェクト指向の理解が不可欠です。基本情報技術者試験の試験範囲にもオブジェクト指向はありますので，クラスの作成方法と合わせてオブジェクト指向を理解すると，効率的に試験に向けた学習ができます。

4-1 オブジェクト指向
- 4-1-1 オブジェクト指向
- 4-1-2 オブジェクト指向とUML
- 4-1-3 演習問題

4-2 クラス
- 4-2-1 クラス
- 4-2-2 クラスの応用
- 4-2-3 演習問題

4-3 オブジェクト指向問題
- 4-3-1 オブジェクト指向問題の
演習

4-1 オブジェクト指向

オブジェクト指向とは，システムをオブジェクト同士の相互作用としてとらえる考え方です。オブジェクト指向のプログラミングでは，クラスを定義してオブジェクトを作成することで，様々な処理を実現します。

4-1-1 オブジェクト指向

Pythonでは，クラスはclass文，クラス内のメソッドはdef文を用いて定義します。

オブジェクト指向とは

オブジェクト指向とは，オブジェクトという単位を中心に，オブジェクト同士の相互作用としてシステムをとらえる考え方です。オブジェクトの単位を適切に切り分けることで，プログラムの**保守性**と**再利用性**を上げることができます。

関数だけによるプログラムでは，グローバル変数の内容が意図しない場所で書き換えられたりして不具合を起こすことがあります。そこで，共通で同じ変数を使用する関数をまとめて，クラスを作成していきます。

ここでは，オブジェクト指向における代表的な考え方を説明します。

クラスとインスタンス

クラスは，オブジェクト指向の基本単位です。**属性**（変数）と**操作**（関数，メソッド）を合わせて定義します。クラスで定義したデータ型を実体化して使えるようにしたものを**インスタンス**といいます。

Pythonでは，クラスを定義するのにclass文，クラスの中の関数を定義するのにdef文を使用します。クラスで使用する関数のことをメソッドといいます。def文は，第3章で使用した，関数を定義するものと形式は同じです。メソッドの場合には，インスタンスを参照するために，selfという引数を使用します。

例えば，Pythonでクラス Dog を定義して，メソッド cry() で "ワン" と表示させるには，次のように書きます。

関連

クラス図については，「4-1-2 オブジェクト指向とUML」で詳しく説明します。クラス名と属性，操作の表現など，そちらを参照してください。

【例】クラスDogの定義

```
class Dog:              # クラスDogを定義
    def cry(self):      # メソッドcry()を定義
        print('ワン')
```

クラス自体は抽象的なデータ型で，そのままでは実行できません。クラスから生成したインスタンス（オブジェクト）で，実際の処理を行います。

例えば，先ほどのクラスDogから，インスタンスpochiとshiroを生成するには，次のように実行します。

【例】クラスDogからインスタンスpochiとshiroを生成

```
pochi = Dog()
shiro = Dog()
```

生成したインスタンスでメソッドcry()を実行すると，次のようになります。

【例】クラスDogで生成したインスタンスでメソッドcry()を実行

```
pochi.cry()
```
実行結果
```
ワン
```

```
shiro.cry()
```
実行結果
```
ワン
```

 用語

クラスを実体化して使えるようにしたものをインスタンスといいます。オブジェクトはもう少し広い意味で使われる用語で，整数型などの基本データ型の実体なども含まれます。オブジェクト指向プログラミングでは，オブジェクトとインスタンスは同等の意味で使われることも多くあります。

◘ 継承（インヘリタンス）

あるクラスを基にして別のクラスを作ることを**継承**または**インヘリタンス**といいます。継承の基となったクラスをスーパクラス，継承してできたクラスをサブクラスといいます。

Pythonでは，クラスを定義するときに class サブクラス(スーパクラス): のかたちにすることで，継承を定義できます。例えば，先ほどのクラスDogを継承してクラスShibaInuを作成する場合

 関連

クラスの具体的な作成方法やselfの意味についてなど，Pythonでのクラス定義の詳細については，「4-2 クラス」で改めて取り上げます。ここでは，Pythonでの具体例を見て，オブジェクト指向の概要をつかんでいただければ結構です。

は，次のように記述します。

【例】クラスDogを継承してサブクラスShibaInuを定義

```
class ShibaInu(Dog):      # クラスDogを継承してサブクラスShibaInuを定義
    def wait(self):       # 新たなメソッドwait()を定義
        print('待つ')
```

クラスShibaInuには，新たにメソッドwait()を定義しています。

クラスShibaInuのインスタンスを新たに作成し，定義したメソッドwait()を実行させると，次のようになります。

【例】クラスShibaInuのインスタンスを作成

```
hachi = ShibaInu()
hachi.wait()
```

実行結果

```
待つ
```

ここで，クラスShibaInuはクラスDogのサブクラスなので，次のようにクラスDogのメソッドcry()も実行できます。

【例】クラスDogのメソッドを実行

```
hachi.cry()
```

実行結果

```
ワン
```

☐ 多相性（ポリモーフィズム）

同一の呼出しに対して，受け取った側のクラスの違いに応じて多様な振舞いを見せる性質のことを，**多相性**または**ポリモーフィズム**といいます。多態性，多様性とも呼ばれます。

例えば，cry()という同じメソッドを呼び出しても，そのインスタンスのクラスが犬だったらワンと鳴き，猫だったらニャーと鳴くというように，クラスによって別の振舞いを起こすような動作が多相性です。

多相性を実現するためには，共通の基となるクラスを抽象ク

ラス（Abstruct Class）として定義し，そこで，抽象メソッド（Abstruct Method）を定義します。抽象クラスはインスタンスを作成できません。実際に使用するクラスにおいて，抽象クラスを継承してメソッドを上書きすることで，メソッドを動作させることができます。

　Pythonでは，抽象クラスや抽象メソッドを作成するために，標準ライブラリabcを使用します。例えば，共通の動物クラスAnimalを抽象クラスで作成し，犬のクラスDogと猫のクラスCatに継承させると，次のようになります。このとき，抽象メソッドcry()は，クラスDogでは"ワン"，クラスCatでは"ニャー"と鳴くように定義します。

【例】標準ライブラリabcを利用した抽象クラスの作成

```python
# ポリモーフィズムのための標準ライブラリabcからインポート
from abc import ABCMeta, abstractmethod

# 基となる動物クラスAnimal
class Animal(metaclass = ABCMeta):  # 抽象クラスABCMetaを利用
    @abstractmethod  # インポートした抽象メソッドabstractmethodを使用
    def cry(self):  # 抽象メソッドcry()を定義
        pass  # 何もしない

# クラスDog
class Dog(Animal):  # Animalクラスを継承
    def cry(self):  # 犬の鳴き方でcry()をオーバライド
        print('ワン')

# クラスCat
class Cat(Animal):  # Animalクラスを継承
    def cry(self):  # 猫の鳴き方でcry()をオーバライド
        print('ニャー')
```

　このクラスで，クラスDogのインスタンスpochiと，クラスCatのインスタンスtamaを作ってメソッドcry()を実行させると，次のようになります。

【例】継承クラスでメソッドを実行

```
pochi = Dog()
tama = Cat()

pochi.cry()
```

実行結果

```
ワン
```

```
tama.cry()
```

実行結果

```
ニャー
```

◻ カプセル化

クラスに定義された変数やメソッドにアクセス権を指定することで，クラスの外からのアクセスを制限することを**カプセル化**といいます。カプセル化を行うことで，内部の属性や操作を変更してもクラスの外部には影響を与えずにすみます。カプセル化をせず，外部から参照できる変数のことをパブリック変数といいます。カプセル化を行って，外部から参照できなくした変数のことを**プライベート変数**といいます。

Pythonのクラスでは，変数の前にダブルアンダースコア（__）を付けるとその変数はプライベート変数になり，カプセル化を行うことができます。

例えば，インスタンスを作成するときに初期化するメソッド__init__()を使って，クラスDogでパブリック変数nameとプライベート変数__weightを定義すると，次のようになります。

> **関連**
>
> クラスでのメソッドの最初の引数は，通常「self」で始まります。この引数はインスタンス自身を指すときに使われる変数で，値は代入されません。ここで取り上げているメソッド__init__(self, name, weight)では，1番目の引数の値がnameに，2番目の引数の値がweightに代入されます。Pythonでのクラス定義の詳細については，「4-2 クラス」で改めて取り上げますので，ここでは，メソッドの引数のselfには値を代入しないという理解で十分です。

【例】メソッド__init__()による変数の初期設定

```
class Dog:
    def __init__(self, name, weight):   # 初期設定する特殊メソッド__init__
        self.name = name                # self.nameはパブリック変数
        self.__weight = weight          # self.__weightはプライベート変数
```

4-1 オブジェクト指向 173

　ここで，インスタンスpochiを作成してnameを表示させると，
次のようになります。

【例】プライベート変数の定義後にインスタンスを生成

```
pochi = Dog('ポチ', 20)  # nameに'ポチ'，weightに20を設定したインスタンスを生成
print(pochi.name)
```

実行結果

```
ポチ
```

　しかし，プライベート変数__weightを表示させようとすると，
次のようにエラーになります。

【例】プライベート変数の表示（エラー）

```
print(pochi.__weight)
```

実行結果

```
Traceback (most recent call last):
 File "<stdin>", line 1, in <module>
AttributeError: 'Dog' object has no attribute '__weight'
```

※エラーメッセージの出力方法は，環境により異なります。

　プライベート変数にアクセスするために，変数の値を取得した
り，変数に値を設定したりするメソッドを作成することもありま
す。値を取得するメソッドをゲッター（getter），値を設定する
メソッドをセッター（setter）といいます。
　例えば，クラスDogにゲッターとしてメソッドgetWeight()を，
セッターとしてsetWeight()を作成すると，次のようになります。

174 第4章 クラスとオブジェクト指向

【例】プライベート変数へのアクセスのためにメソッドを定義

```python
class Dog:
    def __init__(self, name, weight):
        self.name = name
        self.__weight = weight    # __weightはプライベート変数

    def getWeight(self):          # __weightのゲッター
        return self.__weight      # __weightの値を返却

    def setWeight(self, weight):  # __weightのセッター
        self.__weight = weight    # __weightに値を設定
```

　ここで，インスタンスを作成して，getWeight()メソッドを実行すると，次のようになります。

【例】ゲッターによる値の取得

```python
pochi = Dog('ポチ', 20)        # nameに'ポチ'，__weightに20を設定したインスタンスを生成
print(pochi.getWeight())       # ゲッターで，__weightの値を取得して表示
```

実行結果

```
20
```

　さらに，setWeight()メソッドを使用すると，__weightの値を設定することができます。

【例】セッターによる値の設定

```python
pochi.setWeight(25)            # セッターで，__weightに25を設定
print(pochi.getWeight())       # ゲッターで，__weightの値を取得して表示
```

実行結果

```
25
```

■ 集約（コンポジション）

　集約（composition）とは，オブジェクトをまとめる，あるいは取り込むことによって，より複雑な新しい機能を作ることです。機能を再利用するための，継承以外の方法であり，継承をis-a

関係というのに対し，集約は**has-a関係**と呼ばれます。

　例えば，先ほどのクラスDogにオーナーを設定します。オーナー
は人間なので，人間クラスPersonのインスタンスとします。

　まず，次のようにクラスPersonとクラスDogを定義します。

【例】クラスPersonとクラスDogを定義

```python
class Person:                    # 人間クラス
    def __init__(self, name):
        self.name = name
    def hello(self):             # hello() メソッド
        print('こんにちは')       # 実際に挨拶をするのは人間


class Dog:
    def __init__(self, name, owner):
        self.name = name
        self.owner = owner       # ownerに，人間クラスのインスタンスを設定
    def hello(self):             # hello() メソッド
        self.owner.hello()       # ownerに，hello() メソッドの実行を委譲
```

　ここで，クラスPersonのインスタンスkenを作成し，クラス
Dogのインスタンスpochiを作成してownerにkenを設定するに
は，次のように実行します。

【例】クラスPersonのインスタンスkenをクラスDogのオーナーに設定

```python
ken = Person('けん')
pochi = Dog('ポチ', ken)
```

　すると，pochiのオーナーがkenになるので，次のように，オー
ナーの名前を知ることができます。

【例】インスタンスpochiのオーナーを出力

```python
print(pochi.owner.name)
```

実行結果

```
けん
```

また，取り込んだオブジェクトに処理を任せることを**委譲**（delegation）といいます。

ここで作成したクラスで，犬に挨拶するイメージで，pochi. hello( )メソッドを呼び出すと，クラスDogはクラスPersonにowner.hello( )メソッドで処理を委譲して，クラスPersonのメソッドが実行されることになります。

【例】クラスDogからクラスPersonへの処理の委譲

```
pochi.hello()
```

実行結果

```
こんにちは
```

POINT!

・ 多相性を用いることで，同じメソッドで異なるクラスに異なる動作をさせる

・ 集約（コンポジション）で，クラスの中に別のクラスをもつことができる

4-1-2 ● オブジェクト指向とUML

　オブジェクト指向で使われる表記法に，UMLがあります。オブジェクト指向設計では，UMLを作成して，プログラミングを行っていきます。

● UML（統一モデリング言語）

　UML（Unified Modeling Language）は，オブジェクト指向で使われる表記法です。従来から用いられているフローチャートや状態遷移図なども取り込み，現行の最新バージョンであるUML2.5では，次の13種類のダイアグラム（図）が定義されています。

●UML 2.5のダイアグラム

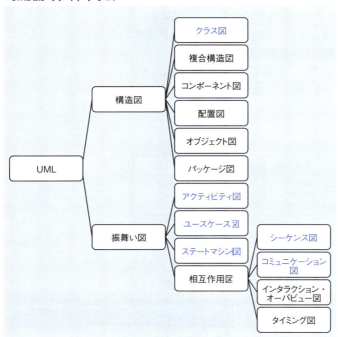

　UMLでは，必要に応じて適切な図を使い分けます。オブジェクト指向分析・設計でよく使われる図には，次のものがあります。

クラス図

クラスの仕様とクラス間の関連を表現する図です。ほとんどのオブジェクト指向開発に用いられます。クラス図でのクラスの仕様は，次のように表現します。

●クラス図

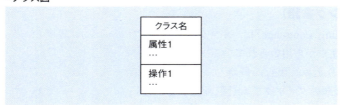

属性は，Pythonでのクラス内の変数に該当します。操作は，Pythonではメソッド（関数）として表現されます。

クラス図では，1つのクラスの仕様を記述するだけでなく，クラス間の関連を記述します。また，継承を使用する**is-a関係**や，集約で使用する**has-a関係**などを記号を用いて表します。

例えば，3つのクラス"部門"，"所属履歴"，"社員"の関連を表す場合は次のようになります（操作については省略）。

●クラス間の関連

（平成30年秋 基本情報技術者試験 午前 問26を利用して改変）

関連では，2つのクラスの間の数の関連（カーディナリティ）を記述します。クラス間の関連で，オブジェクトの数について「最小値..最大値」のかたちで表します。最小値が0の場合は，関連するオブジェクトがないこともあるということを示します。最大値が*の場合には，上限がなく（無限大まで可）複数あることもあるということを示します。

上の図では，部門に対する所属履歴はない可能性もあり，数の上限はありません。また，社員に対する所属履歴は，必ず1以

上存在します。

　クラス間の継承(is-a関係)は，△を用いて次のように表現されます。

●継承(is-a関係)

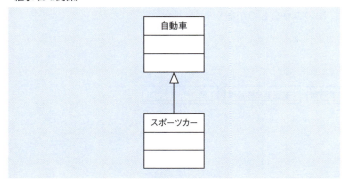

　このとき，△の先の自動車クラスがスーパクラス，スポーツカークラスがサブクラスとなります。

　また，クラス間の集約(has-a関係)は，◆を用いて次のように表現されます。自動車がタイヤを1以上，エンジンを1以上もつことになります。

●集約(has-a関係)

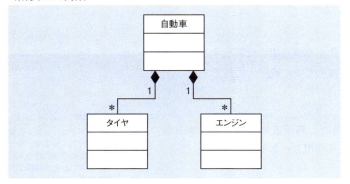

シーケンス図

インスタンス間の相互作用を時系列で表現する図です。クラスではなく，クラスの具体的な表現であるオブジェクト（インスタンス）がどのように相互作用していくかを時系列に沿って上から下に表現していきます。

シーケンス図の例には，次のようなものがあります。

●シーケンス図の例

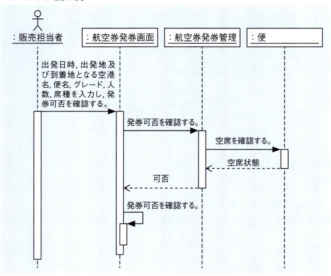

（平成21年秋 基本情報技術者試験 午後 問5 図2より）

コミュニケーション図

オブジェクト間の相互作用を構造中心に表現する図です。シーケンス図と表現する内容は同じで，置換え可能です。

ユースケース図

システムが提供する機能と利用者の関係を表現する図です。ユーザとの要件定義でよく利用されます。

アクティビティ図

一連の処理における制御の流れを表現する図です。フローチャートの発展形で，業務の流れなどを記述します。

用語

要件定義とは，システム開発の工程の一つです。システム開発の最初に行う工程で，システム化の目標や対象の範囲，機能などを決定していきます。

ステートマシン図

オブジェクトの状態変化を表現する図です。状態遷移図の発展形です。組込みシステムの開発でよく利用されます。

用語

一般家庭で使用されている電化製品などの民生機器や，工場で使用されている機械などの産業機器には，コンピュータが組み込まれています。民生機器や産業機器の中にあるコンピュータを制御するシステムのことを組込みシステムといいます。

POINT!

- クラス図で汎化を表すには△，集約を表すには◆を使用する
- シーケンス図とコミュニケーション図は置換え可能

182　第4章　クラスとオブジェクト指向

4-1-3 ● 演習問題

問1　クラスとインスタンスとの関係　　　　　CHECK ▶ □□□

オブジェクト指向におけるクラスとインスタンスとの関係のうち，適切なものはどれか。

ア　インスタンスはクラスの仕様を定義したものである。
イ　クラスの定義に基づいてインスタンスが生成される。
ウ　一つのインスタンスに対して，複数のクラスが対応する。
エ　一つのクラスに対して，インスタンスはただ一つ存在する。

問2　オブジェクト指向における"委譲"　　　　CHECK ▶ □□□

オブジェクト指向における"委譲"に関する説明として，適切なものはどれか。

ア　あるオブジェクトに対して操作を適用したとき，関連するオブジェクトに対してもその操作が自動的に適用される仕組み
イ　あるオブジェクトに対する操作を，その内部で他のオブジェクトに依頼する仕組み
ウ　下位のクラスが上位のクラスの属性や操作を引き継ぐ仕組み
エ　複数のオブジェクトを部分として用いて，新たな一つのオブジェクトを生成する仕組み

問3　アクティビティ図　　　　　　　　　　CHECK ▶ □□□

UMLにおける振る舞い図の説明のうち，アクティビティ図のものはどれか。

ア　ある振る舞いから次の振る舞いへの制御の流れを表現する。
イ　オブジェクト間の相互作用を時系列で表現する。
ウ　システムが外部に提供する機能と，それを利用する者や外部システムとの関係を表現する。
エ　一つのオブジェクトの状態がイベントの発生や時間の経過とともにどのように変化するかを表現する。

4-1 オブジェクト指向　183

■ 演習問題の解説

問1　(平成30年秋 基本情報技術者試験 午前 問47)《解答》イ

　オブジェクト指向では，まずクラスを定義します。クラスの定義に基づいて，インスタンスを必要な数だけ生成します。したがって，**イ**が正解です。

ア　クラスがインスタンスの仕様を定義したものです。

ウ，エ　一つのクラスに対して複数のインスタンスが対応します。

問2　(平成30年秋 基本情報技術者試験 午前 問49)《解答》イ

　オブジェクト指向における"委譲"とは，あるオブジェクトが他のオブジェクトをもっているhas-a関係にあるときに，内部の他のオブジェクトに操作を依頼する仕組みです。したがって，**イ**が正解です。

ア　委譲では，あるオブジェクトに対して操作を適用したときに，自動的にではなく明示的に，関連するオブジェクトに対して操作を実行します。

ウ　継承の説明です。

エ　集約の説明です。

問3　(平成31年春 基本情報技術者試験 午前 問46)《解答》ア

　アクティビティ図は，一連の処理における制御の流れを表現する図です。ある振る舞いから次の振る舞いへの制御の流れを表現することができます。したがって，**ア**が正解です。

イ　シーケンス図の説明です。

ウ　ユースケース図の説明です。

エ　ステートマシン図の説明です。

4-2 クラス

Pythonでは，class文を使用してクラスを定義します。クラスを定義することで，オブジェクト指向を実現できます。また，クラス変数や特殊メソッドなど，Python特有の文法もあります。

4-2-1 ⚪ クラス

Pythonでクラスを定義するには，class文を用いて，属性とメソッドを定義します。メソッドは，関数と同じようにdef文で定義します。

🔲 Pythonでのクラス定義

オブジェクト指向でのクラスは，新しいデータ型を定義するときに使用します。

クラス定義の基本的な構文は，次のとおりです。

【構文】class文でのクラス定義

```
class クラス名:
    属性やメソッド
    …
```

属性はクラス内にもつ変数で，通常の変数定義と同様，a = 1のように記述します。メソッドはクラス内にもつ関数で，通常の関数定義と同様，def文を用いて定義します。

例えば，クラスCarを定義して，その中に属性kindとメソッドrun()を定義すると，次のようになります。

【例】クラスの定義

```
class Car:
    kind = 'car'
    def run(self):
        print('Car is running.')
```

> **用語**
>
> 属性は，データ，変数などと呼ばれることもあります。メソッドは，関数，操作などと呼ばれることもあります。どちらも，オブジェクト指向のクラスでは共通で用いられる考え方なので，プログラミング言語や状況によって，用いられる言葉が変わってくることがあります。ちなみに，情報処理技術者試験では，属性，操作と記述されることが多いですが，変わることもよくあります。

メソッドでは，1番目の引数（第一引数）は必須で，その引数内にインスタンス自身が格納されます。第一引数には，慣習的に**self**という名前が付けられます。

クラスの属性を参照するときには，クラス名の後にドット(.)を付けて属性名で参照します。例えば，作成したクラスCarでは，次のように記述することができます。

【例】クラスCarの属性を参照

```
Car.kind
```

実行結果

```
'car'
```

用語

selfは，慣習的な書き方なので，他の変数にすることも可能です。ただ，分かりにくくなるため，selfにしておくことをおすすめします。

■ インスタンスの生成

クラスはデータ型なので，それだけでは実体をもちません。そのため，インスタンスを生成する必要があります。Pythonでの基本的なインスタンスの生成は，次のように行います。

【構文】Pythonでのインスタンス生成

```
インスタンス名 = クラス名()
```

例えば，先ほどのクラスCarでインスタンスteslaを生成するには，次のように行います。

【例】クラスCarでのインスタンス生成

```
tesla = Car()
```

インスタンスを作成するとメソッドを実行できるので，次のようにしてメソッドrun()を実行させます。

第4章 クラスとオブジェクト指向

【例】クラス Car でのメソッドの実行

```
tesla.run()
```

実行結果

```
Car is running.
```

◻ __init__( ) メソッド

クラスがインスタンスを作成する際，最初に行うことを定義するメソッドを**コンストラクタ**といいます。Python のクラスでコンストラクタを定義するメソッドが，__init__( ) メソッドです。__init__( ) メソッドにより，インスタンスを作成するときに，変数に値を代入するなどの初期処理を行うことができます。

例えば，クラス Car で初期値に属性 name を設定するときには，次のように定義します。

【例】クラス Car で初期値に属性 name を定義

```
class Car:
    def __init__(self, name):
        self.name = name
```

self がインスタンス自身を指すので，self.name とすることで，そのインスタンスの属性を定義することが可能となります。

インスタンス tesla を作成するときに属性 name に値を設定するには，次のように実行します。

【例】インスタンス tesla 作成時に属性 name に値を設定

```
tesla = Car('model 3')
```

self に値は代入されないので，「model 3」は引数 name に代入され，self.name = name で，インスタンス tesla の name に「model 3」が設定されます。実際に属性 name を表示させてみましょう。

【例】インスタンス tesla の属性 name を表示

```
print(tesla.name)
```

実行結果

```
model 3
```

■ 継承

Pythonのクラスは，継承を行うことで既存のクラスの内容を引き継ぎ，さらに新たなクラスを定義することができます。このとき，元のクラスがスーパクラス，新たに定義されるクラスがサブクラスです。

スーパクラスを継承して新たにサブクラスを定義するときの基本的な書き方は，次のとおりです。

【構文】Python でのクラスの継承

```
class サブクラス名(スーパクラス名):
    追加する処理の内容
```

例えば，先ほどのクラス Car の内容を継承して，新たにクラス Truck を定義するときには，次のように定義します。

【例】クラス Car を継承してサブクラス Truck を定義

```
class Truck(Car):
    pass
```

pass文は，何も記述することがないときに記述します。この例では，スーパクラスの内容がそのまま引き継がれます。そのため，次のように，インスタンスを作成して，先ほどのクラス Car と同様のことが行えます。

【例】スーパクラス Car を継承したサブクラス Truck の実行

```
cybertruck = Truck('Cyber Truck')
print(cybertruck.name)
```

実行結果

```
Cyber Truck
```

■ メソッドのオーバライド

サブクラスでは，スーパクラスにあるメソッドを上書きして，同じメソッド名で別の処理を行わせることができます。メソッドを上書きすることを**オーバライド**といいます。では，次のように2つのクラスを作成して確認してみましょう。

【例】スーパクラスCarのメソッドをサブクラスTruckで上書き

```
class Car:              # Carクラスを定義
    def exclaim(self):  # メソッドexclaim()を定義
        print('I am a car.')


class Truck(Car):       # Carクラスを継承してTruckクラスを定義
    def exclaim(self):  # メソッドexclaim()をオーバライド
        print('I am a truck.')
```

インスタンスを作成して，それぞれでメソッドexclaim()を実行させると，次のようになります。

【例】スーパクラスCarとサブクラスTruckのインスタンスで同じメソッドを実行

```
tesla = Car()
cybertruck = Truck()
tesla.exclaim()
```

実行結果

```
I am a car.
```

```
cybertruck.exclaim()
```

実行結果

```
I am a truck.
```

■ メソッドの追加

サブクラスには，スーパクラスにはないメソッドを追加することもできます。例えば，次のようにして，先ほどのクラスTruckにだけ新たなメソッドbaggage()を追加します。

【例】サブクラスTruckにだけメソッドを追加

```python
class Car:
    def exclaim(self):
        print('I am a car.')

class Truck(Car):
    def exclaim(self): # メソッドexclaim()をオーバライド
        print('I am a truck.')
    def baggage(self): # 新しいメソッドbaggage()の追加
        print('I can carry baggage.')
```

　クラスTruckのインスタンスを生成してメソッドbaggage()を実行させると，次のようになります。

【例】サブクラスTruckにインスタンスを生成して追加したメソッドを実行

```python
cybertruck = Truck()
cybertruck.baggage()
```

実行結果

```
I can carry baggage.
```

■ super( )によるスーパクラスの利用

　サブクラスでは，スーパクラスのメソッドを利用することもできます。組み込み関数 super()を使用することで，スーパクラスを呼び出し，メソッドを利用します。

　例えば，次のように super().exclaim() と記述すると，スーパクラスCarのメソッドexclaim()をサブクラスTruckで実行させることができます。

第4章　クラスとオブジェクト指向

【例】スーパクラスCarのメソッドをサブクラスTruckで実行

```python
class Car:
    def exclaim(self):
        print('I am a car.')

class Truck(Car):
    def exclaim(self):
        super().exclaim() # スーパクラスのexclaim()を利用
        print('I am a truck.')
```

　クラスTruckのインスタンスを生成してメソッドexclaim()を実行させると，次のようになります。

【例】クラスTruckのインスタンスを生成してメソッドを実行

```python
cybertruck = Truck()
cybertruck.exclaim()
```

実行結果

```
I am a car.
I am a truck.
```

　exclaim()メソッドを単に定義すると，オーバライドされて，スーパクラスのメソッドは実行されなくなります。そのため，super()でスーパクラスを呼び出して，スーパクラスのメソッドを実行してから処理を追加することで，両方の処理を実行することが可能になります。

■ Pythonでのプライベート変数

　Pythonの属性やメソッドは，基本的にすべてパブリック（公開）として扱われます。属性もパブリックなので，どこからでも，クラス名.属性，または インスタンス名.属性 といったかたちで属性の値を参照することができます（メソッドも同様です）。
　クラスでは，変数の前にダブルアンダースコア（__）を付けることで，その変数を**プライベート変数**にすることができます。「4-1-1 オブジェクト指向」の「カプセル化」で説明したように，プライベート変数にすることで，クラスの外からその変数を操作さ

れないようにすることができます。

なお，JavaやC++などではプライベート変数が基本ですが，Pythonではパブリックの扱いが基本となります。

> **POINT!**
> ・「class クラス名:」でクラスを定義。メソッドの引数にはselfを書く
> ・スーパクラスのメソッドはサブクラスでオーバライドできる

Pythonのオブジェクト指向の特徴

Pythonでは，クラスを利用してオブジェクト指向プログラミングを行うことができます。Pythonのクラスでは，オブジェクト指向プログラミングでの標準的な機能はすべて提供されています。クラスの継承では，多重継承と呼ばれる複数のクラスの継承が可能ですし，オーバライドも可能で基底クラスを拡張することもできます。Javaなどに比べると，かなり自由度が高いプログラミング言語です。

また，Pythonでは，オブジェクト指向プログラミングを「行わない」ことも可能です。クラスを作成せず，関数だけでプログラミングをすることもできますし，単純に1行だけのプログラムも作成できます。

Pythonはとても自由度が高く，簡単にプログラミングできる言語です。しかし，様々な機能があるため，時には予想もしていない動きをすることもあります。特に，浮動小数点演算やデータのコピーなど，Python特有のデータの取扱い方が関係する場合には注意が必要です。実践を繰り返しながら，少しずつスキルアップして知識を身につけていきましょう。

192　第4章　クラスとオブジェクト指向

4-2-2 ● クラスの応用

　クラスで定義するメソッドには，クラスメソッドとインスタンスメソッドがあります。また，特別な役割がある特殊メソッドを使用することもできます。

■ 変数とメソッドのタイプ

　クラスで扱う変数（属性）とメソッドには，インスタンスごとに作成するものだけでなく，クラス全体に影響を与えるものがあります。変数とメソッドについて，それぞれ詳しく説明します。

インスタンス変数とクラス変数

　インスタンス変数は，インスタンスごとに定義する変数です。複数のインスタンスを作成した場合は，インスタンスごとに変数の値を設定します。インスタンス変数は通常，selfを付けて表現します。

　これに対し，クラス変数は，同じクラスのインスタンスで共有する変数です。クラスの中に直接，変数を記述します。

　ここでは，「4-1-1 オブジェクト指向」で作成したクラスDogの中で，インスタンス変数nameとクラス変数countを作成する例を次に示します。

【例】インスタンス変数とクラス変数の作成

```
class Dog:
    count = 0                # countはクラス変数
    def __init__(self, name):
        self.name = name # nameはインスタンス変数
        Dog.count += 1    # インスタンス作成ごとに，countに1を加える
```

　ここで，複数のインスタンスを作成し，それぞれのインスタンス変数nameと，クラス変数countを表示させると，次のようになります。

【例】複数のインスタンスでインスタンス変数とクラス変数を表示

```python
pochi = Dog('ポチ')
shiro = Dog('シロ')
hachi = Dog('ハチ')
print('犬の名前：', pochi.name, shiro.name, hachi.name)
print('犬の数 ：', Dog.count)
```

実行結果

```
犬の名前： ポチ シロ ハチ
犬の数 ： 3
```

　クラス変数は，クラス作成時に初期化されます。クラス名.変数名で参照するので，Dog.countで指定することができます。クラス変数を用いることで，クラス全体で共有する値をもつことができるようになります。

インスタンスメソッドとクラスメソッド

　メソッドにも，インスタンスメソッドとクラスメソッドがあります。インスタンスメソッドは，通常のメソッドです。インスタンスごとに作成するメソッドで，引数にselfを設定し，自分自身のインスタンスを参照します。

　これに対し，クラスメソッドは，クラス全体に影響を与えるメソッドです。クラスメソッドは，組み込み関数で定義されているデコレータ，@classmethodを使用して設定します。

　例えば，先ほどのクラス変数countの内容を表示するクラスメソッドdisplay()を追加すると，クラスDogは次のようになります。

【例】クラス変数countの内容を表示するクラスメソッドdisplay()を追加

```python
class Dog:
    count = 0              # countはクラス変数
    def __init__(self, name):
        self.name = name # nameはインスタンス変数
        Dog.count += 1   # インスタンス作成ごとに，countに1を加える
    @classmethod # クラスメソッドを示すデコレータ
    def display(cls):     # クラスメソッド。clsはクラス自体を指す
        print('Dogクラスには，犬が', cls.count, '匹います。')
```

クラスメソッドの第1引数clsは，クラス自体を指します。class
は予約語なので，Pythonでは通常，clsという値が使われます。
cls.countで，クラス変数のcountを参照します。

ここで，複数のインスタンスを作成してから，クラスメソッド
display()を実行させると，次のようになります。

【例】複数のインスタンスを作成してからクラスメソッドを実行

```
pochi = Dog('ポチ')
shiro = Dog('シロ')
hachi = Dog('ハチ')
Dog.display()
```

実行結果

```
Dogクラスには，犬が 3 匹います。
```

クラスメソッドdisplay()の実行では，インスタンスではなく，
クラス名のDogを使用しているところがポイントです。

■ 特殊メソッド

あらかじめ定義されている特殊な名前のメソッドのことを特殊
メソッドといいます。特殊メソッドを使って，クラスに独自の処理
を追加することができます。これまでの説明でインスタンス作成
時に使ってきた __init__() メソッドは，特殊メソッドの一つです。

特殊メソッドには様々なものがあります。代表的なものを次に
示します。

●代表的な特殊メソッド

特殊メソッド	内容
__new__(cls, …)	クラスclsが新しいインスタンスを作成するときに呼び出される。メソッドより前に呼び出され，インスタンスにカスタマイズを加える
__init__(self, …)	インスタンスselfが生成された後，それが呼出元に返される前に呼び出される。変数の初期値設定などに利用される
__del__(self)	インスタンスが破棄されるときに呼び出される
__repr__(self)	オブジェクトを表示するときに使う公式の文字列を定義する。オブジェクトの表示方法を指定する場合などに利用される
__add__(self, other)	＋演算子で計算するときに加算を行う内容を指定する。ほかに，__sub__ (-, 減算), __mul__ (*, 乗算), __truediv__(/, 除算)などがある

特殊メソッドの一つ，__repr__()を使用してみます。__repr__()
は，インスタンスを表示するときの方法を指定します。先ほどの
クラスDogで作成したインスタンスを表示させようとすると，__
repr__()を使用しない場合のデフォルトは次のようになります。

【例】クラスDogで作成したインスタンスを表示（デフォルト）

```
pochi = Dog('ポチ')
print(pochi)
```

実行結果

```
<__main__.Dog object at 0x000002E32A24E390>
```

※オブジェクトのアドレスは実行ごとに変わります。

クラスやインスタンスなどのオブジェクトを表示すると，デ
フォルトでは，山括弧（< >）に囲まれたオブジェクトの型の名前
と追加の情報（通常はオブジェクトの名前とアドレス）を表示し
ます。この場合，「Dog」が型，「0x000002E32A24E390」がオブジェ
クトのアドレスで，アドレスの値はプログラムの実行状況によっ
て変わります。

ここで，__repr__()を用いて，pochiを表示するときに名前を
出力するようにするには，次のように定義します。

【例】__repr__()による表示方法の定義

```
class Dog:
    def __init__(self, name):
        self.name = name
    def __repr__(self):  # オブジェクトの表現方法を指定
        return 'Dog object ' + self.name
```

このクラスで，先ほどと同じようにオブジェクトを表示させる
と，次のようになります。

【例】クラスDogで作成したインスタンスを表示（__repr__()使用時）

```
pochi = Dog('ポチ')
print(pochi)
```

実行結果

```
Dog object ポチ
```

196 第4章 クラスとオブジェクト指向

このように，特殊メソッドを使用することで，デフォルトの動作をオーバライドし，変更させることが可能になります。

◻ 列挙型クラス

Pythonはバージョン3.4から，列挙型（enum）をサポートするようになりました。列挙型とは，複数の定数をひとまとめにして管理する型です。標準ライブラリenumを利用し，スーパクラスEnumを継承することで実現できます。

例えば，1週間を表すクラスWeekは，次のように定義できます。

【例】1週間を表すクラスWeek

```python
from enum import Enum

class Week(Enum):
    MONDAY = 1
    TUESDAY = 2
    WEDNESDAY = 3
    THURSDAY = 4
    FRIDAY = 5
    SATURDAY = 6
    SUNDAY = 7
```

このクラスを利用するときは，例えば次のように，今日を表す変数week_todayに，日曜日を設定できます。

【例】クラスWeekに変数を設定

```python
week_today = Week.SUNDAY
print(week_today)
```

実行結果

```
Week.SUNDAY
```

このように利用することで，列挙型に割り当てられた数字を意識することなく，曜日を意味のある変数で定義することができます。

番号の値に意味がない場合は，auto()を使用して番号を順に割り当てることもできます。例えば，先ほどのWeekクラスは次のように書くこともできます。

参考

列挙型(enum)はPython 3.4から，auto()はPython 3.6からの新機能です。動かない場合はPythonのバージョンを確認してください。

【例】auto()を用いたクラスWeekの定義

```
from enum import Enum, auto

class Week(Enum):
    MONDAY = auto()
    TUESDAY = auto()
    WEDNESDAY = auto()
    THURSDAY = auto()
    FRIDAY = auto()
    SATURDAY = auto()
    SUNDAY = auto()
```

列挙型では，割り当てられた文字列をname，割り当てられた数字をvalueという変数を用いて利用できます。クラスWeekで割り当てられた数字を確認すると，次のようになります。

【例】クラスWeekに割り当てられた数字を表示

```
print(Week.SUNDAY.name, Week.SUNDAY.value)
```

実行結果

```
SUNDAY 7
```

関数とクラスのメソッド

Pythonでは，関数とクラスの両方が使用できます。関数と，クラス内で使用するメソッドで同様のことができるものがありますが，それらの動きは少し異なるため，注意が必要です。

関数とメソッドの両方がある例として，最もよく使われるものに，リスト型の*list*.sort()メソッドと，sorted()関数があります。2つの違いは，次のように，リストfruitsを変換してみると分かります。

198 第4章 クラスとオブジェクト指向

【例】 sorted( )関数と *list*.sort( )メソッド

```
fruits = ['strawberry', 'blueberry', 'blackberry']
print('original      :', fruits)
print('sorted()      :', sorted(fruits))
print('after sorted  :', fruits)
print('list.sort()   :', fruits.sort())
print('after list.sort:', fruits)
```

実行結果

```
original      : ['strawberry', 'blueberry', 'blackberry']
sorted()      : ['blackberry', 'blueberry', 'strawberry']
after sorted  : ['strawberry', 'blueberry', 'blackberry']
list.sort()   : None
after list.sort: ['blackberry', 'blueberry', 'strawberry']
```

　sorted( )関数は，引数として渡したリストfruitsを整列した値を返します。元のリストの内容はそのままです。それに対し，*list*.sort( )メソッドは，リスト自体を整列します。値は返さないので，結果を表示させるとNoneとなります。リストの中身自体が整列されるので，メソッド実行後に表示すると，整列されたリストfruitsが表示されます。

　このように，関数とメソッドでは，同じような動作でも役割が異なります。

POINT!

- ・ インスタンス変数はインスタンスのみ，クラス変数はクラス共通で用いられる
- ・ 特殊メソッドを使うと，初期化や演算などの処理の内容がオーバライドできる

4-2-3 ● 演習問題

問1 インスタンスの作成　　　　　　　　　　CHECK ▶ □□□

次のプログラムを実行し，以下の出力を得た。

〔プログラム〕

```
class Student:
    def __init__(self, teacher, mentor):
        self.teacher = teacher
        self.mentor = mentor


        a
print(luts.mentor)
print(luts.teacher)
```

〔出力結果〕

```
ベンノ
マイン
```

このとき，空欄aで実行するべきプログラムとして，正しいものはどれか。

ア　luts = new Student('ベンノ', 'マイン')
イ　luts = new Student('マイン', 'ベンノ')
ウ　luts = Student('ベンノ', 'マイン')
エ　luts = Student('マイン', 'ベンノ')

200 第4章 クラスとオブジェクト指向

問2　継承　　　　　　　　　　　　　　　　　　　CHECK ▶ □□□

次のように，クラスCarとクラスTruckを定義する。

```
class Car:
    def drive(self):
        print('Car is driving')

class Truck(Car):
    def carry(self):
        print('Truck is carrying')
```

次のようにインスタンスcybertruckを作成し，実行させたときの出力結果として，正しいものはどれか。

```
cybertruck = Truck()
cybertruck.drive()
```

ア　Car is driving
イ　Car is driving
　　Truck is carrying
ウ　Truck is carrying
エ　エラーになる

4-2　クラス　201

問3　クラス変数　　　　　　　　　　　　　　　　　CHECK ▶ □□□

次のように，クラスPracticeを作成する。

```
class Practice:
    data_list = []

    def add_data_list(self, data):
        self.data_list.append(data)
```

その後，次のように，インスタンスpractice1と，practice2を作成する。

```
practice1 = Practice()
practice1.add_data_list("data 1")

practice2 = Practice()
practice2.add_data_list("data 2")
```

次のようにdata_listの値を表示させたときの出力内容として，正しいものはどれか。

```
print("data_list:", end=" ")
for data in practice1.data_list:
    print(data, end=" ")
```

　ア　data_list: data 1 data 2
　イ　data_list: data 1
　ウ　data_list: data 2
　エ　data_list:

202 第4章　クラスとオブジェクト指向

■ 演習問題の解説

問1　　　　　　　　　　　　　　　　　　　　　　　　　　《解答》エ

Pythonでは，新しいインスタンスを作成するとき，newは使用せず，単純にインスタンス名 = クラス名(引数)とします。また，引数は，selfがインスタンス自身を指し，その後に使用する変数を記述します。def __init__(self, teacher, mentor): では，第1引数がteacher，第2引数がmentorです。

プログラムの並びと出力結果より，print(luts.mentor)の出力結果がベンノ，print(luts.teacher)の出力結果がマインだと読み取れます。順番が逆転しているので，インスタンスlutsを作成するときには，第1引数のteacherに'マイン'，第2引数のmentorに'ベンノ'を設定して，luts = Student('マイン', 'ベンノ')のかたちとなります。したがって，エが正解です。

問2　　　　　　　　　　　　　　　　　　　　　　　　　　《解答》ア

クラスTruckは，class Truck(Car): と定義しているので，クラスCarをスーパクラスとしたサブクラスとなります。サブクラスでは，スーパクラスの内容を継承できるので，クラスTruckでメソッドdrive()を呼び出すと，オーバライドされていない限り，スーパクラスのメソッドdrive()が利用されます。

クラスTruckでは特にメソッドdrive()をオーバライドしていないので，クラスTruckのインスタンスcybertruckで，cybertruck.drive()と実行すると，スーパクラスのメソッドdrive()が実行され，Car is drivingが出力されます。したがって，アが正解です。

問3　　　　　　　　　　　　　　　　　　　　　　　　　　《解答》ア

クラスPracticeの変数data_listは，クラス内で定義されているので，クラス変数です。そのため，すべてのインスタンスから共通で利用されます。

クラス共通のdata_listに，practice1.add_data_list("data 1") と，practice2.add_data_list("data 2") で値が追加されるので，data_listの内容を確認すると，次のようになります。

Practice.data_list

実行結果
```
['data 1', 'data 2']
```

したがって，print文で最初にdata_list: を表示し，順にdata_listの要素を出力すると，data_list: data 1 data 2 となります。したがって，アが正解です。

4-3 オブジェクト指向問題

ここでは，オブジェクト指向問題の演習を行います。Pythonで作成されたオブジェクト指向問題（元はJava問題）をもとに，オブジェクト指向プログラミングを学習していきましょう。

4-3-1 ● オブジェクト指向問題の演習

問　次のPythonプログラムの説明及びプログラムを読んで，設問1，2に答えよ。

〔プログラムの説明〕

　升目を用いて表現された迷路と，迷路上に置かれて外部から操作される駒を表すプログラムである。

　迷路は，駒が通れる升（以下，通路という）と通れない升（以下，壁という）から成る。迷路の外周は壁である。通路のうちの一つが開始地点であり，開始地点でない通路のうちの一つがゴール地点である。本問で扱う迷路を，図1に示す。

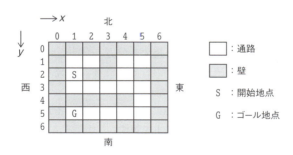

図1　本問で扱う迷路

　迷路上の升の位置は，2次元の座標 (x, y) で表す。x と y はともに非負整数である。ある位置を基準として，x の値が大きくなる方角を東，小さくなる方角を西，y の値が大きくなる方角を南，小さくなる方角を北とする。

　駒は，東西南北のいずれかを向いており，向いている方角を基準として，次の三つの操作を外部から受け付ける。

① 　左の方向に向きを変える。
② 　右の方向に向きを変える。

204　第4章　クラスとオブジェクト指向

③　隣接する前方の升が通路なら，1升前進する。

(1)　クラスMazeは迷路を表す。コンストラクタの引数には，文字列で表現した迷路と，迷路の西端から東端までの升の個数を指定する。迷路を表現する文字列は，1升を表す文字を西から東に向かって順に並べた1行分の文字列を，北から南に向かって順に連結したものである。升の種類は，char型の値で表す。"＊"は壁を，それ以外の値は通路を表し，"S"は開始地点を，"G"はゴール地点を表す。引数に誤りはないものとする。

　　メソッドgetStartLocationは開始地点の座標を返す。メソッドisGoalは指定された座標の升がゴール地点であればtrueを，それ以外はfalseを返す。

(2)　列挙型クラスDirectionは，方角を表す。

　　メソッドleftは列挙定数が表す方角に向かって左の方角を，rightは右の方角を返す。

(3)　クラスLocationは，迷路上の升の位置を示す座標を表す。

(4)　クラスPieceは，迷路上に置かれる駒を表す。コンストラクタの引数で迷路を指定する。インスタンスは，最初は，開始地点に位置し，北を向いている。

　　メソッドturnLeftは左の方向に，turnRightは右の方向に向きを変える。

　　メソッドtryStepForwardは，隣接する前方の升が通路なら1升前進し，前進した方角を履歴リストに追加してからtrueを返す。通路でなければ，前進せずにfalseを返す。

　　メソッドisAtGoalは，ゴール地点にいればTrueを，それ以外はFalseを返す。

　　メソッドgetHistoryは，履歴リストを返す。

(5)　プログラム5では，図1に示す開始地点からゴール地点に至るまで駒を操作し，その後，履歴リストを表示する。

〔プログラム1〕

```
class Maze():
    def __init__(self, mazeData, width):
        self.mazeData = mazeData
        self.width = int(width)
        self.startLocation = self.locationOf('S')

    def getStartLocation(self):
        return self.startLocation

    def isGoal(self, loc):
        return self.mazeData[loc.y    a    self.width + loc.x] == 'G'

    def isBlank(self, loc):
        return self.mazeData[loc.y    a    self.width + loc.x] != '*'

    def locationOf(self, c):
        index = self.mazeData.index(c)
        return Location(index    b    self.width, index // self.width)
```

206 第4章　クラスとオブジェクト指向

〔プログラム2〕

```python
from enum import Enum  # 標準ライブラリの列挙型Enumを継承


class Direction(Enum):
    NORTH = (0, -1)
    EAST = (1, 0)
    SOUTH = (0, 1)
    WEST = (-1, 0)

    def __init__(self, dx, dy):
        self.dx = int(dx)
        self.dy = int(dy)
        self.values = ['NORTH', 'EAST', 'SOUTH', 'WEST']

    def left(self):
        order = self.values.index(Direction((self.dx, self.dy)).name)  # 現在の方向の添字を取得
        return (Direction[self.values[    c    ]])

    def right(self):
        order = self.values.index(Direction((self.dx, self.dy)).name)  # 現在の方向の添字を取得
        return (Direction[self.values[(order + 1) % 4]])

    def __repr__(self):   # 表示するときには, 名前のみ
        return Direction((self.dx, self.dy)).name
```

〔プログラム3〕

```python
class Location():
    def __init__(self, x, y):
        self.x = int(x)
        self.y = int(y)
```

〔プログラム4〕

```
class Piece():
    def __init__(self, maze):
        self.history = []
        self.direction = Direction.NORTH
        self.maze = maze
        self.location = self.maze.getStartLocation()

    def turnLeft(self):
        self.direction = self.direction.left()

    def turnRight(self):
        self.direction = self.direction.right()

    def tryStepForward(self):
        nextLocation = Location(      d      )
        if self.maze.isBlank(nextLocation):
            self.location = nextLocation
            self.history.append(self.direction)
            return True
        return False

    def isAtGoal(self):
        return self.maze.isGoal(self.location)

    def getHistory(self):
        return self.history
```

208 第4章 クラスとオブジェクト指向

〔プログラム5〕

```
maze = Maze("*******" +
            "*..*..*" +
            "*S**.**" +
            "*.....*" +
            "*****.*" +
            "*G....*" +
            "*******", 7)
piece = Piece(maze)
while not piece.isAtGoal():
    piece.turnLeft()
    while not piece.tryStepForward():
        piece.turnRight()

history = piece.getHistory()
                              ← a
print(history)
```

設問1 プログラム中の _____ に入れる正しい答えを，解答群の中から選べ。

a，bに関する解答群

ア ％ イ & ウ * エ +
オ - カ / キ ^ ク |

cに関する解答群

ア (order + 3) % 4 イ (order + 3) // 4
ウ (order - 1) % 4 エ (order - 1) // 4

dに関する解答群

ア self.direction
イ self.direction.dx, self.direction.dy
ウ self.location + self.direction
エ self.location.x + self.direction.dx, self.location.y + self.direction.dy

4-3 オブジェクト指向問題 209

設問2 プログラム5の a の位置に次の処理を挿入し，実行結果として，図2に示す方角のリストを得た。駒は，開始地点からリストの方角の順に1升ずつ進むと，直前の升に戻る（正反対の方角に向きを変えて進む）ことなく，ゴール地点に至ることができる。 □□□□ に入れる正しい答えを，解答群の中から選べ。

```
i = [ e ]
while i < len(history):
    if history[i - 1] == history[i].left().left():
        history.pop( [ f ] )
        history.pop( [ f ] )
        i = 0 if i < 2 else i - 2
    i += 1
```

```
[SOUTH, EAST, EAST, EAST, EAST, SOUTH, SOUTH, WEST, WEST, WEST, WEST]
```

図2 方角のリスト

eに関する解答群

　　ア　-1　　　　　　　　　イ　0　　　　　　　　　ウ　1

fに関する解答群

　　ア　i　　　　　　　　　イ　i + 1　　　　　　　ウ　i - 1

（平成31年春 基本情報技術者試験 午後 問11（Java）改）

210　第 4 章　クラスとオブジェクト指向

■ 解答

設問1　a　ウ　　　　　　　　b　ア　　　　　　　　c　ア（別解ウ）　　　d　エ
設問2　e　ウ　　　　　　　　f　ウ

■ 解説

　迷路を解くプログラムを作成する問題です。迷路を表すクラス Maze と，方向を表す列挙型のクラス Direction，位置を表すクラス Location を用いて，クラス Piece で駒を動かしていきます。

設問1

　〔プログラム 1〕，〔プログラム 2〕，〔プログラム 4〕のそれぞれのクラスを定義するプログラムについて，空欄穴埋めを行って完成させていきます。

空欄a

　クラス Maze のもつデータ mazeData の位置を示すインデックスを求めます。
　〔プログラム 4〕の Location クラスでは，x，y の二次元でデータをもちますが，mazeData は一次元です。
　例えば，プログラム 5 で与えられる図 1 を表す迷路のデータは，クラス Location を用いて，横軸を x，縦軸を y とすると，次のように表されます。

```
    0  1  2  3  4  5  6 (x軸)
0   *  *  *  *  *  *  *
1   *  .  .  *  .  .  *
2   *  S  *  *  .  *  *
3   *  .  .  .  .  .  *
4   *  *  *  *  *  .  *
5   *  G  .  .  .  .  *
6   *  *  *  *  *  *  *
(y軸)
```

　mazeData では，すべてがつながって次のように格納されます。なお，引数で与えられる self.width は 7 です。

　　*********..*..**S**.***.....******.**G....*********

添字で区切って最初の方を示すと，次のようになります．

添字	0	1	2	3	4	5	6	7	8	9
mazeData	*	*	*	*	*	*	*	*	.	.

そのため，クラス Location のインスタンス loc (x, y) で (0, 0) の位置は mazeData[0]，(1, 0) の位置は mazeData[1]，(0, 1) の位置は mazeData[7]，(1, 1) の位置は mazeData[8] と，順に表示されることになります．

mazeData[添字] の添字部分を (loc.x, loc.y) を用いて一般化すると，loc.y * self.width + loc.x となります．

したがって，空欄 a は**ウ**の * となります．

空欄 b

空欄 a とは逆に，一次元の添字で表される mazeData の添字 index を，クラス Location の二次元のかたちに変換します．先ほどと逆で，クラス Location の (x, y) は，mazeData[1] は (1, 0)，mazeData[8] は (1, 1) となります．そのため，x は index % self.width で求めた余り，y は index // self.width で求める商の部分で表現できます．

したがって，空欄 b は**ア**の % となります．

空欄 c

列挙型のクラス Direction で，メソッド left( ) において return 文で返す方向を求めます．

self.values は，__init__( ) メソッドで定義されるリストで，['NORTH', 'EAST', 'SOUTH', 'WEST'] の順番を示しています．図示すると，次のようなイメージです．

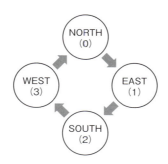

NORTH，EAST，SOUTH，WEST の動き

212　第4章　クラスとオブジェクト指向

　右に進めるメソッドright()では，現在の方向の添字を示す変数orderの値を1ずつ進めます。WEST（3）の次はNORTH（0）なので，（ order + 1) % 4 とすると，右方向に周期的に進めることができます。

　左に進めるメソッドleft()では，逆にorderを1ずつ減らすことになります。しかし，(order - 1) とすると，orderがNORTH（0）の場合にマイナスの値になります。この場合，1減らすのではなく，3つ進めて，NORTH（0）→WEST（3）とします。同様に，EAST以降の場合も3つ進めて，4以上になった場合には % 4 で余りを求めることで，0～3の値を周期的に取り続けることができるようになります。つまり，(order + 3) % 4 とすると，左方向に周期的に進めることができます。

　したがって，空欄cは**ア**の (order + 3) % 4 となります。また，現在のPythonの仕様では，order - 1 がマイナスの場合でも適切な答えを得ることができますので，**ウ**の (order - 1) % 4 も正解となります。

空欄d
　クラスLocationのnextLocationのインスタンス作成時の引数を考えます。

　クラスLocationは，〔プログラム3〕にあるとおり，単純に*x*座標，*y*座標のみを設定して位置を表します。現在の位置は，self.locationとして，(self.location.x, self.location.y)で表される場所となります。ここから，次の位置nextLocationを求めます。

　進む方向とその値は，self.directionの中に，(self.direction.dx, self.direction.dy)だけ移動させるという値として格納されています。そのため，元の値に加えると，*x*座標は self.location.x + self.direction.dx となり，*y*座標は self.location.y + self.direction.dy となります。クラスLocationは*x*, *y*座標を順に設定するので，これらを順に引数とします。

　したがって，空欄dは**エ**の self.location.x + self.direction.dx, self.location.y + self.direction.dy となります。

設問2
　設問1のプログラムでは，ゴールとは正反対の方向に向きを変えて進んでしまい，元の場所に戻るというムダな移動があります。そのため，設問2のプログラムを加えることで，そのムダな部分を削除していきます。このとき追加するプログラムに関する空欄穴埋めを行っていきます。

空欄e
　最初に与える添字iの初期値を設定します。

　while文の中のif文で比較するリストhistoryの添字が，history[i - 1] となってい

ます。そのため，iを0や－1で始めると最後尾から指すことになり，不適切です。1つ前と現在の地点の逆方向（left( ).left( )で左の左ということで，逆方向が表現できます）を比較する部分なので，添字は1から始めるのが適切です。

したがって，空欄eは**ウ**の1となります。

空欄f

history[i - 1] == history[i].left( ).left( )の場合に削除するdirectionの位置を設定します。

history[i - 1]とhistory[i]で行って戻っていることになるので，pop( )を用いて消すのは，history[i - 1]とhistory[i]です。

しかし，history.pop(i - 1)を行った時点で，history[i]がhistory[i - 1]となるため，もう一度history.pop(i - 1)を行います。

したがって，空欄fは**ウ**のi - 1となります。

第5章

データ構造とアルゴリズム

プログラミングを行うときに，プログラミング言語にかかわらず大切な考え方にデータ構造とアルゴリズムがあります。データ構造はデータを利用するための型で，アルゴリズムは処理の流れを記述したものです。Pythonに限らず，アルゴリズムについての知識を身につけることは，プログラミングのスキルアップにとても役立ちます。

5-1 データ構造
- 5-1-1 データ構造とは
- 5-1-2 データ構造の表現
- 5-1-3 演習問題

5-2 アルゴリズム
- 5-2-1 アルゴリズムとは
- 5-2-2 探索・整列のアルゴリズム
- 5-2-3 再帰のアルゴリズム
- 5-2-4 グラフのアルゴリズム
- 5-2-5 その他のアルゴリズム
- 5-2-6 演習問題

5-3 アルゴリズム問題
- 5-3-1 アルゴリズム問題の演習

216　第5章　データ構造とアルゴリズム

5-1 データ構造

　データ構造は，データをコンピュータ上で保持するときの形式です。配列，スタック，キュー，リストなどの様々なデータ構造があります。Pythonのデータ型では，リスト構造を中心に使ってデータ構造を表現します。

5-1-1 データ構造とは

　データ構造は，アルゴリズムと合わせて，様々なプログラムを実現するために使用します。いろいろなデータ構造を知ることで，できることの幅が広がります。

データ構造

　データ構造とアルゴリズムは，プログラムに欠かせない要素です。適切なデータ構造を選んでアルゴリズムを記述することで，様々なプログラムを作成できます。

　データ構造は，プログラムの各所で使われるため，いったん決めると変更するのが容易ではありません。また，データ構造の選び方によって，処理速度が変わったり，変更のしやすさが変わったりするので，影響が大きい部分でもあります。そのため，「データ構造の選び方」がプログラマの腕の見せ所になります。

データ構造の種類

　代表的なデータ構造には，配列，スタック，キュー，リスト，ハッシュ，グラフ，木があります。それぞれのデータ構造の特徴は次のとおりです。

①配列

　データ構造を複数個連続させたものです。複数のデータを一度に管理することができます。例えば，文字型を連続させて文字配列とすることで，文字列を表現できます。同じデータ型のデータをあらかじめ決めた数しか収納できない静的配列が基本ですが，異なる型のデータを収納することや，データの数に応じて可変長の配列とすることが可能な**動的配列**もあります。

Pythonでは，要素をもつデータ型（リスト，タプルなど）を用いることで配列を作成できます。また，リストを用いることで，異なる型のデータの格納や，可変長の配列を実現できます。

②スタック

スタックとは，後入れ先出し（LIFO：Last In First Out）のデータ構造です。データを取り出すときには，最後に入れたデータが取り出されます。スタックにデータを入れる操作を**push操作**，データを取り出す操作を**pop操作**と呼びます。

●スタック

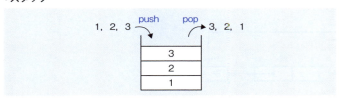

③キュー（待ち行列）

キュー（待ち行列）は，先入れ先出し（FIFO：First In First Out）のデータ構造です。データを取り出すときには，最初に入れたデータが取り出されます。キューにデータを入れる操作を**enqueue操作**，データを取り出す操作を**dequeue操作**と呼びます。キューは，プリンタの出力やタスク管理など，順番どおりに処理する必要がある場合に用いられます。データに優先度を付け，優先度を考慮して順番を決定する**優先度付きキュー**もよく用いられます。

●キュー

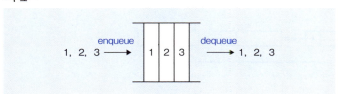

④リスト

　リストは，線形リストともいい，順序づけられたデータの並びです。データ構造としては，データそのものを格納するデータ部と，データの並び(次のデータへのポインタ，前のデータへのポインタなど)を格納するポインタ部を合わせて管理します。データの先頭を指し示すために，**先頭ポインタ**を使用し，管理します。

　また，先頭ポインタだけでなく，末尾ポインタを用いて，最後方のデータに簡単にたどりつけるようにすることもあります。

●データ部とポインタ部

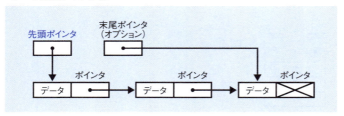

　リストには，次のデータへのポインタのみをもつ**単方向リスト**と，前へのポインタと次へのポインタをもつ**双方向リスト**があります。また，最後尾のデータから先頭に戻って環状につなげる**環状リスト**などもあります。

●リストの種類

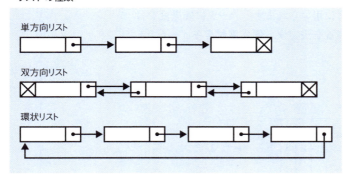

　Pythonのデータ型としてのリスト型は，データ構造のリストとは違います。Pythonのリスト型は基本的には配列で，添字を

使用して任意の位置のデータを取得することが可能です。また，push()やpop()，append()などのメソッドを使用して，スタックやキューの動作を行わせることもできます。

Pythonのリストの変数を別の変数にコピーすると，コピーされた変数には**先頭ポインタの値**が格納されます。そのため，リストそのものの値は複製されません。

⑤ハッシュ

ハッシュ（またはハッシュ値）とは，ハッシュ関数で求められた値です。ハッシュ関数とは，あるデータが与えられたときに，そのデータを規則的に復元できない特定の値に変換する関数です。ハッシュ関数 y＝h(x)があった場合，x→yに変換することはできますが，y→xには変換できない**一方向性の関数**となります。ハッシュ関数で求められた値のことを**ハッシュ値**または単にハッシュといいます。

ハッシュ関数の典型例には，割り算の余りを求める関数 h(x)＝x％nなどがあります。

関連
ハッシュは，セキュリティの改ざん検出や，探索のアルゴリズム（ハッシュ表探索）など，様々な場面で利用されます。

⑥グラフ

グラフとは，ノード（節点）とエッジ（枝，辺）から構成されるデータ構造です。ノードとノードの間をエッジでつなぎます。

●グラフ

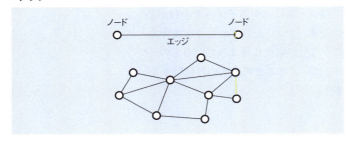

グラフには，方向性のある**有向グラフ**と，方向性のない**無向グラフ**の2種類があります。A→Bには行けるがB→Aには行けないことがあるという場合は有向グラフ，どちらからも行けるという場合には無向グラフを用います。

●有向グラフと無向グラフ

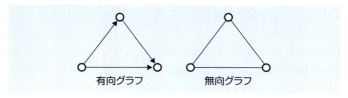

そして，グラフの種類の1つに，**木**という概念があります。

⑦木

木（木構造）とは，グラフの中での木の構造をしたデータ構造です。木は，閉路（ループ）をもたないグラフで，頂点となる根（root）と，途中の節点（ノード：node），及び枝葉となる葉（leaf）をもちます。

●木

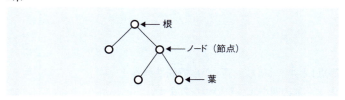

ノード間は親子関係で表され，根ノード以外の子ノードでは，親ノードは必ず1つです。親ノードに対する子ノードの数が2つまでに限定されるものを2分木，3つ以上もてるものを多分木と呼びます。また，2分木のうち形が完全に決まっているもの，つまり，1つの段が完全にいっぱいになるまでは次の段に行かないものを完全2分木といいます。

●2分木

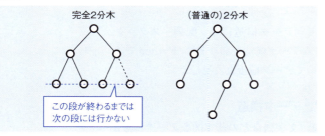

　2分木の実用例としては，データの大小関係を，木を使ってたどっていく2分探索木や，構文や文法を表現する構文木などがあります。完全2分木の実用例としては，2分探索木を完全2分木に変換したAVL木や，根から葉に向けてだけデータを整列させたヒープなどがあります。多分木の例としては，完全多分木で2分探索木の多分木バージョンであるB木などがあります。まとめると，次のように分類することができます。

●木構造の分類

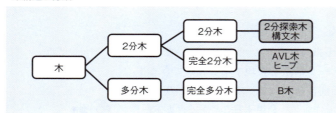

POINT!

- データ構造には，スタック，キュー，リスト，ハッシュなど様々なものがある
- グラフの中で，ループをもたないデータ構造が木

5-1-2 ● データ構造の表現

　アルゴリズムで取り扱うデータ構造には，配列，スタック，キュー，リストなどの様々なデータ構造があります。Pythonでは，リストやクラスなどを用いてデータ構造を表現します。

■ Pythonのデータ型とデータ構造

　データ構造には，数値，文字列などの基本的なデータ型を示すデータ構造のほかに，配列，スタック，キュー，リストなどの様々なデータ構造があります。

　Pythonのデータ型には，基本データ型と要素をもつデータ型があります。数値，文字列は，Pythonの数値型や文字列型でそのまま表すことができます。

　Pythonのデータ型の特徴としては，他のプログラミング言語では定番の配列がないことです。データの並びを表すときには様々な要素をもつデータ型が使えますが，配列というデータ型はありません。そのため，リストを中心に，時と場合に応じて，**要素をもつデータ型を使い分け**ます。

■ データ構造とクラス

　Javaなどのオブジェクト指向言語では，クラスを用いてスタックやキュー，木などのデータ構造を表現することができます。Pythonもオブジェクト指向言語なので，スタックなどのデータ構造を表すクラスを自分で作成し，利用することができます。具体的には，Stackクラスのインスタンスを生成し，push( )操作やpop( )操作をメソッドとして記述することができます。

　なお，Pythonのリストは，厳密には**リスト型のクラス**で，リスト型の変数はインスタンス（オブジェクト）となります。リスト型には，**push( )やpop( )などのメソッドがあらかじめ用意され**ているので，リストを簡単にスタックとして活用することができます。

 関連

リストを中心としたPythonのデータ型については，「1-2 データ型」で詳しく説明しています。特にスタックについては，「1-2-3 リスト」で具体的なプログラムで説明しています。この節では，Pythonのデータ型を用いて，データ構造をどのように表現するのかを学びます。

■ Pythonでのスタック，キューの表現

　Pythonでは，リストを使用することでスタック，キューを実現できます。さらに，効率的にスタック，キューを取り扱うために，

標準ライブラリcollectionsの中にあるデータ型であるdequeを使用することができます。dequeで使用できるメソッドには，次のようなものがあります。

● deque型のメソッド

メソッド	操作
deque.append(x)	*deque*の末尾にxを追加
deque.appendleft(x)	*deque*の先頭にxを追加
deque.pop( )	*deque*の末尾を取り出し，その値を返す
deque.popleft( )	*deque*の先頭を取り出し，その値を返す

　これらのメソッドを使うことで，スタックやキューが表現できます。例えば，enqueue 操作に*deque*.append( )メソッドを，dequeue操作に*deque*.popleft( )メソッドを使用することで，次のようにキューを表現できます。

【例】dequeを用いたキューの表現

```
from collections import deque
Q = deque()          # deque型のインスタンスQを作成
Q.append('A')
Q.append('B')
Q.append('C')
Q
```

実行結果

```
deque(['A', 'B', 'C'])
```

```
Q.popleft()
```

実行結果

```
'A'
```

```
Q
```

実行結果

```
deque(['B', 'C'])
```

　popleft メソッドを使用して先頭を取り出すと，取り出した値はなくなります。

グラフ構造の表現

グラフ構造をプログラム上で表現する方法には、**隣接行列**と**隣接リスト**の2種類があります。

隣接行列

隣接行列とは、各ノード間のエッジの情報を行列で表現する方法です。例として、次のようなグラフ構造を考えます。

●グラフ構造の例

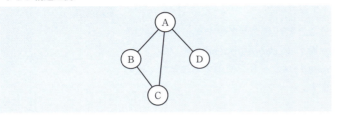

各ノード間のエッジの有無を整理すると、次のような表となります。

■各ノード間でのエッジの有無のテーブル

	A	B	C	D
A	無	有	有	有
B	有	無	有	無
C	有	有	無	無
D	有	無	無	無

※有：エッジがある　無：エッジがない

これを行列で表したものが隣接行列です。「有」(エッジがある)を「1」、「無」(エッジがない)を「0」として隣接行列を表すと、次のようになります。

●隣接行列の例

$$\begin{array}{c} \\ A \\ B \\ C \\ D \end{array} \begin{array}{cccc} A & B & C & D \\ \end{array} \\ \begin{pmatrix} 0 & 1 & 1 & 1 \\ 1 & 0 & 1 & 0 \\ 1 & 1 & 0 & 0 \\ 1 & 0 & 0 & 0 \end{pmatrix}$$

この行列を，Pythonで2次元配列（リスト）でgraphとして表現すると，次のようになります。

【例】2次元配列で隣接行列を表現

```
graph = [[0, 1, 1, 1],
         [1, 0, 1, 0],
         [1, 1, 0, 0],
         [1, 0, 0, 0]]
```

隣接リスト

隣接リストとは，ノードごとにエッジの情報をまとめたものです。隣接するノードをリストとして保持します。例えば，先ほどのグラフに対してエッジの情報をまとめると，次のようになります。

● ノードごとのエッジ情報のテーブル

	エッジ情報
A	→B, →C, →D
B	→A, →C
C	→A, →B
D	→A

このリストを，Aから順にリストを並べることで2次元のリストとしてgraphを表現すると，次のようになります。

【例】2次元のリストで隣接リストを表現

```
graph = [['B', 'C', 'D'],
         ['A', 'C'],
         ['A', 'B'],
         ['A']]
```

POINT!

・ リストやクラスを用いることで，様々なデータ構造を表現できる
・ グラフ構造を表現する方法には，隣接行列と隣接リストがある

5-1-3 ◯ 演習問題

問1　スタック　　　　　　　　　　　　　　　　　CHECK ▶ ☐☐☐

A，C，K，S，Tの順に文字が入力される。スタックを利用して，S，T，A，C，Kという順に文字を出力するために，最小限必要となるスタックは何個か。ここで，どのスタックにおいてもポップ操作が実行されたときには必ず文字を出力する。また，スタック間の文字の移動は行わない。

ア　1　　　　　　イ　2　　　　　　ウ　3　　　　　　エ　4

問2　グラフ　　　　　　　　　　　　　　　　　CHECK ▶ ☐☐☐

ノードとノードの間のエッジの有無を，隣接行列を用いて表す。ある無向グラフの隣接行列が次の場合，グラフで表現したものはどれか。ここで，ノードを隣接行列の行と列に対応させて，ノード間にエッジが存在する場合は1で，エッジが存在しない場合は0で示す。

$$\begin{array}{c|cccccc} & a & b & c & d & e & f \\ \hline a & 0 & 1 & 0 & 0 & 0 & 0 \\ b & 1 & 0 & 1 & 1 & 0 & 0 \\ c & 0 & 1 & 0 & 1 & 1 & 0 \\ d & 0 & 1 & 1 & 0 & 0 & 0 \\ e & 0 & 0 & 1 & 0 & 0 & 1 \\ f & 0 & 0 & 0 & 0 & 1 & 0 \end{array}$$

ア

イ

ウ

エ
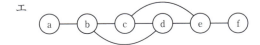

問3　2分探索木

2分探索木として適切なものはどれか。ここで，数字1〜9は，各ノード（節）の値を表す。

ア
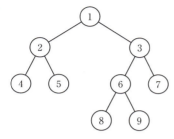

イ
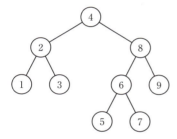

ウ
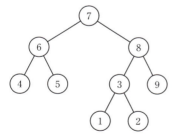

エ
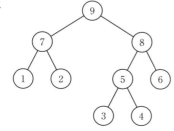

228　第5章　データ構造とアルゴリズム

演習問題の解説

問1　　　　　　　　　　　　（令和元年秋 基本情報技術者試験 午前 問8）《**解答**》**ウ**

　A，C，K，S，Tの順に文字が入力されたときに，スタックを利用してS，T，A，C，Kという順に文字を出力するときを考えます。

　まずスタックが1つだけのときには，最初のSを出力するために，

　A，C，K，S

と順にスタックに入れる必要があります。このとき，Sを出力した後にTを入力，出力するところまでは可能ですが，3文字目のAを出力するときのスタックの状態は，

　A，C，K

となっており，最後のKを先に出力せずにAを出力することができません。

　スタックが2つのときは，Aを出力可能とするために，C，Kとスタックを分けて，

　A

　C，K

といったかたちで2つのスタックに入力できます。このとき，S，Tは入力してすぐに出力するので，どちらのスタックに入れても構いません。しかし，3番目にAを取り出した後，残っているスタックの状態が，

　（空）

　C，K

となっており，最後のKを先に出力せずにCを出力することができません。ポップ操作の後にもう1つのスタックに値を入れることが可能なら2つでも大丈夫ですが，「スタック間の文字の移動は行わない」とあるので不可能です。

　スタックが3つのときには，3つのスタックに，

　A

　C

　K

といったかたちで別々に値を格納できるので，S，Tと入力してすぐ取り出した後に，A，C，Kの順に取り出すことが可能です。したがって，**ウ**の3が正解となります。

| 問2 | （令和元年秋 基本情報技術者試験 午前 問3） 《解答》ウ |

ノードとノードの間のエッジの有無を表す隣接行列で，1（ノード間にエッジが存在する）となっている組合せは次の6つです。

a－b（b－a），b－c（c－b），b－d（d－b），c－d（d－c），c－e（e－c），e－f（f－e）

このとき，無向グラフなので，a－bとb－aは両方とも同じ値で，対角線を挟んで対称の値となっています。他の組み合わせも同様です。

グラフでは，これらの6つのエッジに線を引くので，a－b－c－dとe－f，b－dとc－eに線を記入した**ウ**が正解です。

| 問3 | （平成31年春 基本情報技術者試験 午前 問5） 《解答》イ |

2分探索木は，データを探索するための木です。根や節となるデータの左側にはそのデータよりも小さい値，右側にはそのデータよりも大きい値が格納されます。そのため，根には左部分木のすべての値よりも大きい値，右部分木のすべての値よりも小さい値が入る必要があります。

イの2分木では，根の4より左側は1～3で，右側は5～9なので条件を満たしています。それぞれの部分木でも，左部分木＜節＜右部分木の条件を満たしているので，2分探索木であるといえます。したがって，**イ**が正解です。

ア　幅優先順で，根から順に値を入れた2分木です（幅優先選択については，「5-2-4 グラフのアルゴリズム」を参照）。

ウ，エ　部分木によって順番が異なり，不特定なかたちの2分木です。

5-2 アルゴリズム

コンピュータで様々な問題を処理するためには，いろいろなアルゴリズムを用います。アルゴリズムを学習すると，プログラムを効率的に書けるようになります。擬似言語でのアルゴリズム学習も，Pythonのプログラミングに役立ちます。

5-2-1 アルゴリズムとは

アルゴリズムには，いろいろな種類があります。様々なアルゴリズムについて学ぶことで，プログラミングのスキルを向上させることができます。

アルゴリズムとは

アルゴリズムは，処理の流れや手順を順に記述したものです。プログラムの骨組みともいえるもので，どのようにプログラムを組むのか，その方法を示します。データの整列や探索など，それぞれの処理内容ごとにアルゴリズムが考案されます。

アルゴリズムには，よく使用される**定番アルゴリズム**があり，定番アルゴリズムを知ることで，効率良くプログラムが書けるようになります。

アルゴリズムの表現方法

アルゴリズムを記述するときに使用される方法に，プログラムの基本3構造である順次，選択，反復があります。また，データを格納する変数や，一連の処理を実行する関数を定義することができます。

基本情報技術者試験のアルゴリズム問題では，擬似言語を使用します。変数や関数の宣言は，○のあとに，○整数型関数:，○整数型：などと記述します。関数を利用する場合は，手続(引数，…)のかたちで記述します。

Pythonではデータ型の宣言は不要ですが，変数名 ：データ型 ＝ 値 のかたちで，明示的にデータ型を宣言することができます。

関連

プログラムの基本3構造については，「1-3-1 プログラムの基本3構造」で取り上げています。基本についてはこちらを再確認ください。

◻ FEでの擬似言語とPythonの対応

 基本情報技術者試験(FE)の擬似言語での記述形式は，ほぼそのままPythonでも利用可能です。
 例えば，双岐選択処理(条件式に当てはまる場合とそうでない場合の処理を記述)の擬似言語とPythonの記述は，次のようになります。

●双岐選択処理の表現

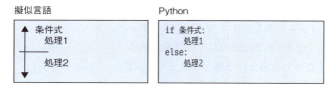

 繰返し処理は，for文，while文を用いて次のように記述することができます。

●前判定繰返し処理の表現

●繰返し処理の表現

 このように，擬似言語とPythonは簡単に置き換えることが可能なので，Pythonを学習することでアルゴリズムも一緒に学ぶことができます。

第5章　データ構造とアルゴリズム

計算量（オーダ）

　計算量とは，あるプログラム（アルゴリズム）を実行するのにどれくらいの時間がかかるかを，入力データに対する増加量で表したものです。計算量を表すときには，O-記法という表記法で，O（オーダ）という考え方が用いられます。

　例えば，入力データの数（n）が増加したとき，その計算量もnに比例して増加していくときのことを，O（n）と表します。n^2に比例して増加する場合は，O（n^2）です。

　オーダは，nが非常に大きいときの計算量を考えるので，数値が小さい場合には無視し，定数も無視します。例えば，入力データの数（n）が増加したとき，$3n^2 + n + 2$に比例して計算量が大きくなるときには，nが大きくなってもあまり増加しないn + 2の部分や，比例定数3の部分は無視されて，O（n^2）となります。

　以下に，基本情報技術者試験によく出てくる代表的なO（オーダ）とその計算量で実行されるアルゴリズムの例を示します。

> **関連**
>
> 表中のアルゴリズムについては，「5-2-2　探索・整列のアルゴリズム」で解説します。

●代表的なO（オーダ）とその例

O（オーダ）	例（アルゴリズム）
O（1）	ハッシュ
O（log n）	2分探索
O（n）	線形探索
O（n log n）	クイックソート，シェルソート
O（n^2）	バブルソート，挿入ソート

POINT!

・　アルゴリズムを学習することで，効率的なプログラムを書くことができる

・　プログラムの計算量は，O（オーダ）を用いて表現する

5-2-2 ● 探索・整列のアルゴリズム

　定番アルゴリズムの代表的なものに，探索・整列のアルゴリズムがあります。

◻ 探索アルゴリズム

　探索のアルゴリズムは，データの並びの中から目的のデータを見つけ出すという最も基本的な定番アルゴリズムです。主な探索アルゴリズムは，線形探索，2分探索，ハッシュ表探索の3つです。それぞれについて，詳しく説明します。

①線形探索

　データを先頭から順番に探索していく単純なアルゴリズムです。データがランダムに並んでいる場合，探索するデータは先頭にあることも最後尾にあることもありますが，平均すると大体真ん中くらいで見つかると考えられます。そのため，n個のデータで探索を行うと，平均探索回数はn／2回，計算量は$O(n)$となります。

　例えば，Pythonで線形探索を行う関数search()を記述すると，次のようになります。

【例】線形探索を行う関数 search()

```
def search(data, target):
    for i in range(len(data)):   # 先頭から順番に探索
        if data[i] == target:    # 見つかったときにはその位置iを返す
            return i
    return -1                    # 見つからなかったときは-1を返す
```

　この関数に，データdataと探索する値targetを設定して実行すると，次のようになります。

📘 勉強のコツ

定番のアルゴリズムには，同じ結果を出すために複数の方法が存在します。それぞれの手法に特徴があり，処理を行う上で得意な条件もそれぞれ異なります。例えば，探索アルゴリズムの線形探索は，高速な探索は苦手ですが，整列されていないデータでも問題なく検索できます。そのアルゴリズムにかかる計算量などを中心に，方法だけでなくそれぞれの特徴を押さえておきましょう。

234 第5章 データ構造とアルゴリズム

【例】関数 search( ) の実行

```
data = [1, 2, 3, 4, 5, 6, 7, 8, 9]
target = 7
print("要素番号{}にデータ{}を見つけました。".format(search(data, target), target))
```

実行結果

> 要素番号6にデータ7を見つけました。

②2分探索

　データをあらかじめ整列させておき，最初に真ん中のデータと探索するデータを比較します。2つのデータの関係から前後どちらのグループに目的のデータがあるかを予測し，そのグループの真ん中のデータと比較します。例えば，次のようなデータがある場合を考えます。

　　探索されるデータ　　1 2 3 4 5 6 7 8 9
　　探索するデータ　　　3

　最初に，真ん中のデータ「5」と探索するデータ「3」を比較します。5＞3なので，探索するデータは「5」より前のグループ「1 2 3 4」の中にあることが分かります。そこで，このグループについて再度，真ん中の値を求めます。このとき，「2」と「3」はどちらも真ん中なのでどちらでもいいのですが，通常は前の値「2」をとります。このとき，2＜3なので，探索するデータは「2」より後ろにあることが分かります。その後ろのグループ「3 4」の真ん中のデータ「3」と比較し，3＝3でデータが見つかります。

　このように，半分にデータを絞って探索を行うため，n回の探索で2^nまでのデータ数に対応できます。したがって，計算量は$O(\log n)$となります。

　2分探索のアルゴリズムで，先ほどの関数 search( ) を書き換えると，次のようになります。

【例】2分探索を行う関数 search( )

```
def search(data, target):
    start, end = 0, len(data)-1  # 探索するデータの始点startと終点endを設定
    while start <= end:          # 探索するデータがある間は繰り返す
        i = (start + end) // 2   # 真ん中のデータをiとする
        if data[i] == target:    # 見つかったときにはその位置iを返す
            return i
        elif data[i] < target:   # targetの値の方が大きい場合は後のグループを探索
            start = i + 1
        else:                    # そうでない場合は前のグループを探索
            end = i - 1
    return -1                    # 見つからないときは-1を返す
```

③ハッシュ表探索

ハッシュ関数を利用し，データからハッシュ値を求めることによって探索します。例えば，ハッシュ関数として $h(x) = x \% 5$（% は余りを計算する演算子）を設定し，データの格納場所を次のとおり5つ用意します。

●ハッシュ表の例

ハッシュ値	データ
0	25
1	11
2	7
3	13
4	4

ここで，探索するデータが「7」のとき，$h(7) = 7 \% 5 = 2$となり，ハッシュ値が「2」の場所を見るとデータ「7」が見つかります。

この方法は演算ですぐに格納場所が見つかるので，データ量に関係なく計算量は$O(1)$となります。ただし，違うデータでハッシュ値が重なる**シノニム**という問題が発生することがあり，その場合には次の位置に格納すると取り決めるなどの工夫が必要です。

第5章　データ構造とアルゴリズム

整列アルゴリズム

整列のアルゴリズムは，昇順（小さい順）または降順（大きい順）にデータを並び替えるアルゴリズムです。

整列のアルゴリズムには，**安定ソート**とそうでないものがあります。安定ソートとは，同じ値のときにソート前の順番が変わらないソートのことです。安定ソートでない場合は，同じ値があったときにソート前の順番が変わってしまうおそれがあります。整列アルゴリズムの種類によっては，安定ソートとならないものもあります。また，同じ整列アルゴリズムでも，やり方によっては安定ソートとならない場合があります。

代表的な整列アルゴリズムは，次の7つです。

- ・バブルソート　　・挿入ソート
- ・選択ソート　　　・シェルソート
- ・ヒープソート　　・クイックソート
- ・マージソート

①バブルソート

隣り合う要素を比較して，大小の順が逆であれば，その要素を入れ替える操作を繰り返すアルゴリズムです。隣同士を繰り返しすべて比較するので，計算量は$O(n^2)$となります。

Pythonでバブルソートを行う関数sort()を記述すると，次のようになります。

【例】バブルソートを行う関数sort()

```python
def sort(data):
    for i in range(len(data)-1, 0, -1):   # 後ろから順に比較していく
        for j in range(i):                 # 未整列の部分を比較
            if data[j] > data[j+1]:        # 隣り合う要素で前の方が大きい場合
                data[j], data[j+1] = data[j+1], data[j]  # 要素を入れ替える
```

この関数の実行例を示します。

発展

sorted()関数などで使われている，Pythonの標準アルゴリズムは，Timsortです。Timsortは，高速な安定ソートアルゴリズムで，Pythonだけでなく，JavaやAndroidプラットフォームなどでも使用されています。Timsortは，クイックソートの改良版やマージソートを組み合わせたアルゴリズムです。

勉強のコツ

整列アルゴリズムは，文章やソースで読んでも理解しにくい部分があるかもしれません。著者が公開しているサイト「わくわくアカデミー」では，「基礎理論」で7つのソートを動画で解説していますので，ご活用ください。
http://www.wakuwaku
academy.net/

【例】関数 sort( ) の実行

```
data = [1, 3, 2, 5, 4, 2, 1]
sort(data)
print(data)
```

実行結果

```
[1, 1, 2, 2, 3, 4, 5]
```

②挿入ソート

　整列された列に，新たに要素を1つずつ適切な位置に挿入する操作を繰り返すアルゴリズムです。挿入位置を決めるのに線形探索を行うため，計算量は $O(n^2)$ となります。

　Pythonで挿入ソートを行う関数 sort( ) を記述すると，次のようになります。

> **発展**
> バブルソートや挿入ソートは，やり方によって安定ソートにならないことがあります。例えば，例のバブルソートの関数 sort( ) の4行目のif文の条件で，data[j] >= data[j+1] とすると，同じ値のデータの順番が入れ替わります。挿入ソートの関数 sort( ) の4行目も同様です。

5

【例】挿入ソートを行う関数 sort( )

```
def sort(data):
    for i in range(0, len(data)):        # 最初から順に整列させていく
        for j in range(i-1, -1, -1):     # 一番後ろの要素を挿入する場所を探す
            if data[j] > data[j+1]:      # 隣り合う要素で前の方が大きい場合
                data[j], data[j+1] = data[j+1], data[j]   # 要素を入れ替える
            else:
                break                    # 挿入する部分が見つかれば終わり
```

③選択ソート

　未整列の部分列から最大値（または最小値）を検索し，それを繰り返すことで整列させていくアルゴリズムです。最小値の探索を毎回行うため，計算量は $O(n^2)$ となります。

　Pythonで選択ソートを行う関数 sort( ) を記述すると，次のようになります。

238　第5章　データ構造とアルゴリズム

【例】選択ソートを行う関数 sort( )

```python
def sort(data):
    for i in range(0, len(data)-1):      # 最初から順に選択していく
        min_i = i                         # 最小値の位置をmin_iに求める
        for j in range(i+1, len(data)):   # 最小値を探すループ
            if data[min_i] > data[j]:     # より小さい値があれば，最小値を置き換える
                min_i = j
        data[min_i], data[i] = data[i], data[min_i] # 最小値の場所と要素を入れ替える
```

④シェルソート

　ある一定間隔おきに取り出した要素から成る部分列をそれぞれ整列させ，さらに間隔を狭めて同様の操作を繰り返し，最後に間隔を1にして完全に整列させるというアルゴリズムです。挿入ソートの発展形で，ざっくり整列させてから細かくしていくので効率が良くなります。間隔は，15, 7, 3, 1……と，2n－1でnを1つずつ減らして狭めていくので，計算量は$O(n \log n)$となります。

　Pythonでシェルソートを行う関数sort( ) を記述すると，次のようになります。

【例】シェルソートを行う関数 sort( )

```python
def sort(data):
    gaps = [7, 3, 1]                              # ギャップの値をあらかじめ設定
    for gap in gaps:                              # gapをだんだん狭めて繰り返す
        for start in range(gap):                  # gap分離れた複数の組を順番にソート
            for i in range(start, len(data), gap): # gapの幅で飛ばしながら挿入ソート
                for j in range(i-gap, -1, -gap):   # 終値を-1に設定（0まで実行）
                    if data[j] > data[j+gap]:      # gap分離れた要素で前の方が大きい場合
                        data[j], data[j+gap] = data[j+gap], data[j] # 要素を入れ替える
                    else:
                        break                      # 挿入する部分が見つかれば終わり
```

⑤ヒープソート

　ヒープとは，2分木の一種で，根から葉に向けてだけデータを整列させたデータ構造です。ヒープソートとは，未整列部分でヒー

プを構成し，その根から最大値（または最小値）を取り出して整列済の列に移すという操作を繰り返して，未整列部分をなくしていくアルゴリズムです。選択ソートの発展形であり，ヒープを使うことで，最大値（または最小値）を検索する作業を効率化しています。そのため，計算量は$O(n \log n)$となります。

Pythonには，ヒープを扱う標準ライブラリheapqがあり，heappush(*heap, value*)で，valueの値がヒープに挿入され，heappop(*heap*)で，ヒープ中の最小値が取り出されます。

heapqを用いてヒープソートを記述すると，次のようになります。

【例】標準ライブラリheapqを利用してヒープソートを行う関数sort( )

```python
from heapq import heappush, heappop  # ヒープを扱う標準ライブラリheapqを利用

def sort(data):
    heap = []                        # 空のヒープ（リスト）を作成
    while data:                      # dataから要素を取り出して，ヒープに入れる
        heappush(heap, data.pop())   # dataの最後の要素を取り出して，heappushでheapに入れる
    while heap:                      # heapから順に要素を取り出し，dataに戻す
        data.append(heappop(heap))   # heapから最小値を取り出して，dataの最後に追加する
```

⑥クイックソート

最初に中間的な基準値を決めて，それよりも大きな値を集めた部分列と小さな値を集めた部分列に要素を振り分けます。その後，それぞれの部分列の中で基準値を決めて，同様の操作を繰り返すアルゴリズムです。ランダムなデータの場合には，計算量は$O(n \log n)$となります。

クイックソートでは再帰を使うので，Pythonを使った方法については「5-2-3 再帰のアルゴリズム」で説明します。

⑦マージソート

未整列のデータ列を前半と後半に分ける分割操作を，これ以上分割できない，大きさが1の列になるところまで繰り返します。

その後，分割した前半と後半をマージ（併合）して，整列済のデータ列を作成することを繰り返し，最終的に全体をマージする

アルゴリズムです。計算量は$O(n \log n)$と効率的ですが，マージするための領域が必要となるので，作業領域（メモリ量）を多く消費することが欠点です。

　マージソートでは再帰を使うので，Pythonを使った方法については「5-2-3 再帰のアルゴリズム」で説明します。

POINT!

・ 定番の探索アルゴリズムは，線形，2分，ハッシュ表探索の3つ
・ 効率的な整列アルゴリズムに，クイック，マージ，ヒープソートがある

5-2-3 ○ 再帰のアルゴリズム

　再帰とは，再び帰る，つまり，自分自身をもう一度呼び出すようなアルゴリズムです。関数などで，呼び出した関数自身を呼び出す場合が再帰に当たります。再帰をうまく活用できると，プログラミングの幅が広がり，効率的に自由なプログラムが書けるようになります。

■ 再帰の書き方

　再帰関数の書き方は簡単で，関数の中で自分自身の関数名を記述して呼び出すだけです。

　例えば，基本情報技術者試験の午前問題に出てくる，次のような再帰関数を表現する場合を考えます。

```
f(n) : if n≦1 then return 1 else return n+f(n-1)
```
（令和元年秋 基本情報技術者試験 午前 問11より）

　Pythonでこれと同じ動作を行う関数f(n)を作成すると，次のようになります。

【例】再帰関数f( )

```
def f(n):
    if n <= 1:
        return 1
    else:
        return n + f(n-1)
```

　関数f(n)の中で関数f(n-1)を呼び出すことで，再帰を実現しています。

　なお，この問題は，「f(5)の値はどれか」という内容なので，nに5を設定して実行すると，次のようになります。

242　第5章　データ構造とアルゴリズム

【例】再帰関数f( )の実行

```
print(f(5))
```

実行結果

```
15
```

　再帰の動きを詳しく見てみましょう。

　f(5)を実行すると，n <= 1ではないので，n + f(n-1)が再帰
的に実行されます。戻り値の内容を記載すると，5 + f(4)とな
ります。ここで，f(4)が再帰呼び出しされ，f(4)が実行されます。

　return文で再帰的に実行される内容を順に記述すると，次の
とおりになります。

$$f(5) = 5 + f(4)$$
$$f(4) = 4 + f(3)$$
$$f(3) = 3 + f(2)$$
$$f(2) = 2 + f(1)$$
$$f(1) = 1$$

　再帰の実行がf(1)の部分まで進むと，n <= 1に当てはまるため，
return 1で1が戻されます。

　ここから，再帰で実行した関数を逆にたどっていくと，次のと
おりになります。

$$f(1) = 1$$
$$f(2) = 2 + f(1) = 2 + 1 = 3$$
$$f(3) = 3 + f(2) = 3 + 3 = 6$$
$$f(4) = 4 + f(3) = 4 + 6 = 10$$
$$f(5) = 5 + f(4) = 5 + 10 = 15$$

　したがって，実行結果は「15」となります。

再帰の例

　再帰を使ったプログラムには様々なものがあります。基本情報技術者試験の問題でよく見かけるものに，先ほどの整列アルゴリズムにもあったクイックソートやマージソートがあります。

　それぞれのPythonのプログラム例は，次のようになります。

再帰を使ったクイックソート

　クイックソートでは，基準値よりも大きな値を集めた部分列と小さな値を集めた部分列に要素を振り分けます。この部分列で再帰を用いて，クイックソートを行います。

　Pythonで再帰を用いてクイックソートを行う関数sort()を記述すると，次のようになります。ここでは，基準値として，真ん中の値を使用しています。

【例】再帰を用いてクイックソートを行う関数sort()

```python
def sort(data):
    n = len(data)
    pivot = data[n//2]              # 今回の基準値には，真ん中の値を利用
    left, right, middle = [], [], []
    for i in range(n):
        if data[i] < pivot:         # 基準値より小さい場合は，左部分列leftに追加
            left.append(data[i])
        elif data[i] > pivot:       # 基準値より大きい場合は，右部分列rightに追加
            right.append(data[i])
        else:
            middle.append(data[i])  # 基準値と同じ場合には，部分列middleに追加
    if left:
        left = sort(left)           # 再帰でleftを分割
    if right:
        right = sort(right)         # 再帰でrightを分割
    return left + middle + right    # 順番に部分列を結合させて，戻り値にする
```

　leftとrightの部分列で，再帰関数として，sort(left)とsort(right)を実行します。

244 第5章 データ構造とアルゴリズム

　この関数では，元の引数dataの値は変更されないので，データを変更するときには，次のように再度dataに代入します。

【例】関数sort( )でのデータ変更

```
data = [1, 3, 2, 5, 4, 2, 1]
data = sort(data)
print(data)
```

実行結果

```
[1, 1, 2, 2, 3, 4, 5]
```

　なお，クイックソートは，先ほどの例の関数sort( )のように，部分列middleを作成せず，leftとrightのどちらかに振り分ける方法を使う場合があります。leftとrightだけだと，処理の順番によってデータの順番が変わってしまうことがあるため，安定ソートとならないことがあります。

再帰を使ったマージソート

　未整列のデータ列を前半と後半に分ける分割操作を繰り返し，あとで結合していくのがマージソートです。

　Pythonで再帰を用いてマージソートを行う関数sort( )を記述すると，次のようになります。

5-2　アルゴリズム　245

【例】再帰を用いてマージソートを行う関数sort( )

```python
def sort(data):
    if len(data) <= 1:              # 長さが1以下の場合は分割できないので終了
        return data

    # 分割操作
    mid = len(data) // 2            # 真ん中を計算
    left = sort(data[:mid])         # 再帰で前半を分割してleftに
    right = sort(data[mid:])        # 再帰で後半を分割してrightに

    # 統合操作
    merge, l, r = [], 0, 0          # margeに統合
    while l < len(left) and r < len(right):  # leftとrightの両方に要素がある場合
        if left[l] <= right[r]:     # 左側≦右側の場合
            merge.append(left[l])   # 左側をmergeに加える
            l += 1
        else:                       # 左側>右側の場合
            merge.append(right[r])  # 右側をmergeに加える
            r += 1
    if l < len(left):               # 左側が余った場合に残りを追加
        merge.extend(left[l:])
    elif r < len(right):            # 右側が余った場合に残りを追加
        merge.extend(right[r:])
    return merge
```

　この関数も，クイックソートと同様に元の引数dataの値は変更されないので，データを変更するときには，再度dataに代入する必要があります。また，マージソートは先頭から順にマージを行っていくため，安定ソートを実現できます。

POINT!

・ 再帰関数は，自分自身を関数内で呼び出す関数
・ クイックソートやマージソートは，部分列を作って再帰処理を行う

5-2-4 グラフのアルゴリズム

グラフのアルゴリズムには，木構造のデータを探索するアルゴリズムや，グラフの中の最短経路を探索するアルゴリズムなどがあります。

木の探索

木構造のグラフを探索する方法には，大きく分けて**幅優先探索**と**深さ優先探索**の2種類があります。どちらも，木の頂点からたどり，データを探索していきます。

幅優先探索

幅優先探索は，根から順に横に幅を広げて浅いところから順に深いところを探索していく方法です。次のような木を探索する場合，次のように矢印の順に探索が行われ，数字のとおりの探索順となります。

●幅優先探索の例

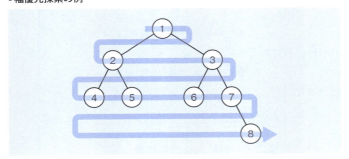

幅優先探索の実装方法

幅優先探索をプログラムで実装する場合には，キューを用いるのが一般的です。根のノードから探索し，探索しているノードとの間にエッジのあるノードをキューに追加します。

例えば，先ほどの幅優先探索の木を隣接リストで表現すると次のようになります。

5-2 アルゴリズム　247

【例】幅優先探索の木を隣接リストで表現

```
edge = [[1], [2, 3], [4, 5], [6, 7],
        [], [], [], [8]]
```

　このとき，edge[0][0] には根の番号が入っているので，キューを作成し，最初に挿入します。

【例】キューを作成し，根を追加

```
queue = deque()            # キューを作成
queue.append(edge[0][0])   # 根を追加
```

　エッジのあるノードを追加しながら表示していくプログラムは，次のようになります。

【例】エッジのあるノードを追加しながら表示

```
while len(queue) > 0:
    i = queue.popleft()    # 先頭を取り出す
    print(i, end=' ')
    if i >= len(edge):     # 葉がない場合は飛ばす
        continue
    for j in edge[i]:      # 新たなノードを追加
        queue.append(j)
```

実行結果
```
1 2 3 4 5 6 7 8
```

▣ 深さ優先探索

　深さ優先探索は，根から葉まで順に，行き止まりになるまで探索する方法です。このとき，木構造になっているすべてのノードを1回ずつ体系的に調査していくことを**走査**といいます。深さ優先探索では，走査をするときのやり方が複数あり，これを**走査順**といいます。

深さ優先探索での木の走査順には、先行順、中間順、後行順の3種類があります。

● 走査順

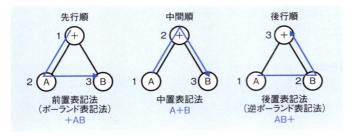

先行順、中間順、後行順でノードの内容を表記する方法をそれぞれ、前置表記法（ポーランド表記法）、中置表記法、後置表記法（逆ポーランド表記法）といいます。

3つの走査順のうち、深さ優先探索（先行順）で探索していく場合、次のように矢印の順に探索が行われ、数字のとおりの探索順となります。

● 深さ優先探索（先行順）の例

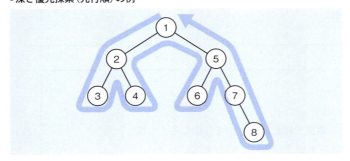

深さ優先探索の実装方法

深さ優先探索を行う場合には、**再帰**を用いるのが一般的です。走査を行う関数を定義し、その関数内で再帰を使って同じ関数を呼び出します。

ここでは、次のような構文木を考えます。

● 構文木

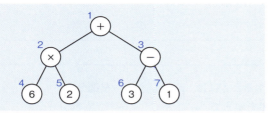

　木の順番とノードの中身が違うため，次のようにノード(node)を順にリストで定義し，エッジ(edge)を隣接リストで定義します。

【例】ノードをリストで，エッジを隣接リストで定義
```
node = ['', '+', '×', '-', '6', '2', '3', '1']
edge = [[1], [2, 3], [4, 5], [6, 7]]
```

　edge[0][0]が根の位置を指し，それぞれの位置の子をedge[位置]で示します。
　先行順で走査して表示する再帰関数deep_search()は，次のように定義します。

【例】再帰関数deep_search()の定義
```
def deep_search(i):
    print(node[i], end=' ')
    if i < len(edge):                    # 葉がない場合は飛ばす
        deep_search(edge[i][0])          # 左部分木を探索
    if i < len(edge) and len(edge[i]) == 2:
        deep_search(edge[i][1])          # 右部分木を探索
```

　定義した関数に，初期値として根の値(edge[0][0])を設定して呼び出すと，次のようになります。

250 第5章 データ構造とアルゴリズム

【例】再帰関数deep_search( )に根の値を設定して呼び出す

```
deep_search(edge[0][0])
```
実行結果
```
+ × 6 2 - 3 1
```

　走査順を変えて実行するときには，print( )文と，左部分木，右部分木の呼び出し順序を変えて，左部分木，ノード，右部分木の順で表示するだけです。中間順（中置表記法）の場合は，関数部分を次のように変えます。

【例】中間順で走査を実行する場合の再帰関数deep_search( )の定義

```
def deep_search(i):
    if i < len(edge):              # 葉がない場合は飛ばす
        deep_search(edge[i][0])    # 左部分木を探索
    print(node[i], end=' ')
    if i < len(edge) and len(edge[i]) == 2:
        deep_search(edge[i][1])    # 右部分木を探索
```

　すると結果は，次のようになります。

【例】中間順で走査を実行

```
deep_search(edge[0][0])
```
実行結果
```
6 × 2 + 3 - 1
```

　同様に，後行順（逆ポーランド表記法）では，次のようになります。

【例】後行順で走査を実行する場合の再帰関数deep_search( )の定義

```
def deep_search(i):
    if i < len(edge):              # 葉がない場合は飛ばす
        deep_search(edge[i][0])    # 左部分木を探索
    if i < len(edge) and len(edge[i]) == 2:
        deep_search(edge[i][1])    # 右部分木を探索
    print(node[i], end=' ')
```

すると結果は，次のようになります。

【例】後行順で走査を実行

```
deep_search(edge[0][0])
```

実行結果

```
6 2 × 3 1 - +
```

POINT!

・ 幅優先探索では，キューを使って順番を保存する
・ 深さ優先探索では，再帰を使用して根から葉まで探索する

252 第5章 データ構造とアルゴリズム

5-2-5 ○ その他のアルゴリズム

アルゴリズムには，文字列処理やその他の様々な分野で使われるものがあり，効率的なアルゴリズムもいろいろと考案されています。問題の解決に最適なアルゴリズムを選ぶことが大切です。

■ 文字列処理のアルゴリズム

文字列処理のアルゴリズムには，文字列の探索，置換などがあります。置換は探索の後に行われるので，基本的に文字列探索と同じアルゴリズムです。

文字列の探索を行うアルゴリズムの代表的なものには，単純な照合方法や，BM（Boyer Moore）法などの効率的な探索方法があります。

①単純な照合方法

テキストを先頭から1文字ずつパターンと比較して，不一致の文字が現れたら，比較するテキストの位置を1文字分進めるというアルゴリズムです。この方法で，テキストとパターンを与えると，最初に一致した文字位置を返す関数search1(text, pattern)は，次のように記述できます（一致しなかった場合には−1を返します）。

【例】単純な照合方法による文字列探索の関数

```
def search1(text, pattern):
    for i in range(len(text)):
        for j in range(len(pattern)):
            if text[i+j] == pattern[j]:
                if j == len(pattern) - 1:
                    return i
            else:
                break
    return -1
```

②BM（Boyer Moore）法

　比較位置を1文字ずつではなく，なるべく多くずらすことで比較回数を減らすアルゴリズムです。パターンを末尾から検索していき，一致しなかった場合に，特定の文字数分だけ進めます。具体的には，パターンの末尾に対応する位置にあるテキストの文字（判定文字）により，次の条件で文字数分だけ進めます。

・判定文字がパターンに含まれていない場合には，パターンの文字数分だけ比較位置を進める
・判定文字がパターンの末尾以外に含まれている場合には，判定文字と一致するパターンの文字が，テキストの判定文字に対応する位置に来るように比較位置を進める

　例えば，パターンの文字列が 'ACAB' の場合，判定文字とスキップ数（進める文字数）の関係は次のようになります。

● 文字列 'ACAB'

判定文字	A	C	B	その他の文字
スキップ数	1	2	4	4

　スキップ数の計算も含めた，BM法での文字列探索の関数 search2(text, pattern)は，次のように記述できます。

254 第5章 データ構造とアルゴリズム

【例】 BM法による文字列探索の関数

```python
def search2(text, pattern):
    skip_dic = dict()                                    # スキップ数(辞書形式)の作成
    for i, character in enumerate(pattern[:-1])
        skip_dic[character] = len(pattern) - i - 1
    i = 0                                                # 文字の比較
    while i < len(text) - len(pattern) + 1:
        for j in range(len(pattern)):
            if text[i+j] == pattern[j]:
                if j == len(pattern) - 1:
                    return i
            else:
                break
        if text[i+len(pattern)-1] not in skip_dic:       # スキップ数の決定
            skip = len(pattern)
        else:
            skip = skip_dic[text[i+len(pattern)-1]]
        i += skip
    return -1
```

この関数では，スキップ数については辞書形式で保持してい
ます。

◻ その他の定番アルゴリズム

その他のアルゴリズムの定番としては，確率統計などの数学
的なアルゴリズム，データ圧縮のアルゴリズム，図形描画のアル
ゴリズム，メモリ管理のアルゴリズムなどがあります。

◻ アルゴリズムで解くことができる問題

アルゴリズムは，解法が分かっている計算問題を解くための
手順です。そのため，解法が明確に定義できないものは厳密に
解くことはできません。また，計算量が膨大になり，現実的な時
間内に解けないものもあります。そのような場合には，**近似アル
ゴリズム**を用いることで，厳密ではなくても実用的な解を得られ
る場合があります。また，単独のアルゴリズムで解けない問題も，

アルゴリズムを組み合わせることで解けるようになることも多くあります。

> **POINT!**
> - 文字列探索は，BM法を使って探索回数を減らすことができる
> - アルゴリズムには様々なものがあり，様々な問題解決方法がある

アルゴリズム学習のポイント

アルゴリズムに関係する問題，特に午後問題で出される疑似言語やプログラミングの問題を解くポイントとしては，次の三つが挙げられます。

1. プログラムの構造を明らかにする
2. 実際に値を入れて，トレースする
3. 最後の値を意識する

1の「プログラムの構造」とは，基本3構造のことです。特にループ（繰返し，for文，while文）を意識すると，プログラムの流れがよく見えてきます。そしてその構造を，実際の問題文でのアルゴリズムの説明と対比させることにより，プログラムの全体像が見えてきます。

2の「トレース」は，実際に値を入れて試してみることです。面倒がらずに行うことが大切です。実際に手を動かして，iの値を1，2……と増やしていきましょう。最後までやらなくても流れは見えてくると思いますが，最初からやらないとイメージが湧きません。実際にPythonのプログラムを実行し，ループ1回ずつで値を表示させてみることも効果的です。

3の「最後の値」というのは，最後の値がnで終わるのかn－1で終わるのかといった，微妙な±1の範囲の話です。実は，プログラムのミスはこの±1の差で起こることが多いので，アルゴリズム問題ではここを問われることが多いのです。実際に問題を解くときには，ぜひ，この「最後の値」をていねいに導き出していきましょう。

最後に，アルゴリズム問題は「慣れ」が肝心です。実際にプログラムしたりアルゴリズム問題を解いたりして，解く感覚を磨いていきましょう。

256　第5章　データ構造とアルゴリズム

5-2-6 ◯ 演習問題

問1　**ハッシュ表探索**　　　　　　　　　　　　　CHECK ▶ □□□

表探索におけるハッシュ法の特徴はどれか。

ア　2分木を用いる方法の一種である。
イ　格納場所の衝突が発生しない方法である。
ウ　キーの関数値によって格納場所を決める。
エ　探索に要する時間は表全体の大きさにほぼ比例する。

問2　**クイックソート**　　　　　　　　　　　　　CHECK ▶ □□□

クイックソートの処理方法を説明したものはどれか。

ア　既に整列済みのデータ列の正しい位置に，データを追加する操作を繰り返して
　　いく方法である。
イ　データ中の最小値を求め，次にそれを除いた部分の中から最小値を求める。こ
　　の操作を繰り返していく方法である。
ウ　適当な基準値を選び，それよりも小さな値のグループと大きな値のグループに
　　データを分割する。同様にして，グループの中で基準値を選び，それぞれのグ
　　ループを分割する。この操作を繰り返していく方法である。
エ　隣り合ったデータの比較と入替えを繰り返すことによって，小さな値のデータ
　　を次第に端の方に移していく方法である。

5-2 アルゴリズム 257

| 問3 | 再帰的に定義された関数 | CHECK ▶ □□□ |

三つのスタックA，B，Cのいずれの初期状態も[1，2，3]であるとき，再帰的に定義された関数f()を呼び出して終了した後のBの状態はどれか。ここで，スタックが，[a_1, a_2, $\cdots$, a_{n-1}]の状態のときにa_nをpushした後のスタックの状態は[a_1, a_2, $\cdots$, a_{n-1}, a_n]で表す。

```
def f():
    if not A:
        pass
    else:
        C.append(A.pop())
        f()
        B.append(C.pop())
```

ア　[1, 2, 3, 1, 2, 3]　　　　　イ　[1, 2, 3, 3, 2, 1]
ウ　[3, 2, 1, 1, 2, 3]　　　　　エ　[3, 2, 1, 3, 2, 1]

258 第5章　データ構造とアルゴリズム

■ 演習問題の解説

問1 　　　　　　　　　　（平成30年春 基本情報技術者試験 午前 問7）《**解答**》**ウ**

　表探索におけるハッシュ法（ハッシュ表探索）では，ハッシュ関数を用いて，キーに対して関数値を計算し，その内容で格納場所を決めます。したがって，**ウ**が正解です。

ア　2分探索の説明です。

イ　ハッシュ関数の計算によって，格納場所の衝突が発生します。

エ　線形探索の説明です。

問2 　　　　　　　　　　（平成30年秋 基本情報技術者試験 午前 問6）《**解答**》**ウ**

　クイックソートでは，まず適当な基準値を選び，それよりも小さな値のグループと大きな値のグループに分割していきます。この操作を再帰的に繰り返していきます。したがって，**ウ**が正解です。

ア　挿入ソートの説明です。

イ　選択ソートの説明です。

エ　バブルソートの説明です。

問3 　　　　　　　　　　（平成31年春 基本情報技術者試験 午前 問6改）《**解答**》**ア**

　初期状態のA，B，Cは，次のように設定されます。

A = [1, 2, 3], B = [1, 2, 3], C = [1, 2, 3]

　f()（1つ目）を実行すると，まず，Aが空でないかどうかを確認します。

　最初はAは空ではないため，C.append(A.pop())を実行してAからpopした値をCに追加して，f()（2つ目）を呼び出します。C.append(A.pop())の後，A，B，Cは，次のように変更されています。

A = [1, 2], B = [1, 2, 3], C = [1, 2, 3, 3]

　f()（2つ目）を実行すると，まだAは空ではないため，もう一度C.append(A.pop())を実行してから，f()（3つ目）を呼び出します。C.append(A.pop())の後，A，B，Cは次のように変更されています。

A = [1], B = [1, 2, 3], C = [1, 2, 3, 3, 2]

さらにf()（3つ目）を実行すると，まだAは空ではないため，もう一度C.append(A.pop())を実行してから，f()（4つ目）を呼び出します。C.append(A.pop())の後，A，B，Cは次のように変更されています。

A = [], B = [1, 2, 3], C = [1, 2, 3, 3, 2, 1]

f()（4つ目）では，Aが空になったので，処理をしない(pass)で元の位置のf()（3つ目）に戻ります。

戻った関数f()（3つ目）の次の行には，B.append(C.pop())があるので実行します。Cからpopした値をBに追加すると，A，B，Cは次のように変更されます。

A = [], B = [1, 2, 3, 1], C = [1, 2, 3, 3, 2]

f()（3つ目）はすべて終了したので，元の位置のf()（2つ目）に戻ります。

戻った関数f()（2つ目）の次の行には，B.append(C.pop())があるので実行します。Cからpopした値をBに追加すると，A，B，Cは次のように変更されます。

A = [], B = [1, 2, 3, 1, 2], C = [1, 2, 3, 3]

f()（2つ目）はすべて終了したので，元の位置のf()（1つ目）に戻ります。

戻った関数f()（1つ目）の次の行には，B.append(C.pop())があるので実行します。Cからpopした値をBに追加すると，A，B，Cは次のように変更されます。

A = [], B = [1, 2, 3, 1, 2, 3], C = [1, 2, 3]

この状態でf()（1つ目）が終了し，全体の実行が完了となります。

したがって，Bの値は[1, 2, 3, 1, 2, 3]となり，**ア**が正解です。

260　第5章　データ構造とアルゴリズム

5-3 アルゴリズム問題

　アルゴリズム問題を解いてみることは、Pythonの学習にも、基本情報技術者試験の午前や午後のアルゴリズム分野の学習にも役立ちます。ここでは、Pythonに変換したアルゴリズム問題を解いて、Pythonとアルゴリズムの両方を学習していきましょう。

5-3-1 ◯ アルゴリズム問題の演習

問　ハフマン符号化を用いた文字列圧縮に関する次の記述を読んで、設問1〜3に答えよ。

　"A"〜"D"の4種類の文字から成る文字列をハフマン符号化によって圧縮する。ハフマン符号化では、出現回数の多い文字には短いビット列を、出現回数の少ない文字には長いビット列を割り当てる。ハフマン符号化による文字列の圧縮手順は、次の(1)〜(4)のとおりである。

(1)　文字列中の文字の出現回数を求め、出現回数表を作成する。例えば、文字列"AAAABBCDCDDACCAAAAA"(以下、文字列 a という)中の文字の出現回数表は、表1のとおりになる。

表1　文字列 a 中の文字の出現回数表

文字	A	B	C	D
出現回数	10	2	4	3

(2)　文字の出現回数表に基づいてハフマン木を作成する。
　ハフマン木の定義は、次のとおりである。
- 　節と枝で構成する二分木である。
- 　親である節は、子である節を常に二つもち、子の節の値の和を値としてもつ。
- 　子をもたない節(以下、葉という)は文字に対応し、出現回数を値としてもつ。
- 　親をもたない節(以下、根という)は、文字列の文字数を値としてもつ。

　文字列 a に対応するハフマン木の例を、図1に示す。

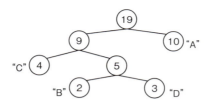

注記　丸の中の数値は各節がもつ値を表す。"A"～"D"は葉に対応する文字を表す。
図1　文字列αに対応するハフマン木の例

ハフマン木は，次の手順で配列によって実現する。
①　節の値を格納する1次元配列を用意する。
②　文字の出現回数表に基づいて，各文字に対応する葉の値を，配列の先頭の要素から順に格納する。
③　親が作成されていない節を二つ選択し，選択した順に左側の子，右側の子とする親の節を一つ作成する。この節の値を，配列中で値が格納されている最後の要素の次の要素に格納する。節の選択は節の値の小さい順に行い，同じ値をもつ節が二つ以上ある場合は，配列の先頭に近い要素に値が格納されている節を選択する。
④　親が作成されていない節が一つになるまで③を繰り返す。
(3)　ハフマン木から文字のビット列(以下，ビット表現という)を次の手順で作成する。
①　親と左側の子をつなぐ枝に0，右側の子をつなぐ枝に1の値をもつビットを割り当てる。
②　文字ごとに根から対応する葉までたどったとき，枝のビット値を順に左から並べたものを各文字のビット表現とする。
　図2に示すとおり，根から矢印のようにたどると，文字列αの文字"B"のビット表現は010となる。

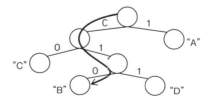

注記　線分は枝を表し，枝の上の数値は各枝のビット値を表す。
図2　文字列αにおける文字列"B"のビット表現の作成例

(4)　文字列の全ての文字を(3)で得られたビット表現に置き換えて，ビット列を作成する。

262 第5章 データ構造とアルゴリズム

設問1 次の記述中の ☐☐☐☐ に入れる正しい答えを，解答群の中から選べ。

　文字列"ABBBBBBBCCCDD"を，ハフマン符号化を用いて表現する。各文字とビット表現を示した表は ☐ a ☐ である。ハフマン符号化によって圧縮すると，文字"A"〜"D"をそれぞれ2ビットの固定長で表現したときの当該文字列の総ビット長に対する圧縮率は ☐ b ☐ となる。ここで，圧縮率は次式で計算した値の小数第3位を四捨五入して求める。

$$圧縮率 = \frac{ハフマン符号化によって圧縮したときの総ビット長}{2ビットの固定長で表現したときの総ビット長}$$

aに関する解答群

ア

文字	A	B	C	D
ビット表現	010	1	00	011

イ

文字	A	B	C	D
ビット表現	010	0	01	111

ウ

文字	A	B	C	D
ビット表現	100	0	101	11

エ

文字	A	B	C	D
ビット表現	100	1	00	01

bに関する解答群

　　ア　0.77　　　　イ　0.85　　　　　ウ　0.88　　　　　　エ　0.92

設問2 ハフマン木を作成するプログラム1の説明及びプログラム1を読んで，プログラム1中の　　　　　　に入れる正しい答えを，解答群の中から選べ。

〔プログラム1の説明〕

(1) 四つの1次元配列parent，left，right及びfreqの同じ要素番号に対応する要素の組み（以下，要素組という）によって，一つの節を表す。要素番号は0から始まる。四つの配列の大きさはいずれも十分に大きく，全ての要素は−1で初期化されている。

(2) 図3に，図1に示したハフマン木を表現した場合の各配列の要素がもつ値を示す。配列parentには親，配列leftには左側の子，配列rightには右側の子を表す要素組の要素番号がそれぞれ格納され，配列freqには節の値が格納される。節が葉のとき，配列leftと配列 rightの要素の値は，いずれも−1である。図3では，要素番号0〜3の要素組が，順に文字"A"〜"D"の葉に対応している。節が根のとき，配列parentの要素の値は−1である。

配列名	要素番号						
	0	1	2	3	4	5	6
parent	6	4	5	4	5	6	−1
left	−1	−1	−1	−1	1	2	5
right	−1	−1	−1	−1	3	4	0
freq	10	2	4	3	5	9	19

注記　矢印 ●━━▶ は，始点，終点の二つの要素組に対応する節が子と親の関係にあることを示す。

図3　図1に示したハフマン木を表現する四つの配列

(3) 関数Huffmanは，次の①〜⑤を受け取り，ハフマン木を表現する配列を作成する。

① 葉である節の個数 size

② 初期化された配列 parent

③ 初期化された配列 left

④ 初期化された配列 right

⑤ 初期化された後，文字の出現回数が要素番号0から順に格納された配列 freq

(4) 関数SortNodeは，親が作成されていない節を抽出し，節の値の昇順に整列し，節を表す要素組の要素番号を順に配列nodeに格納し，その個数を変数nsizeに格納する。forループ内で親が作成されていない節を表す要素組の要

264 第5章 データ構造とアルゴリズム

素番号を抽出し，関数Sortで節の値の昇順に整列する。

(5) 関数Sort（プログラムは省略）は，節を表す要素組の要素番号の配列node
を受け取り，要素番号に対応する要素組が表す節の値が昇順となるように整
列する。節の値が同じときの順序は並べ替える直前の順序に従う。

(6) 関数Huffman，SortNode及びSortの引数の仕様を，表2～4に示す。

表2 関数Huffmanの引数の仕様

引数	データ型	入出力	説明
size	整数型	入力／出力	節の個数
parent[]	整数型	入力／出力	節の親を表す要素組の要素番号を格納した配列
left[]	整数型	入力／出力	節の左側の子を表す要素組の要素番号を格納した配列
right[]	整数型	入力／出力	節の右側の子を表す要素組の要素番号を格納した配列
freq[]	整数型	入力／出力	節の値を格納した配列

表3 関数SortNodeの引数の仕様

引数	データ型	入出力	説明
size	整数型	入力	節の個数
parent[]	整数型	入力	節の親を表す要素組の要素番号を格納した配列
freq[]	整数型	入力	節の値を格納した配列
nsize	整数型	出力	配列node中の，整列対象とした節の個数
node[]	整数型	出力	節の値の昇順に整列した，親が作成されていない節を表す要素組の要素番号を格納した配列

表4 関数Sortの引数の仕様

引数	データ型	入出力	説明
freq[]	整数型	入力	節の値を格納した配列
nsize	整数型	入力	配列node中の，整列対象とした節の個数
node[]	整数型	入力／出力	節の値の昇順に整列した，親が作成されていない節を表す要素組の要素番号を格納した配列

〔プログラム1〕

```
def Huffman(size, parent, left, right, freq):
    node = [-1] * max_size
    nsize = SortNode(size, parent, freq, node)
    while       c      :
        i = node[0]        # 最も小さい値をもつ要素組の要素番号
        j = node[1]        # 2番目に小さい値をもつ要素組の要素番号
        left[size] = i
        right[size] = j
        freq[size] = freq[i] + freq[j]
        parent[i] = size    # 子に親の節の要素番号を格納
        parent[j] = size    # 子に親の節の要素番号を格納
        size = size + 1
        nsize = SortNode(size, parent, freq, node)
    return size

def SortNode(size, parent, freq, node):
    nsize = 0
    for i in range(size):
        if       d      :
            node[nsize] = i
            nsize = nsize + 1
    Sort(freq, nsize, node)
    return nsize
```

c，dに関する解答群

ア nsize >= 0	イ nsize >= 1	ウ nsize >= 2
エ parent[i] < 0	オ parent[i] > 0	カ size <= nsize
キ size >= nsize		

266　第5章　データ構造とアルゴリズム

設問3　ハフマン木から文字のビット表現を作成して表示するプログラム2の説明及びプログラム2を読んで，本文中及びプログラム2中の　　　　　　に入れる正しい答えを，解答群の中から選べ。

〔プログラム2の説明〕
(1)　ビット表現を求めたい文字に対応する葉を表す要素組の要素番号を，関数Encodeの引数kに与えて呼び出すと，ハフマン木から文字のビット表現を作成して表示する。
(2)　関数Encodeの引数の仕様を，表5に示す。

表5　関数Encodeの引数の仕様

引数	データ型	入出力	説明
k	整数型	入力	節を表す要素組の要素番号
parent[]	整数型	入力	節の親を表す要素組の要素番号を格納した配列
left[]	整数型	入力	節の左側の子を表す要素組の要素番号を格納した配列

(3)　関数Encodeは，　　e　　の条件が成り立つとき，関数Encodeを再帰的に呼び出す。これによって，ハフマン木を葉から根までたどっていく。
(4)　根にたどり着くと次は葉に向かってたどっていく。現在の節が親の左側の子のときは0を，右側の子のときは1を表示する。
(5)　関数printは，引数で与えられた文字列を表示する。

〔プログラム2〕
```
def Encode(k, parent, left):
    if    e   :
        Encode(parent[k], parent, left)
        if    f   :
            print("0", end='')    # 0を表示する
        else:
            print("1", end='')    # 1を表示する
```

eに関する解答群
ア　k >= 0　　　　　　　イ　left[k] == -1　　　ウ　left[k] >= 0
エ　parent[k] == -1　　オ　parent[k] >= 0

fに関する解答群

　ア　left[k] == k

　ウ　parent[k] == k

　イ　left[parent[k]] == k

　エ　parent[left[k]] == k

（平成31年春 基本情報技術者試験 午後 問8（アルゴリズム）改）

268　第 5 章　データ構造とアルゴリズム

■解答

設問1　a　ア　　　　　b　イ
設問2　c　ウ　　　　　d　エ
設問3　e　オ　　　　　f　イ

■解説

　ハフマン符号化を用いた文字列圧縮のアルゴリズムに関する問題です。ハフマン符号化を題材に，簡単な例での圧縮率の計算，配列で表現したハフマン木を作成する処理，及びハフマン木から文字のビット表現を作成して表示する再帰処理について出題されています。難易度は少し高めの問題で，再帰処理の理解がカギとなります。

設問1

　ハフマン符号の表現に関する問題です。プログラムを作成する前に，まず実際にハフマン符号化とそのビット表現を作成し，その手法を理解しましょう。

空欄a

　文字列 "ABBBBBBBCCCDD" を，ハフマン符号化で表現します。この文字列で出現する文字はA，B，C，Dの4つで，それぞれ1回，7回，3回，2回出現するので，次の表のようになります。

文字列 "ABBBBBBBCCCDD" の文字の出現回数表

文字	A	B	C	D
出現回数	1	7	3	2

　この値を使って，本文中 (2) の手順でハフマン木を作成します。

① 　節の値を格納する1次元配列（表2以降ではfreq[]なので，freqとします）を用意します。
② 　文字の出現回数に基づいて，各文字に対応する葉の値を，配列の先頭の要素から順に格納します。先ほどの出現回数を順に入れて，freq＝[1, 7, 3, 2] となります。
③ 　親が作成されていない節を二つ選択します。節の値が少ない順に選択するので，文字Aの1と，文字Dの2が選択されます。ここで，左側の子をA，右側の子をDとして，新たな親ADを作成します。このとき，節の値は1＋2＝3となります。この値を追加して，freq＝[1*, 7, 3, 2*, 3] となります（*は，親が作成されていることを示す目印です）。

④ 親が作成されていない節が複数あるので，もう一度③を繰り返します。
③ 親が作成されていない節を二つ選択します。節の値3が二つあるので，左から順にCとADを選択します。左側の子がC，右側の子がADとなり，新たな親CADが作成されます。このとき，節の値は，3＋3＝6となります。この値を追加して，freq＝[1*, 7, 3*, 2*, 3*, 6]となります。
④ 親が作成されていない節が複数あるので，もう一度③を繰り返します。
③ 親が作成されていない節は二つしか残っていないため，こちらを選択します。値が小さい順だと6，7なので，CAD，Bの順になります。左側の子がCAD，右側の子がBです。このとき，節の値は6＋7＝13となります。この値を追加して，freq＝[1*, 7*, 3*, 2*, 3*, 6*, 13]となります。
④ 親が作成されていない節が一つだけになったので終了します。

この流れで完成したハフマン木は，次のようになります。

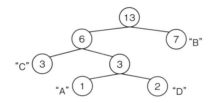

完成したハフマン木

続いて，本文中(3)の手順に沿って，ビット表現を作成します。
① 親と左側の子をつなぐ枝に0，右側の子をつなぐ枝に1の値をもつビットを割り当てます。先ほどの図に当てはめると，次のようになります。

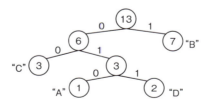

完成したハフマン木のビット表現

270 第5章　データ構造とアルゴリズム

② 文字ごとに根から対応する葉までたどって，枝のビット値を順に左から並べます。それぞれの文字をたどると，ビット表現 "A" は010，"B" は1，"C" は00，"D" は011となり，まとめると次の表のようになります。

文字	A	B	C	D
ビット表現	010	1	00	011

したがって，空欄aは，ビット表現の組合せが正しい**ア**が正解です。

空欄b

文字列 "ABBBBBBBCCCDD" を，ハフマン符号化で圧縮したときの圧縮率を求めます。

まず，それぞれの文字を2ビットの固定長で表現すると，文字数が全部で13なので，$13 \times 2 = 26$ ビットとなります。

続いて，ハフマン符号化した場合には，先ほど空欄aで求めたビット表現をもとに文字列を変換すると，次のようになります。

0101111111000000011011

総ビット長を数えると，22ビットです。

これらから圧縮率を求めると，次のようになります。

圧縮率 = 22 ／ 26 = 0.846… ≒ 0.85

したがって，空欄bは**イ**の0.85になります。

設問2

ハフマン木を作成するプログラム1に対する空欄穴埋め問題です。〔プログラム1の説明〕の内容を理解し，〔プログラム1〕と対応させて完成していきます。

空欄c

〔プログラム1〕の関数Huffmanの中での，whileループの継続条件を考えます。

〔プログラム1の説明〕(3)に，「関数Huffmanは，次の①～⑤を受け取り，ハフマン木を表現する配列を作成する」とあります。そこで，ハフマン木の表現方法について，本文をさらに確認します。

本文中(2)の図1の後に，「ハフマン木は，次の手順で配列によって実現する」とあり，①～④でその手順が示されています。この内容とプログラム1を対応させます。

このとき，〔プログラム1の説明〕(3)⑤に，「初期化された後，文字の出現回数が要素番号0から順に格納された配列freq」とあります。そのため，プログラム1の関数

5-3 アルゴリズム問題　271

Huffmanを呼び出す段階で，①の節の値を格納する1次元配列freqは用意されており，②の文字の出現回数を順にfreqに格納しています。そのため，関数Huffmanでは，③と④の内容を実現することとなります。

関数Huffmanの行と③～④の説明を対応させると，次のようになります。

```
def Huffman(size, parent, left, right, freq):
    node = [-1] * max_size
    nsize = SortNode(size, parent, freq, node)  # ③-4 値の選択は節の値の小さい順に
                                                       行うため，節の値で並べ替える
    while      c      :  # ④ 親が作成されていない節が一つになるまで③を繰り返す
        i = node[0]                  # ③-1 親が作成されてない節を二つ選択
        j = node[1]                  # ③-1 親が作成されてない節を二つ選択
        left[size] = i               # ③-2 選択した順に左側の子
        right[size] = j              # ③-2 選択した順に右側の子
        freq[size] = freq[i] + freq[j]  # ③-3 親の節を一つ作成する。この節の値を，
                                             配列中で値が格納されている最後の要素の次の要
                                             素に格納する
        parent[i] = size             # ③-3 左側の子に親の節の要素番号を格納
        parent[j] = size             # ③-3 右側の子に親の節の要素番号を格納
        size = size + 1              # ③-3 親が格納されたのでsizeを一つ増やす
        nsize = SortNode(size, parent, freq, node)  # ③-4 値の選択は節の値の小さ
    return size                                          い順に行うため，節の値で並べ
                                                         替える
```

プログラムの流れを考えると，空欄cには，④の「親が作成されていない節が一つになるまで」の部分が入ると考えられます。親が作成されていない節については，〔プログラム1の説明〕(4)に，「関数SortNodeは，親が作成されていない節を抽出」とあり，「その個数を変数nsizeに格納する」とあるので，関数SortNodeから返される変数nsizeが対応します。nsizeが一つに減るまでということなので，継続条件としては，nsizeが2以上となります。

したがって，空欄cは**ウ**のnsize >= 2が正解です。

空欄d

〔プログラム1〕の関数SortNodeのforループ内での，if文の判定条件を考えます。

〔プログラム1の説明〕(4)に，「forループ内で親が作成されていない節を表す要素組

272 第5章　データ構造とアルゴリズム

の要素番号を抽出し」とあるので，判定条件は，「親が作成されていない節を表す要素組の要素番号」が親が作成されていない節を表す値の場合だと考えられます。

　表3より，節の親を表す要素組の要素番号を格納した配列は，parent[ ]です。また，〔プログラム1の説明〕(1)に，「全ての要素の値は－1で初期化されている」，(2)に，「節が根のとき，配列parentの要素の値は－1である」とあるので，親が作成されていない場合には－1となっていると考えられます。

　そのため，i番目の要素parent[i]が－1ならば，親が作成されていない節だと判断できます。解答群にparent[i] == -1はありませんが，要素番号は0以上なので，同じ判定条件としてparent[i] < 0が使用できます。したがって，空欄dは**エ**のparent[i] < 0になります。

設問3

　プログラムを完成させる問題です。ハフマン木から文字のビット表現を作成して表示する〔プログラム2の説明〕を読んで，〔プログラム2〕の空欄穴埋めを行っていきます。

空欄e

　〔プログラム2の説明〕(3)に，「関数Encodeは，　　e　　の条件が成り立つとき，関数Encodeを再帰的に呼び出す。これによって，ハフマン木を葉から根までたどっていく」とあります。そのため，空欄eは，再帰的に呼び出すときのif文の条件で，葉から根までたどるときに使われることが分かります。

　葉から根までたどるということは，根まで到達したら処理が終了すると考えられます。親をたどるときには配列parent[ ]が使用され，〔プログラム1の説明〕(2)に，「節が根のとき，配列parentの要素の値は－1である」とあるので，根では－1となります。そのため，根ではない場合にたどるときには，parent[k]が－1でない，言い換えればparent[k]が0以上が条件となります。

　したがって，空欄eは**オ**のparent[k] >= 0になります。

空欄f

　〔プログラム2〕の判定式の条件で，当てはまった場合には0を，当てはまらなかった場合には1を表示する条件を考えます。

　〔プログラム2の説明〕(4)に，「現在の節が親の左側の子のときは0を，右側の子のときは1を表示する」とあるので，0を表示するのは，現在の節が親の左側の子のときとなります。現在の節がk，その親がparent[k]，親の左側の子はleft[parent[k]]と示すことができるので，左側の節left[parent[k]]がkと等しい場合が条件式となります。

　したがって，空欄fは**イ**のleft[parent[k]] = kになります。

第6章

データサイエンスとAI

データサイエンスは，データから新たな知見を得るための科学です。これからの時代のIT関連技術者にとって，データサイエンスのスキルを身に付けることは特に重要となってきています。

Pythonは，データサイエンスにおいてスタンダートとなっている言語です。数値演算や統計分析などのライブラリが充実しており，様々な計算を行うことができます。AI（人工知能）を扱う上でも，Pythonは欠かせません。機械学習やディープラーニングのライブラリもPythonで書かれているものが主流で，AIの学習にはPythonを使用することが一般的です。

6-1　データサイエンス
- 6-1-1　データサイエンスとは
- 6-1-2　データ分析用ライブラリ
- 6-1-3　演習問題

6-2　AI関連技術
- 6-2-1　AIとは
- 6-2-2　AI関連のライブラリ
- 6-2-3　演習問題

6-3　データサイエンス問題
- 6-3-1　データサイエンス問題の演習

6-1 データサイエンス

データサイエンスにおいては，データ分析のために，数値演算，データの可視化，データ解析，評価など様々な作業を行う必要があります。Pythonでは，データサイエンスのための様々なライブラリが提供されています。

6-1-1 データサイエンスとは

データサイエンスでは，データ分析を行い，その結果から新たな知見を得ます。データサイエンスを学習するには，エンジニアリングや数学，経営など，様々な周辺分野の知識が求められます。

データサイエンスとは

データサイエンスとは，データを用いて新たな知見を得るための科学的な手法です。データ分析を行い，データを実社会に役立てる応用的な面が中心となります。データサイエンスの基礎となる分野は，数学，統計学，コンピュータサイエンス（情報科学），データマイニング，データビジュアライゼーション（データの可視化）など，様々です。機械学習やディープラーニングなど，AI（人工知能）で使われる技術も，データサイエンスに含まれます。

データ分析で行うこと

データ分析は次ページの図のような流れで行われ，様々なタスクに取り組みます。

Phase1は，分析プロジェクトを開始するフェーズで，まずどのようなデータを集めて，どう分析するかなどを決めます。

Phase2は，一般的に「前処理」と呼ばれるタスク全般です。データを収集し，構造化データ，非構造化データそれぞれをデータ分析に適したかたちに変換します。

Phase3は「データ分析」そのものです。データを解析し，可視化することを繰り返し，その精度を上げていきます。

Phase4は，分析した結果やできあがったモデルを使い，業務に役立てるフェーズです。システムに組み込み，評価を行って，今後の改善に役立てていきます。

> **関連**
> Pythonのライブラリについては，「2-3 ライブラリ」で解説しています。インストール方法などは「2-3-1 ライブラリの利用」で説明していますので，詳細はこちらで確認してください。

> **勉強のコツ**
> 基本情報技術者試験の試験範囲には，統計学のほかに微分積分や指数・対数などの高校レベルの数学も含まれます。データサイエンスを習得する場合，これらは基礎として必須なのでしっかり学習しましょう。ただし，試験での出題割合はそれほど高くないので，データサイエンスにあまり興味がない方，数学が苦手な方などは無理に取り組まなくても大丈夫です。

●データサイエンスのタスク構造

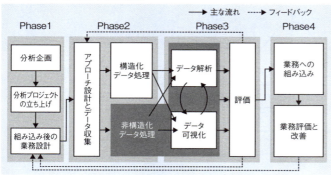

※出典：ITSS＋／「データサイエンス領域」タスク構造図（中分類）
https://www.ipa.go.jp/jinzai/itss/itssplus.html

関連
データサイエンスでのモデルとは，現実世界のルールや法則を，数式などのかたちでまとめたものです。統計学で導かれる数理モデルや，機械学習で作成される学習済モデルなどがあります。
機械学習での学習済モデルについては，「6-2-1 AIとは」でも取り上げています。

統計学

データサイエンスでは，数学の様々な分野や数値演算が用いられます。その中で最も関係が深いのが統計学です。統計学を用いて，多様なデータを分析し，その内容を解釈します。

正規分布

統計で最も使われる考え方に，正規分布があります。繰り返し実行した場合，それが独立したランダムな事象であれば，その分布は正規分布に従うことが知られています。正規分布は，左右対称で，平均値が最も多くなる分布です。

正規分布の場合，その確率の散らばり具合によって，標準偏差（σ）が求められます。その分布が正規分布に従っていた場合には，平均から±1σ（−1σから1σ）の間に約68%のデータが含まれることになります。±2σの間には約95%，±3σの間には約99.7%のデータが含まれます。

● 正規分布

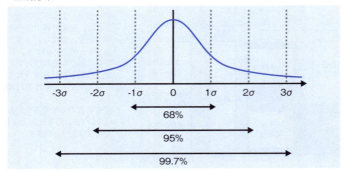

統計分析

統計学の手法で，データを解析することを統計分析といいます。統計分析には次のような種類があります。

・回帰分析

連続的なデータについて，$y = f(x)$ などの関数モデルを当てはめる分析です。このとき，変数となるxが一つなら単回帰分析，複数なら重回帰分析といいます。

・主成分分析

多くの変数をより少ない指標や合成変数にまとめ，要約する手法です。

・因子分析

観測された結果について，どのような潜在的な要因(因子)から影響を受けているかを探る手法です

・相関分析

二つの変数の間にどの程度の直線的な関係があるのかを数値で表す分析です。相関分析で用いられる，データの分布がどれだけ直線に近いかを示す係数に，相関係数があります。完全に右上がりの直線上にデータが分布している場合には相関係数が1，まったく相関のない無相関な場合には相関係数が0になります。さらに，右下がりの直線上にデータが分布して

発展

実際に統計を適用する場面では，「相関関係」と「因果関係」を区別する必要があります。
相関係数が1に近い場合には，「相関関係」はあり，二つの事柄には関係があるといえます。しかし，その二つのどちらかが原因でもう一方が起こるといった「因果関係」は，相関係数の計算だけでは決められません。

いる場合には相関係数が−1になります。

●相関係数

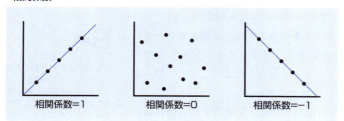

🔲 可視化

可視化とは，人間が直接見ることができない現象や性質などを見えるようにすることです。データを分析して，グラフや表などで表現することで，データの状況が見えるようになります。

例えば，令和元年秋期の基本情報技術者試験の得点分布（試験センターが2020年に公表した数値）を，Pythonのライブラリmatplotlibを用いて折れ線グラフで可視化すると，次のようになります。

●得点分布の可視化

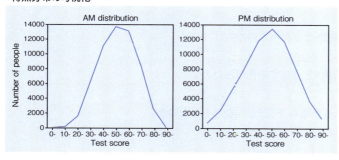

> **参考**
> 試験センターが公表する数値は，公表期限が過ぎると削除されます。折れ線グラフを書くための元データは，GitHubのページにCSVファイル「FE2019a_distribution.csv」として用意しています（P.282参照）。こちらのグラフを実際に書いてみたい方は，GitHubに公開したデータとプログラムを参考にしてみてください。

左が午前の得点分布，右が午後の得点分布で，それぞれの得点幅（10点単位）の人数を示しています。こうしてみると，どちらも正規分布のかたちに近くなっていることを確認できます。

🔲 ビッグデータ

ビッグデータとは，関係データベースなど通常のDBMS（Database

Management System：データベース管理システム）で取り扱うことが困難な大きさのデータの集まりのことです。単にデータ量が多いだけでなく，様々な種類があり，非構造化データ（構造化できないデータ）や定型的でないデータなども含まれます。

ビッグデータに限らずデータを扱うときは，使用するデータはすべて元のかたちでデータレイクに保存します。分析などで加工する前のデータをデータレイクに保存しておくことで，様々な視点での分析や利用が可能になります。

ビッグデータは，通常のDBMSでSQLを使用する処理には向きません。そのため，様々な新しいデータベースが考案されており，それらのDBMSを総称してNoSQLと呼びます。ビッグデータを扱うためには，高度な技術スキルや統計スキルを中心としたデータサイエンス力が必要となります。

ビッグデータを用いたデータ分析は，従来，現状を把握するための「見える化」を目的に行われてきました。今後，ビックデータの活用を発展させると，将来的には予測に基づく自動制御などを実現できるようになります。

ビッグデータ活用の発展段階としては，次の4段階が考えられています。

用語

データレイクとは，データ収集で集めたデータをすべて保存しておく場所のことです。データ分析に使用するための元のデータをすべて格納しておきます。PDFや画像など，様々なファイル形式のデータが含まれます。

- **第1段階：見える化**
  過去や現在の事実の確認（どうだったのか）
- **第2段階：自動検出**
  過去や現在の状況の解釈（どうしてそうだったのか）
- **第3段階：予測**
  将来生じる可能性がある事象の予測（どうなりそうなのか）
- **第4段階：自動制御**
  将来の施策への展開（どうしたらよいのか）

ビッグデータの活用を発展させることで，本格的なデータ活用が進み，ビジネスが推進されるようになります。

POINT!

- 正規分布では，平均を中心としたグラフになり，±1σに約68%が含まれる
- ビッグデータの活用は，見える化だけではなく，自動制御に発展

6-1-2 ● データ分析用ライブラリ

　Pythonには，データサイエンスに役立つ様々なデータ分析用ライブラリが用意されています。代表的なデータ分析用ライブラリには，次のようなものがあります。

- ・NumPy ……… 数値演算ライブラリ
- ・SciPy ………… 科学技術計算ライブラリ
- ・Pandas ……… データ加工や集計のためのライブラリ
- ・Matplotlib …… グラフを作成し，データを可視化するためのライブラリ

　これらは標準ライブラリではないので，**別途インストールが必要**です。

　ただし，Anacondaを利用する場合は，Pythonに加えて，これらのデータ分析用ライブラリがすべてインストールされるので，新たなインストールは不要です。

　また，データ分析の際にはJupyter Notebookがよく使われます。

■ NumPy

　NumPyは，数値演算ライブラリです。科学技術計算を行うライブラリSciPyの一部で，数値演算の部分のみを取り出したものです。標準ライブラリのmathなどに比べ，高速に様々な数値演算を行うことができます。

　NumPyをプログラム内で利用するにはまず，次のようにインポートします。

NumPyのインポート

```
import numpy as np
```

※「np」は略称なのでほかの名前でもよいが，慣習的に「np」とすることが多い

　NumPyでは，等間隔の配列の並びを作成するために，arange( )関数を使用することができます。numpyをnpと略した場合には，np.arange(始点，終点，間隔) のかたちで，始点と終点，配列間の値の間隔を設定します。実際の終点となるのは，終点に設定

🔵 **関連**

Anacondaは，使用する環境（Windows, Mac, Linux）に合わせてダウンロードできます。
巻末の付録で，Anacondaのインストール方法及びJupyter Notebookの使用方法を解説しています。詳しくはそちらを参考にしてください。

🔵 **関連**

NumPyはオープンソースであり，ドキュメントやチュートリアルなども公開されています。正確な情報は，以下の公式ページ（英語）を参考にしてください。
https://numpy.org/

した数値 "未満" です。

　例えば，－5から6未満（5まで）で，間隔1の整数の配列を作成する場合には，次のように記述します。

【例】－5から6未満の整数の配列を作成

```
x = np.arange(-5, 6, 1)
print(x)
```

実行結果

```
[-5 -4 -3 -2 -1 0 1 2 3 4 5]
```

　このような一次元の数値の並びをベクトルといいます。NumPyでは，ベクトル演算や行列演算を簡単に行えます。例えば，先ほどのxのすべての値に対して，$y = x^2$を演算する場合は次のように行います。

【例】xのすべての値に対して，$y = x^2$を演算

```
y = x ** 2
print(y)
```

実行結果

```
[25 16 9 4 1 0 1 4 9 16 25]
```

　xがベクトルなので，2乗した演算結果のyもベクトルになります。

　なお，NumPyでは，標準ライブラリmathと同様に，np.sqrt(x)でxの平方根，np.sin(x)でxの正弦（sin）を計算することができます。

☐ Matplotlib

　Matplotlibは，データを表現するためのライブラリです。グラフや写真など様々なデータを表示させることができます。2次元データだけでなく3次元データの表示も可能です。

　Matplotlibでグラフ描画を行うにはまず，次のようにインポートします。

Matplotlibのインポート

```
import matplotlib.pyplot as plt
```
※「plt」は略称なのでほかの名前でもよいが,慣習的に「plt」とすることが多い

plt.plot(x, y)とすることで,x軸,y軸の座標を定義し,線を引くことができます。グラフを表示させる場合には,plt.show()とします。

例えば,先ほどNumPyで作成したx,yのベクトルデータをそれぞれ順にx軸,y軸の値にして線を引くと,次のようになります。

【例】ベクトルデータを座標の値に変換して線を引く

```
plt.plot(x, y)
plt.show()
```

実行結果

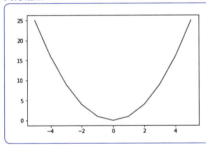

このように,データを設定することでグラフの描画が可能になります。

▌Pandas

Pandasは,データの取得,加工などを行うためのライブラリです。DataFrameと呼ばれる2次元の表形式のデータを中心に,様々なデータ加工や分析を行うことができます。

Pandasでデータ分析を行うにはまず,次のようにインポートします。

Pandasのインポート

```
import pandas as pd
```
※「pd」は略称なのでほかの名前でもよいが,慣習的に「pd」とすることが多い

関連

Matplotlibはオープンソースであり,ドキュメントやチュートリアルなども公開されています。正確な情報は,以下の公式ページ(英語)を参考にしてください。
https://matplotlib.org/

なお,開発環境にJupyter Notebookを使用している場合,Matplotlibを実行したときに画面上にデータが表示されないことがあります。そのときには,
`% matplotlib inline`
と1行実行すると表示させることができるようになります。

関連

Pandasはオープンソースであり,ドキュメントなども公開されています。正確な情報は,以下の公式ページ(英語)を参考にしてください。
https://pandas.pydata.org/

第6章　データサイエンスとAI

Pandas に CSV データを読み込むには，pd.read_csv( ) を利用することで，簡単にファイルから DataFrame 形式にできます。

例えば，FE2019a_distribution.csv という CSV ファイルを読み込み，最初の行を列名にして，1列目の「Score」を識別用の列にする場合は，次のように定義します。なお，FE2019a_distribution.csv には，試験センターの統計情報（令和元年秋　基本情報技術者試験の得点分布）を格納しています。

【例】CSV ファイルを読み込み DataFrame 形式にする

```
df = pd.read_csv('FE2019a_distribution.csv', index_col=0, parse_dates=['Score'])
```

変数 df には，DataFrame 形式で CSV データが格納されます。df の内容を表示させると，次のようになります。

【例】DataFrame 形式のデータを表示

```
print(df)
```

実行結果

```
        AM      PM
Score
0-      19      589
10-     76      2342
20-     1525    5411
30-     6279    8490
40-     10997   11813
50-     13634   13308
60-     12982   11551
70-     8301    7571
80-     2440    3591
90-     166     1212
```

df[列名].sum( ) を利用すると，列ごとの合計を計算できます。このデータから，AM と PM の合計人数を計算すると，次のようになります。

【例】DataFrame形式データの列ごとの合計を計算

```
print('午前の合計人数', df['AM'].sum())
print('午後の合計人数', df['PM'].sum())
```

実行結果
```
午前の合計人数 56419
午後の合計人数 65878
```

また，Matplotlibと組み合わせることで，グラフを表示させることもできます。

【例】Matplotlibと組み合わせ，グラフを表示

```
plt.plot(df.index, df['AM'], label='AM')    # 午前の折れ線グラフ
plt.plot(df.index, df['PM'], label='PM')    # 午後の折れ線グラフ
plt.legend()                                # 凡例を表示させる

plt.show()
```

実行結果

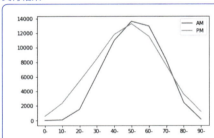

plt.legend()は，凡例（それぞれのラベルの色の例）を表示させるメソッドです。

ここでは，データ分析ライブラリNumPy，Pandas，Matplotlibを取り上げました。これらのライブラリを組み合わせることで，様々なデータ加工や集計，可視化などが実現可能になります。

POINT!

- Pythonで数値演算を行う時によく使われるNumPy
- Matplotlibでデータを可視化することができる

6-1-3 演習問題

問1　正規分布　　　　　　　　　　　　　　　　　CHECK ▶ □□□

平均が60，標準偏差が10の正規分布を表すグラフはどれか。

ア
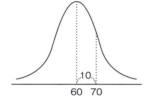

イ
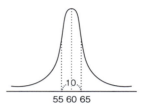

ウ
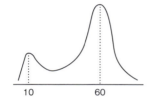

エ
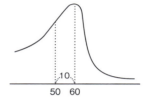

問2　ビッグデータ活用の発展過程　　CHECK▶ □□□

ビッグデータ活用の発展過程を次の4段階に分類した場合，第4段階に該当する活用事例はどれか。

〔ビッグデータ活用の発展段階〕
第1段階：過去や現在の事実の確認（どうだったのか）
第2段階：過去や現在の状況の解釈（どうしてそうだったのか）
第3段階：将来生じる可能性がある事象の予測（どうなりそうなのか）
第4段階：将来の施策への展開（どうしたら良いのか）

ア　製品のインターネット接続機能を用いて，販売後の製品からの多数の利用者による操作履歴をビッグデータに蓄積し，機能の使用割合を明らかにする。
イ　多数の利用者による操作履歴が蓄積されたビッグデータの分析結果を基に，当初，メーカが想定していなかった利用者の誤操作とその原因を見つけ出す。
ウ　ビッグデータを基に，利用者の誤操作の原因と，それによる故障率の増加を推定し，利用者の誤操作を招きにくいユーザインタフェースに改良する。
エ　利用者の誤操作が続いた場合に想定される製品の故障率の増加を，ビッグデータを用いたシミュレーションで推定する。

問3　数式処理　　CHECK▶ □□□

a及びbを定数とする関数 $f(t) = \dfrac{a}{t+1}$ 及び $g(t) = \dfrac{b}{t^2-t}$ に対して，$\lim_{t \to \infty} \dfrac{g(t)}{f(t)}$ はどれか。ここで，$a \neq 0$, $b \neq 0$, $t > 1$ とする。

ア　0　　　　イ　1　　　　ウ　$\dfrac{b}{a}$　　　　エ　∞

286　第6章　データサイエンスとAI

■ 演習問題の解説

問1　　　　　　　　　　　　　　　（令和元年秋 基本情報技術者試験 午前 問5）　《解答》**ア**

　平均が60の正規分布では，平均値の60が最も頻度が高くなる左右対称のグラフになります。解答群ではアやウのようなかたちです。標準偏差が10ということは±10，つまり50～70の間に全体の68%が入るようなかたちになります。解答群では，アの60～70までが1標準偏差です。したがって，**ア**が正解となります。

イ　平均が60，標準偏差が5の正規分布を表すグラフです。

ウ　二山型の確率分布で，複数の要因が関わるデータなどで見られるかたちです。

エ　ポアソン分布などの，左右対称ではないかたちの確率分布です。

問2　　　　　　　　　　　　　　（平成30年春 基本情報技術者試験 午前 問63）　《解答》**ウ**

　ビッグデータ活用の発展段階では，まず第1段階で，過去や現在の事実を確認します。解答群の例では，アの操作履歴を蓄積し，機能の使用割合を明らかにする事例が当てはまります。

　次に，第2段階で，過去や現在の状況を解釈します。解答群では，アの機能の誤動作の履歴を基に誤動作の原因を見つけ出す事例が当てはまります。

　さらに，第3段階で，将来生じる可能性のある事象の予測を行います。解答群では，エの誤動作と故障率をシミュレーションで推定する事例が当てはまります。

　最後に第4段階で，将来の施策への展開を行います。解答群では，ウのユーザインタフェースの改良の事例が当てはまります。

　問われているのは第4段階に該当する活用事例なので，**ウ**が正解です。

問3　　　　　　　　　　　　　　　（令和元年秋 基本情報技術者試験 午前 問4改）《**解答**》**ア**

関数 $f(t)$, $g(t)$ を当てはめて式を変形すると，次のようになります。

$$\lim_{t \to \infty} \frac{g(t)}{f(t)} = \lim_{t \to \infty} \frac{\frac{b}{t^2-t}}{\frac{a}{t+1}} = \lim_{t \to \infty} \frac{b(t+1)}{a(t^2-t)}$$

ここで，分母，分子ともに t^2 で割り，$t \to \infty$ とすると，次のようになります。

$$\lim_{t \to \infty} \frac{b(t+1)}{a(t^2-t)} = \lim_{t \to \infty} \frac{b(\frac{1}{t} + \frac{1}{t^2})}{a(1 - \frac{1}{t})} = \frac{b(0+0)}{a(1-0)} = \frac{0}{a} = 0$$

したがって，0になるので**ア**が正解です。

ここで，次のようなプログラムで，NumPyとMatplotlibを使用すると，t を増やしたときの値を計算してみることができます（a と b は1に設定しています）。

```
import numpy as np
import matplotlib.pyplot as plt

a, b = 1, 1  t = np.arange(2, 20, 1)    # tを2から順に増やしてみる
f = a / (t + 1)                          # 関数f(t)を計算
g = b / (t ** 2 - t)                     # 関数g(t)を計算
lim = g / t                              # limの値を計算

plt.plot(t, lim)                         # tとlimの関係を表示
plt.show()
```

実行結果

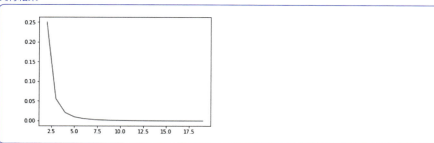

t の値が大きくなると0に近づいていく様子が確認できます。

第 6 章　データサイエンスと AI

6-2 AI関連技術

　AIや機械学習に関する技術には，ディープラーニングをはじめとした様々なものがあります。Pythonには，機械学習やディープラーニングのライブラリが数多く用意されており，活用することで様々な技術を利用できます。

6-2-1　AIとは

　AI（Artificial Intelligence：人工知能）とは，人間と同様の知能をコンピュータ上で実現させるための技術です。機械学習やディープラーニングを中心に，様々な技術が実用化されています。

AI

　AIは大きく，人間の知能を完全に模倣できる「強いAI」と，知能の一部の機能を代替する「弱いAI」に分けられます。現在実用化されているのはすべて，弱いAIに分類されるものです。

　人間を置き換えるものではありませんが，様々な技術が実用化されています。

　AIの代表的な実用化事例に画像認識があり，ほかに音声認識やテキスト翻訳などの分野でも技術が大きく進歩しています。

機械学習

　AIを実現する手法のうち近年よく用いられるものが**機械学習**です。機械学習とは，データからコンピュータが知識を学習することです。予測解析，統計学習，パターン認識などと呼ばれることもあります。

● 機械学習のイメージ

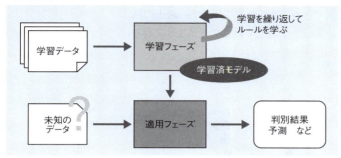

　学習フェーズでは，学習データを基に学習を繰り返してルールを学びます。学んだルールを，**学習済モデル**といいます。例えば，「犬」と「猫」の写真を区別する学習済モデルを作るには，犬と猫の写真を大量に学習し，犬と猫の特徴をモデルとして捉えます。

　適用フェーズでは，できあがった学習済モデルを未知のデータに当てはめて，計算した結果を出します。例えば，先ほど作成した犬と猫の特徴を学習した学習済モデルに「犬」の写真を当てはめてみて，それが「犬」であるという結果を出せると成功です。

　機械学習での「学習」は，主に次の2つを指します。

分類

　「当てはまるもの」と「そうでないもの」に分けることです。学習を行うことで，特定のものをほかのものから分けられるようになります。

● 分類のイメージ

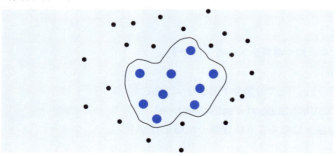

回帰

学習によって未来が予測できるようになることです。過去の結果からその傾向を学習し，未来を予測して対処できるようになります。

●回帰のイメージ

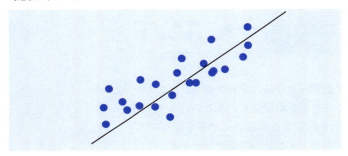

教師あり学習と教師なし学習

機械学習は，大きく教師あり学習と教師なし学習に分けられます。その間として半教師あり学習があり，強化学習はその一例です。

教師あり学習

教師あり学習は，正解（教師データ）を用意し，データと正解の関係から，その関係を表すモデル（ルール）を学習します。正解データ（ラベルともいいます）を集めることは困難ですが，正解が明確なので，精度の高い学習が可能となります。

教師あり学習のアルゴリズムには，主に次のようなものがあります。

- 線形回帰（最小二乗法）
  誤差の二乗を最小にする直線や曲線を求める方法です。
- 決定木（Decision Tree）
  木構造を利用した，条件のYes/Noで分類や予測を行う方法です。
- サポートベクタマシン（SVM：Support Vector Machine）
  各データ点との距離が最大になるように分類や回帰を行う手法です。

ディープラーニングで用いられるニューラルネットワークも，教師あり学習のアルゴリズムの1つです。

教師なし学習

正解に関する情報はなく，データのみからその傾向を学習します。学習データを集めることは比較的簡単ですが，求めるものが分かりづらく，精度を上げることが難しくなります。

教師なし学習のアルゴリズムとして有名なものに，k-means法やWard法などがあります。

強化学習

正解を用意するのではなく，行動を試すための環境を用意し，とるべき行動を自分で学習していく方法です。半教師あり学習の一例で，環境の中でいろいろ試してみることで自らデータを取得します。

■ ディープラーニング

教師あり学習のアルゴリズムの1つに，人間の神経回路網を模倣した方法であるニューラルネットワークがあります。ニューラルネットワークには，情報を伝えるための隠れ層と呼ばれる中間の層がありますが，その層を複数にし，より複雑な学習が可能となったものがディープラーニング（深層学習）です。ディープラーニングにより，AIの進化が加速し，様々な実用化につながっています。

AIと機械学習，ディープラーニングの関係を図示すると，次のようになります。

● AIと機械学習，ディープラーニングの関係

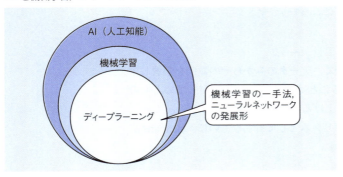

　ディープラーニングは様々な分野で応用されています。応用アルゴリズムに，**CNN**（Convolutional Neural Network：畳み込みニューラルネットワーク）があり，画像解析などで主に活用されています。また，文章の翻訳や生成などの自然言語処理などでよく用いられるアルゴリズムに，**RNN**（Recurrent Neural Network：再帰型ニューラルネットワーク）があります。

POINT!
- 機械学習には，教師あり学習と教師なし学習に加え，強化学習がある
- ディープラーニングは教師あり学習の一種で，CNNは画像解析などで活用

6-2-2 ⬤ AI関連のライブラリ

Pythonには，様々なAI関連のライブラリが揃っています。ディープラーニングのライブラリのほとんどは，Pythonを主な言語とするものです。

> **参考**
> AI関連のライブラリは，標準ライブラリには含まれていませんので，インストールが必要です。Anacondaには，scikit-learnは含まれています。

◼ 機械学習のためのライブラリ

Pythonで機械学習を行う際に最も一般的に使用されるライブラリに，scikit-learnがあります。

scikit-learn

機械学習のアルゴリズムごとにクラスが用意されており，簡単に機械学習を行うことが可能です。

よく用いられるものに，MNISTという，0～9までの手書き文字の画像データセットがあります。

> **関連**
> scikit-learnはオープンソースであり，ドキュメントなども公開されています。正確な情報は，以下の公式ページ（英語）を参考にしてください。
> https://scikit-learn.org/

● MNIST 手書き文字

5 0 4 1 9 2 1 3 1 4

scikit-learnでは，よく使うデータセットはdatasetsとして用意されており，load_digits( )メソッドを使用することでデータを取得できます。

例えば，次のようにすると，scikit-learn（インポートするライブラリはsklearn）のdatasetsを用いて，MNISTデータをダウンロードできます。

【例】MNISTデータのダウンロード

```
from sklearn import datasets
digits = datasets.load_digits()   # 手書き数字データ (8×8) の読み込み
```

ダウンロードしたデータdigitsには，データ（digits.data）と正解（digits.target）が含まれています。

機械学習では，学習したモデルを適切に評価するために，学習するデータ（トレーニングデータ）と，その学習結果を確認す

294　第6章　データサイエンスとAI

るためのデータ（テストデータ）を分ける必要があります。例え
ば，データの4／5をトレーニングデータ，残りの1／5をテス
トデータに分割するには，次のようにします。

【例】トレーニングデータとテストデータに分割

```
train_size = int(len(digits.data) * 4 / 5)   # トレーニング／テストデータの区切り
train_data = digits.data[:train_size]        # トレーニングデータ
train_label = digits.target[:train_size]     # トレーニングデータの正解
test_data = digits.data[train_size:]         # テストデータ
test_label = digits.target[train_size:]      # テストデータの正解
```

　機械学習を行うときには，機械学習のアルゴリズム（ここでは
決定木：Decision Treeを使用。sklearn.treeでインポート可）を
指定して，学習済モデルに設定します。実行するときには，トレー
ニングデータとその正解を指定して，fit( )メソッドを使用して実
行します。
　データを分割した後で，実際に機械学習を実行するプログラ
ムは，次のようになります。

【例】機械学習を実行し，学習済モデルを作成

```
from sklearn import tree
model = tree.DecisionTreeClassifier()   # 機械学習アルゴリズム（決定木）を指定
model.fit(train_data, train_label)      # 機械学習を実行し，学習済モデルを作成
```

　これにより，変数modelに学習済モデルができあがります。
　学習済モデルが適切に作成できたかどうかは，テストデータ
を用いて確認します。次のように，できあがったモデルでテスト
データから正解を予測し，それを実際の正解と比較します。

【例】正解の予測と実際の正解を比較

```
from sklearn.metrics import accuracy_score
predicted = model.predict(test_data)                          # モデルを使ってテストデータを予測
print('Accuracy: ',accuracy_score(test_label, predicted))    # 予測と正解から正答率を算出
```

実行結果

```
Accuracy:  0.7861111111111111
```

accuracy_scoreをインポートして使用することで，正答率（Accuracy）を計算できます。なお，**機械学習は統計的な処理な**ので，ここでの値とは異なる結果が出ることも多くあります。

このように，scikit-learnを用いることで，機械学習を簡単に行うことができます。

◼ ディープラーニングのためのライブラリ

ディープラーニングとは，ニューラルネットワークという機械学習のアルゴリズムを発展させたものです。先ほどのscikit-learnでも，ディープラーニングを実行することは可能です。

しかし，ディープラーニングは計算量が多く，GPU（Graphics Processing Unit）などのプロセッサを利用するような高速化が不可欠です。そのため，ディープラーニング専用のライブラリが開発されています。

最も普及しているディープラーニング専用のライブラリは，Googleが中心となって開発しているオープンソースのTensorFlowです。そのほかにも，Facebookが中心となって開発しているPyTorchや，マイクロソフトが中心となって開発しているCNTKなどがあります。

また，ディープラーニングを簡単に実現できるように，TensorFlowやCNTKなどに加えて使用するラッパーライブラリというものがあります。代表的なラッパーライブラリに，Kerasがあります。

TensorFlow

TensorFlowは，ディープラーニング用として最も普及しているライブラリです。TensorFlow 2.0にバージョンアップされてからは，ラッパーライブラリのKerasを取り込み，ディープラーニングのプログラムを簡単に作成できるようになっています。

例えば，先ほどのMNISTのデータは，TensorFlowでは次のように取得します（TensorFlowをインポートするには，あらかじめインストールしておく必要があります）。

 発展

scikit-learnを補完する，画像の加工や前処理を行うライブラリに，scikit-imageがあります（Anacondaに含まれています）。
https://scikit-image.org/
また，画像の加工や，画像に関する機械学習を実行したりするライブラリに，OpenCVがあります。
https://opencv.org/
OpenCVは，ライブラリを
> pip install opencv-python
とインポートすることで，使用できます。

 発展

日本でも，Preferred Network社が開発したChainerというディープラーニング専用ライブラリがあったのですが，2019年12月に開発を終了しました。PyTorchに順次合流する予定です。

 関連

TensorFlowはオープンソースであり，ドキュメントなども公開されています。正確な情報は，以下の公式ページ（一部日本語）を参考にしてください。
https://www.tensorflow.org/
公式ページでは，MNISTデータを使用した機械学習の例などのチュートリアルも公開されていますので，こちらを試してみることもできます。
https://www.tensorflow.org/tutorials/

296 第6章 データサイエンスと AI

【例】 TensorFlow で MNIST のデータを取得

```
import tensorflow as tf
mnist = tf.keras.datasets.mnist    # 手書き数字データ(28×28)の読み込み
(x_train, y_train), (x_test, y_test) = mnist.load_data()
```

　さらに，実行するディープラーニングのモデルを設定します。
ここの部分は複雑なので，雰囲気だけつかめれば十分です。

【例】 TensorFlow でディープラーニングのモデルを設定

```
x_train, x_test = x_train / 255.0, x_test / 255.0    # データの正規化
model = tf.keras.models.Sequential([                 # モデルを設定
    tf.keras.layers.Flatten(input_shape=(28, 28)),
    tf.keras.layers.Dense(64, activation='relu'),
    tf.keras.layers.Dense(10, activation='softmax')
])
model.compile(optimizer='adam', loss='sparse_categorical_crossentropy',
              metrics=['accuracy'])
```

　ディープラーニングを実行するには，model.fit( )メソッドを使
用します。

【例】 model.fit( )メソッドでディープラーニングを実行

```
model.fit(x_train, y_train, epochs=5)
```

実行結果

```
Train on 60000 samples
Epoch 1/5
60000/60000 [==============================] - 4s 64us/sample - loss: 0.3060 - accuracy: 0.9140
Epoch 2/5
60000/60000 [==============================] - 3s 55us/sample - loss: 0.1439 - accuracy: 0.9585
Epoch 3/5
60000/60000 [==============================] - 3s 56us/sample - loss: 0.1019 - accuracy: 0.9704
Epoch 4/5
60000/60000 [==============================] - 3s 55us/sample - loss: 0.0799 - accuracy: 0.9758
Epoch 5/5 60000/60000 [==============================] - 3s 55us/sample - loss: 0.0651 - accuracy: 0.9805
```

※統計処理なので，値は毎回若干異なります。

この例では，5回学習を繰り返して，正答率(accuracy)を向上させています。

テストデータで評価を行うと，次のようになります。

【例】テストデータによる評価

```
loss, accuracy = model.evaluate(x_test, y_test, verbose=2)
print('Accuracy: ', accuracy)
```

実行結果

```
10000/1 - 0s - loss: 0.0577 - accuracy: 0.9733
Accuracy:  0.9733
```

このように，TensorFlowを利用することで，ディープラーニングのプログラミングを行うことができます。

POINT!

- 機械学習を実現するライブラリにscikit-learnがある
- ディープラーニングを実現するライブラリにTensorFlowがある

AIとPython

Pythonというプログラミング言語が登場したのは1991年と，30年以上前です。もともと，いろいろな場面で使われていた言語ですが，人気が爆発したのは2010年代に入り，第3次AIブームが来てからです。Pythonには，NumPyなどの数値演算ライブラリや，Scikit-learnなどの機械学習ライブラリがあり，簡単にAIプログラミングを実現できます。また，ディープラーニングを行うためのライブラリも，Pythonで使うものが中心です。そのため，「AI関連のことを行うならPythonが一番便利」と認知され普及していきました。

Pythonは，だいたい何でもできる言語ですが，得意なことと苦手なことがあります。数学やデータサイエンス，バイオインフォマティックス(生物情報学)，言語処理など，学問的な内容は比較的得意です。そのため，AI以外でも研究に活用するにはPythonが最適であることが多いです。逆に，WebプログラミングなどはJavaScriptを始めとしたWebに特化した言語にはかないません。

プログラミング言語は，必要な状況に合わせて最適なものを使っていくことが大切です。AI関連の技術を学ぶときには，Pythonで実際にプログラミングをすると理解が深まります。いろいろ試して，プログラミング能力だけでなく，これからの時代に必要なスキルを身につけていきましょう。

6-2-3 ○ 演習問題

問1　教師あり学習　　　　　　　　　　　　　　　　　CHECK ▶ □□□

機械学習における教師あり学習の説明として，最も適切なものはどれか。

ア　個々の行動に対しての善しあしを得点として与えることによって，得点が最も
　　多く得られるような方策を学習する。

イ　コンピュータ利用者の挙動データを蓄積し，挙動データの出現頻度に従って次
　　の挙動を推論する。

ウ　正解のデータを提示したり，データが誤りであることを指摘したりすることに
　　よって，未知のデータに対して正誤を得ることを助ける。

エ　正解のデータを提示せずに，統計的性質や，ある種の条件によって入力パター
　　ンを判定したり，クラスタリングしたりする。

問2　ディープラーニング　　　　　　　　　　　　　　　CHECK ▶ □□□

AIにおけるディープラーニングの特徴はどれか。

ア　"AならばBである"というルールを人間があらかじめ設定して，新しい知識を
　　論理式で表現したルールに基づく推論の結果として，解を求めるものである。

イ　厳密な解でなくてもなるべく正解に近い解を得るようにする方法であり，特定
　　分野に特化せずに，広範囲で汎用的な問題解決ができるようにするものである。

ウ　人間の脳神経回路を模倣して，認識などの知能を実現する方法であり，ニュー
　　ラルネットワークを用いて，人間と同じような認識ができるようにするもので
　　ある。

エ　判断ルールを作成できる医療診断などの分野に限定されるが，症状から特定の
　　病気に絞り込むといった，確率的に高い判断ができる。

| 問3 | 機械学習の活用事例 | CHECK ▶ □□□ |

生産現場における機械学習の活用事例として，適切なものはどれか。

ア　工場における不良品の発生原因をツリー状に分解して整理し，アナリストが統計的にその原因や解決策を探る。

イ　工場の生産設備を高速通信で接続し，ホストコンピュータがリアルタイムで制御できるようにする。

ウ　工場の生産ロボットに対して作業方法をプログラミングするのではなく，ロボット自らが学んで作業の効率を高める。

エ　累積生産量が倍増するたびに工場従業員の生産性が向上し，一定の比率で単位コストが減少する。

300 第6章 データサイエンスとAI

■ 演習問題の解説

問1　(平成31年春 基本情報技術者試験 午前 問4)　《解答》ウ

　機械学習における教師あり学習とは，正解データを教師として学習する方法です。正解のデータを提示したり，それが正解ではない（誤りである）ことを指摘したりすることで，学習を行っていきます。したがって，ウが正解です。

ア　強化学習の説明です。

イ　推論は，学習ではなく，学習済モデルの適用フェーズで行われることです。

エ　教師なし学習の説明です。

問2　(平成30年春 基本情報技術者試験 午前 問3)　《解答》ウ

　ディープラーニングとは，人間の神経回路網を模倣した方法であるニューラルネットワークという機械学習アルゴリズムを発展させたアルゴリズムです。ニューラルネットワークを用いて，人間と同じような，場合によっては人間を超える精度の認識を実現できます。したがって，ウが正解です。

ア　ルールを基にした推論の特徴です。

イ　メタヒューリスティクスの特徴です。

エ　エキスパートシステムの特徴です。

問3　(令和元年秋 基本情報技術者試験 午前 問73)　《解答》ウ

　機械学習では，ルールをプログラミングして制御を行うのではなく，データを学ぶことでルールを作成します。工場の生産ロボットに対して，作業の流れをロボットが観察してデータを集め，そのデータからルールを機械学習することで，ロボット自らが作業を改善できるようになります。したがって，ウが正解です。

ア　統計学を用いたデータサイエンスの活用事例です。

イ　生産設備のネットワーク化による業務改善の事例です。

エ　工場従業員（人間）が学習することの効果となります。

6-3 データサイエンス問題

データサイエンスに関する問題は，Pythonをプログラミング言語に選択した場合に出題される可能性が高いものです。ここでは，ディープラーニングの基本となるアルゴリズムであるニューラルネットワークの問題に取り組んでみましょう。

6-3-1 データサイエンス問題の演習

問　ニューラルネットワークに関する次の記述を読んで，設問1～4に答えよ。

　AI技術の進展によって，機械学習に利用されるニューラルネットワークは様々な分野で応用されるようになってきた。ニューラルネットワークが得意とする問題に分類問題がある。例えば，ニューラルネットワークによって手書きの数字を分類（認識）することができる。

　分類問題には線形問題と非線形問題がある。図1に線形問題と非線形問題の例を示す。2次元平面上に分布した白丸（○）と黒丸（●）について，線形問題（図1の(a)）では1本の直線で分類できるが，非線形問題（図1の(b)）では1本の直線では分類できない。機械学習において分類問題を解く機構を分類器と呼ぶ。ニューラルネットワークを使うと，線形問題と非線形問題の両方を解く分類器を構成できる。

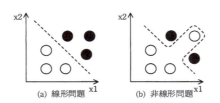

図1　線形問題と非線形問題の例

　2入力の論理演算を分類器によって解いた例を図2に示す。図2の論理演算の結果（丸数字）は，論理積（AND），論理和（OR）及び否定論理積（NAND）では1本の直線で分類できるが，排他的論理和（XOR）では1本の直線では分類できない。この性質から，前者は線形問題，後者は非線形問題と考えることができる。

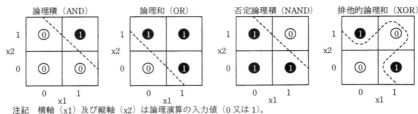

注記　横軸（x1）及び縦軸（x2）は論理演算の入力値（0又は1）。
　　　丸数字は論理演算の出力値（演算結果）。破線は出力値を分類する境界。

図2　2入力の論理演算を分類器によって解いた例

〔単純パーセプトロンを用いた論理演算〕

ここでは，図2に示した四つの論理演算の中から，排他的論理和以外の三つの論理演算を，ニューラルネットワークの一種であるパーセプトロンを用いて，分類問題として解くことを考える。図3に最もシンプルな単純パーセプトロンの模式図とノードの演算式を示す。ここでは，円をノード，矢印をアークと呼ぶ。ノードx1及びノードx2は論理演算の入力値，ノードyは出力値（演算結果）を表す。ノードyの出力値は，アークがもつ重み（w1, w2）とノードyのバイアス（b）を使って，図3中の演算式を用いて計算する。

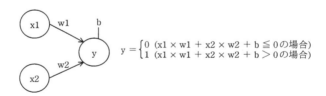

図3　単純パーセプトロンの模式図とノードの演算式

単純パーセプトロンに適切な重みとバイアスを設定することで，論理積，論理和及び否定論理積を含む線形問題を計算する分類器を構成することができる。一般に，重みとバイアスは様々な値を取り得る。表1に単純パーセプトロンで各論理演算を計算するための重みとバイアスの例を示す。

例えば，表1の論理和の重みとバイアスを設定した単純パーセプトロンにx1 = 1, x2 = 0を入力すると，図3の演算式から$1 \times 0.5 + 0 \times 0.5 - 0.2 = 0.3 > 0$となり，出力値はy = 1となる。

6-3　データサイエンス問題　303

表1　単純パーセプトロンで各論理演算を計算するための重みとバイアスの例

論理演算	w1	w2	b
論理積	0.5	0.5	a
論理和	0.5	0.5	-0.2
否定論理積	-0.5	-0.5	0.7

〔単純パーセプトロンのプログラム〕

　単純パーセプトロンの機能を実装するプログラム simple_perceptron を作成する。プログラムで使用する定数，変数及び配列を表2に，プログラムを図4に示す。simple_perceptron は，論理演算の入力値の全ての組合せXから論理演算の出力値Yを計算する。ここで，関数に配列を引数として渡すときの方式は参照渡しである。また，配列の添え字は0から始まるものとする。

表2　プログラム simple_perceptron で使用する定数，変数及び配列

名称	種類	説明
NI	定数	入力ノードの数を表す定数。 表1の論理演算では，2入力なので，2となる。
NC	定数	論理演算の入力値の全ての組合せの数を表す定数。 表1の論理演算では，4となる。
X	配列	論理演算の入力値の全ての組合せを表す2次元配列。 表1の論理演算では，[[0,0], [0,1], [1,0], [1,1]]が設定されている。
Y	配列	論理演算の出力値（演算結果）を格納する1次元配列。 表1の論理和では，入力値Xに対応して[0, 1, 1, 1]となる。
WY	配列	ノードyのアークがもつ重みの値を表す1次元配列。 表1の論理和では，[0.5, 0.5]を与える。
BY	変数	ノードyのバイアスの値（b）を表す変数。 表1の論理和では，-0.2 を与える。

```
def simple_perceptron(X, Y):
    for out in range(NC):
        ytemp =    b
        for inp in range(NI):
            ytemp = ytemp +    c    *    d
        if ytemp    e    :
            Y[out] = 1
        else:
            Y[out] = 0
```

図4　単純パーセプトロンのプログラム

〔3層パーセプトロンを用いた論理演算〕

　パーセプトロンの層を増やすと，単純パーセプトロンでは解くことのできない非線形問題を解くことができるようになる。例えば排他的論理和を計算する分類器は，3層パーセプトロンを用いて構成することができる。

　3層パーセプトロンの模式図とノードの演算式を図5に，排他的論理和を計算するための重みとバイアスの例を表3に示す。ノードm1及びノードm2を中間ノードと呼ぶ。

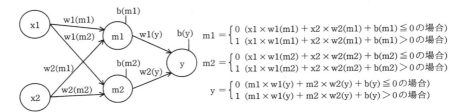

図5　3層パーセプトロンの模式図とノードの演算式

表3　3層パーセプトロンで排他的論理和を計算するための重みとバイアスの例

ノード	w1	w2	b
m1	0.5	0.5	−0.2
m2	−0.5	−0.5	0.7
y	0.5	0.5	−0.6

〔3層パーセプトロンのプログラム〕

　3層パーセプトロンの機能を実装するプログラム three_layer_perceptron を作成する。表2に示したものに加えて，このプログラムで使用する定数及び配列を表4に，プログラムを図6に示す。three_layer_perceptron は，論理演算の入力値の全ての組合せXから論理演算の出力値Yを計算する。

表4　プログラム three_layer_perceptron で使用する定数及び配列

名称	種類	説明
NM	定数	中間ノードの数を表す定数。 図5では，中間ノードがm1及びm2の二つなので，2となる。
M	配列	中間ノードの演算結果を格納する2次元配列。
WM	配列	中間ノードのアークがもつ重みの値を表す2次元配列。 表3の排他的論理和では，[[0.5, 0.5]，[−0.5, −0.5]] を与える。
BM	配列	中間ノードのバイアスの値(b)を入れる1次元配列。 表3の排他的論理和では，[−0.2, 0.7] を与える。

6-3 データサイエンス問題 305

```
def three_layer_perceptron(X, Y):
    for out in range(NC):
        ytemp =  [  b  ]
        for mid in range(NM):
            mtemp = BM[mid]
            for inp in range(NI):
                mtemp = mtemp +  [  c  ]  *  [  f  ]
            if mtemp  [  e  ] :
                M[out][mid] = 1
            else:
                M[out][mid] = 0
            ytemp = ytemp +  [  g  ]  *  [  h  ]
        if ytemp  [  e  ] :
            Y[out] = 1
        else:
            Y[out] = 0
```

図6　3層パーセプトロンのプログラム

設問1　表1中の [a] に入れる適切な数値を解答群の中から選び,記号で答えよ。

解答群
　　ア　− 0.7　　　　イ　− 0.2　　　　ウ　0.2　　　　エ　0.7

設問2　表3の値を用いた場合に,図5で入力値x1 = 1,x2 = 0に対する中間ノードm2 の出力値を解答群の中から選び,記号で答えよ。

解答群
　　ア　0　　　　　イ　1

設問3　図4及び図6中の [b] ～ [h] に入れる適切な字句を解答群の中から選び,記号で答えよ。

b ～ d,f ～ hに関する解答群
　　ア　BM[mid]　　イ　BY　　　　ウ　M[out][mid]　　エ　WM[mid][inp]
　　オ　WY[inp]　　カ　WY[mid]　　キ　X[out][inp]　　ク　Y[out]

第 6 章　データサイエンスと AI

eに関する解答群

ア　< 0　　　　イ　<= 0　　　　ウ　> 0　　　　エ　>= 0

設問4　2入力の同値(EQ)と否定論理和(NOR)のうち，単純パーセプトロンで解くことができるのはどちらか。解答群の中から選び，記号で答えよ。なお，同値とは，二つの入力値が等しい場合に1，等しくない場合に0となる論理演算である。

解答群

ア　同値　　　　イ　否定論理和

(令和元年秋 応用情報技術者試験 午後 問3（プログラミング）改)

6-3 データサイエンス問題　307

■解答

設問1　a　ア

設問2　イ

設問3　b　イ　　　　　c　キ　　　　　d　オ　　　　　e　ウ
　　　　f　エ　　　　　g　ウ　　　　　h　カ　　　※gとhは順不問

設問4　イ

■解説

　ニューラルネットワークに関する問題です。ディープラーニングの基本的なアルゴリズムであるニューラルネットワークを題材に，ニューラルネットワークの一種であるパーセプトロンに関する基本的な理解について問われています。事前知識はなくても，問題文を読み解きながら，単純パーセプトロンや3層パーセプトロンの仕組みについて理解していくことで問題を解くことができます。少し難しい内容ですが，実際にプログラムを動かしてみながらイメージをつかんでいきましょう。

6

設問1

　表1中の空欄穴埋め問題です。表1「単純パーセプトロンで各論理演算を計算するための重みとバイアスの例」を完成させていきます。

空欄a

　論理積を計算するときに利用するバイアス(b)の値を考えます。

　図3より，単純パーセプトロンでのノードの演算式は，次のようになります。

$$y = \begin{cases} 0 & (x1 \times w1 + x2 \times w2 + b \leqq 0 \text{の場合}) \\ 1 & (x1 \times w1 + x2 \times w2 + b > 0 \text{の場合}) \end{cases}$$

　論理積(AND)では，図2より，x1とx1の値が，(x1, x2) = (0, 0)，(0, 1)，(1, 0)のときにはy = 0，(x1, x2) = (1, 1)のときにはy = 1となる必要があります。(w1, w2)の値は，表1ですでに(0.5, 0.5)と与えられているので，この値を式に代入していきます。

　論理式(AND)においては，(x1, x2) = (0, 0)，(0, 1)，(1, 0)のときはy = 0なので，当てはめると，次のようになります。

308　第6章　データサイエンスとAI

$$0 \times 0.5 + 0 \times 0.5 + b = b \leqq 0$$
$$0 \times 0.5 + 1 \times 0.5 + b = b + 0.5 \leqq 0$$
$$1 \times 0.5 + 0 \times 0.5 + b = b + 0.5 \leqq 0$$

これら3つの式を合わせると,
$$b \leqq -0.5$$
となります。

また,$(x1, x2) = (1, 1)$のときは$y = 1$なので,次のようになります。

$$1 \times 0.5 + 1 \times 0.5 + b = 1 + b > 0$$

この式から,
$$b > -1$$
を導くことができます。

bの条件式をすべて合わせると,
$$-1 < b \leqq -0.5$$
となります。解答群のうち,この範囲に当てはまるのは,アの-0.7のみです。したがって,空欄aは**ア**になります。

設問2

表3の値を用いた場合に,図5で入力値$x1 = 1$,$x2 = 0$に対する中間ノードm2の出力値を計算します。
図5より,中間ノードm2を求める式は,次のようになります。

$$m2 = \begin{cases} 0\,(x1 \times w1\,(m2) + x2 \times w2\,(m2) + b\,(m2) \leqq 0 の場合) \\ 1\,(x1 \times w1\,(m2) + x2 \times w2\,(m2) + b\,(m2) > 0 の場合) \end{cases}$$

表3のノードm2より,$w1\,(m2) = -0.5$,$w2\,(m2) = -0.5$,$b\,(m2) = 0.7$と設定するので,入力値$x1 = 1$,$x2 = 0$で計算を行うと,次のようになります。

$$x1 \times w1\,(m2) + x2 \times w2\,(m2) + b\,(m2) = 1 \times (-0.5) + 0 \times (-0.5) + 0.7$$
$$= -0.5 + 0.7 = 0.2 > 0$$

6-3 データサイエンス問題 309

計算した値が0より大きいので，m2の値は1が選択されます。したがって，解答は**イ**の1になります。

設問3

図4及び図6中の空欄穴埋め問題です。単純パーセプトロン，及び3層パーセプトロンのプログラムを完成させていきます。

空欄b

図4の単純パーセプトロンのプログラムや図6の3層パーセプトロンのプログラムで，最初に変数ytempに代入する値を考えます。

図4のうち，ytempが関わってくる部分を抜き出してみます。

```
ytemp =   [  b  ]
for inp in range(NI):
    ytemp = ytemp + [  c  ] * [  d  ]
if ytemp [  e  ] :
    Y[out] = 1
else:
    Y[out] = 0
```

ytempの値を空欄eで判定し，Y[out]の値を代入しています。表2より，Yは，論理演算の出力値（演算結果）を格納する1次元配列です。つまり，図3の式

$$y = \begin{cases} 0 \,(x1 \times w1 + x2 \times w2 + b \leqq 0 の場合) \\ 1 \,(x1 \times w1 + x2 \times w2 + b > 0 の場合) \end{cases}$$

のyの値が，配列Yに格納されると考えられます。そのため，ytempは，判断する前の $x1 \times w1 + x2 \times w2 + b$ を計算する変数だと想定できます。空欄bの下のfor文で，掛け算した結果をytempに加えているので，最初に設定する値は，定数のbに該当する値だと考えられます。表2より，ノードyのバイアスの値（b）は，変数BYとなるので，これをそのまま空欄bに設定します。

したがって，空欄bは**イ**のBYが正解です。

空欄c

図4の単純パーセプトロンのプログラムと図6の3層パーセプトロンのプログラムの両方に登場する，変数ytempに追加する内容を考えます。

第6章　データサイエンスとAI

空欄aで考えたとおり，図4の

```
for inp in range(NI):
    ytemp = ytemp +   c   *   d
```

の部分で，x1 × w1 + x2 × w2を計算します。そのため，空欄cは，入力値（x1，x2）か，重み（w1，w2）のどちらかを示すと考えられます。表2より，論理演算の入力値は変数Xで，ノードyのアークがもつ重みの値は変数WYで表すことが分かります。

図6の空欄cは，

```
mtemp = BM[mid]
for inp in range(NI):
    mtemp = mtemp +   c   *   f
if mtemp   e   :
    M[out][mid] = 1
else:
    M[out][mid] = 0
```

となっており，mtempの値を計算するときに，空欄fとともに使用されています。mtempは，M[out][mid]を計算するときの条件式（if文）で用いられており，変数Mは，表4より，中間ノードの演算結果を格納する2次元配列です。

つまり，図5の

$$m1 = \begin{cases} 0\,(x1 \times w1\,(m1) + x2 \times w2\,(m1) + b\,(m1) \leqq 0\text{の場合}) \\ 1\,(x1 \times w1\,(m1) + x2 \times w2\,(m1) + b\,(m1) > 0\text{の場合}) \end{cases}$$

$$m2 = \begin{cases} 0\,(x1 \times w1\,(m2) + x2 \times w2\,(m2) + b\,(m2) \leqq 0\text{の場合}) \\ 1\,(x1 \times w1\,(m2) + x2 \times w2\,(m2) + b\,(m2) > 0\text{の場合}) \end{cases}$$

のm1，m2の値を計算する部分だと考えられます。

図3のyを求める式と共通するのはx1，x2の部分なので，配列Xの方が，空欄cの両方で使われます。添字は，Xの組合せ順が変数outで，x1，x2の1，2の順が変数inpで与えられると考えられるので，X[out][inp]とします。

したがって，空欄cは**キ**のX[out][inp]が正解です。

6-3 データサイエンス問題 311

空欄 d

図4の単純パーセプトロンのプログラムのみにある，入力値と掛け合わせる変数を考えます。$x1 \times w1 + x2 \times w2$ を計算するとき，空欄cが入力値（x1, x2）を示す変数Xであることが分かったので，空欄dには重み（w1, w2）を表す変数WYを設定します。このとき，w1, w2の1, 2の順が変数inpで与えられると考えられるので，WY[inp]とします。

したがって，空欄dは**オ**のWY[inp]が正解です。

空欄 e

図4と図6の両方にあるif文の判定式を考えます。ytempの値が条件に当てはまったときには，Y[out]の値が1，そうでないときは0となります。図4より，ytempには図3の $x1 \times w1 + x2 \times w2 + b$ の演算結果が入っていると想定できるので，図3の式に当てはめて，ytemp＞0のときにはY[out]は1，ytemp≦0のときにY[out]は0となると考えられます。そのため，if文の条件式は，ytemp＞0となります。

したがって，空欄eは**ウ**の＞0が正解です。

空欄 f

図6の3層パーセプトロンのみにある，空欄cの入力値 X[out][inp] と掛け合わせる内容を考えます。図5より，（x1, x2）と掛け合わせるのは，m1を求めるときには（w1(m1), w2(m1)）の組合せで，m2を求めるときには（w1(m2), w2(m2)）の組合せとなります。これらは中間ノードのアークがもつ重みで，表4の中では，WMが重みの値を表す2次元配列となります。添字は，図6のfor文より，m1, m2の1, 2がmid，w1, w2の1, 2がinpで与えられると考えられるので，WM[mid][inp]となります。

したがって，空欄fは**エ**のWM[mid][inp] が正解です。

空欄 g，h

図6の3層パーセプトロンのプログラムのみにおける，ytempを求める計算式を考えます。

図5より，3層パーセプトロンでyを求める計算式は，次のようになります。

$$y = \begin{cases} 0 \ (m1 \times w1(y) + m2 \times w2(y) + b(y) \leq 0 \text{の場合}) \\ 1 \ (m1 \times w1(y) + m2 \times w2(y) + b(y) > 0 \text{の場合}) \end{cases}$$

ここから，ytempは，Yが1か0か判断する前の $m1 \times w1(y) + m2 \times w2(y) + b(y)$ だと考えられます。b(y)については，すでに空欄bの部分で変数BYが設定されてい

るので，空欄g，hは，(m1，m2)，もしくは(w1(y)，w2(y))のどちらかの配列だと考えられます。表2と表4より，(m1，m2)は配列M，(w1(y)，w2(y))は配列WYに該当します。

2次元配列Mの添字は，Mは入力値の数(outの値)ごとに与えられており，m1，m2の1，2はmidで増やされるとfor文より読み取れるので，M[out][mid]となります。1次元配列WYの添字は，w1，w2の1，2はmidで増やされるとfor文より読み取れるので，WY[mid]となります。

したがって，空欄gは**ウ**のM[out][mid]，空欄hは**カ**のWY[mid]が正解です(順不同)。

設問4

2入力の同値(EQ)と否定論理和(NOR)を図2にならって図示すると，次のようになります。

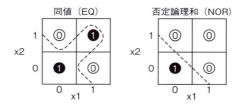

同値と否定論理和

左の同値は，0と1がクロスするかたちになるので，直線で分類することができず，非線形問題となります。非線形問題は，排他的論理和(XOR)と同様，単純パーセプトロンでは解くことができず，3層パーセプトロンが必要となります。

右の否定論理和の方は直線で分類できるので，線形問題です。そのため，単純パーセプトロンで解くことができます。

したがって，正解は**イ**の否定論理和になります。

第 **7** 章

Python午後問題演習

この章では，これまで学んできた内容を基に午後問題の演習を行います。

予想問題やサンプル問題を解いてみることで，現在地を確認し，実力を身に付けることができます。

アルゴリズムやオブジェクト指向の内容も含まれており，実際のPythonプログラムを動かしてみながら学習すると，理解がより深まります。

7-1　予想問題の演習

- 7-1-1　予想問題1
- 7-1-2　予想問題2
- 7-1-3　予想問題3
- 7-1-4　予想問題4
- 7-1-5　予想問題5

7-2　サンプル問題の演習

- 7-2-1　サンプル問題

314 第7章 Python 午後問題演習

7-1 予想問題の演習

近年の基本情報技術者試験で出題されたプログラミング問題を踏まえ，Pythonの予想問題を用意しました。今まで学習した内容の理解を進め，実力を身に付けるためにもぜひ挑戦してみてください。

7-1-1 ● 予想問題1

問　次のPythonプログラムの説明及びプログラムを読んで，設問1～3に答えよ。

〔プログラムの説明〕

　関数BitapMatchは，Bitap法を使って文字列検索を行うプログラムである。

　Bitap法は，検索対象の文字列（以下，対象文字列という）と検索文字列の照合に，個別の文字ごとに定義されるビット列を用いるという特徴をもつ。

　なお，本問では，例えば2進数の16ビット論理型の定数 0000000000010101 は，上位の0を省略して0b10101と表記する。

(1)　関数BitapMatchは，対象文字列をText[]に，検索文字列をPat[]に格納して呼び出す。配列の要素番号は1から始まり（Pythonのリストの要素番号は0から始まるため，0番目の要素は無視して，スペースとすることで対応します），Text[]のi番目の文字はText[i]と表記する。Pat[]についても同様にi番目の文字はPat[i]と表記する。対象文字列と検索文字列は，英大文字で構成され，いずれも最長16文字とする。

　対象文字列Text[]が"AACBBAACABABAB"，検索文字列Pat[]が"ACABAB"の場合の格納例を，図1に示す。

要素番号	1	2	3	4	5	6	7	8	9	10	11	12	13	14
Text[]	A	A	C	B	B	A	A	C	A	B	A	B	A	B

要素番号	1	2	3	4	5	6
Pat[]	A	C	A	B	A	B

図1　対象文字列と検索文字列の格納例

(2) 関数BitapMatchは，関数GenerateBitMaskを呼び出す。

　関数GenerateBitMaskは，文字"A"〜"Z"の文字ごとに，検索文字列に応じたビット列(以下，ビットマスクという)を生成し，要素数26の16ビット論理型配列Mask[]に格納する。Mask[1]には文字"A"に対するビットマスクを，Mask[2]には文字"B"に対するビットマスクを格納する。このようにMask[1]〜Mask[26]に文字"A"〜"Z"に対応するビットマスクを格納する。

　関数GenerateBitMaskは，Mask[]の全ての要素を0b0に初期化した後，1以上でPat[]の文字数以下の全てのiに対して，Pat[i]の文字に対応するMask[]の要素であるMask[Index(Pat[i])]に格納されている値の，下位から数えてi番目のビットの値を1にする。

　関数Indexは，引数にアルファベット順でn番目の英大文字を設定して呼び出すと，整数n (1 ≦ n ≦ 26) を返す。

(3) 　図1で示した，Pat[]が"ACABAB"の例の場合，関数GenerateBitMaskを実行すると，Mask[]は図2のとおりになる。

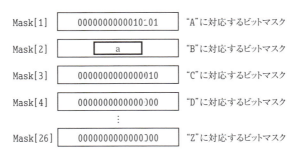

図2　図1で示したPat[]に対するMask[]の値

(4) 　関数GenerateBitMaskの引数と返却値の仕様は，表1のとおりである。

表1　関数GenerateBitMaskの引数と返却値の仕様

引数／返却値	データ型	入力／出力	説明
Pat[]	文字型	入力	検索文字列が格納されている1次元配列
Mask[]	16ビット論理型	出力	文字"A"〜"Z"に対応するビットマスクが格納される1次元配列
返却値	整数型	出力	検索文字列の文字数

316 第7章 Python 午後問題演習

〔プログラム1〕

```
def GenerateBitMask(Pat, Mask):
    PatLen = len(Pat)
    for i in range(1, 27):
        Mask[i] =    b            # 初期化
    for i in range(1, PatLen):
        Mask[Index(Pat[i])] =    c    | Mask[Index(Pat[i])]
    return PatLen
```

設問1 プログラムの説明及びプログラム1中の _____ に入れる正しい答えを, 解答群の中から選べ。

aに関する解答群

ア 0000000000000101 　　　イ 0000000000101000

ウ 0001010000000000 　　　エ 1010000000000000

bに関する解答群

ア 0b0

イ 0b1

ウ 0b1 << PatLen

エ 0b1 << (PatLen - 1)

オ 0b1111111111111111

cに関する解答群

ア 0b1 << (i - 1)

イ 0b1 << i

ウ 0b1 << (PatLen - 1)

エ 0b1 << PatLen

オ 0b1

〔関数 BitapMatch の説明〕

(1) Text[] と Pat[] を受け取り, Text[] の要素番号の小さい方から Pat[] と一致する文字列を検索し, 見つかった場合は, 一致した文字列の先頭の文字

に対応する Text[] の要素の要素番号を返し，見つからなかった場合は，－1
を返す。

(2)　図1の例では，Text[7] ～ Text[12] の文字列が Pat[] と一致するので，7
を返す。

(3)　関数 BitapMatch の引数と返却値の仕様は，表2のとおりである。

表2　関数 BitapMatch の引数と返却値の仕様

引数／返却値	データ型	入力／出力	説明
Text[]	文字型	入力	対象文字列が格納されている1次元配列
Pat[]	文字型	入力	検索文字列が格納されている1次元配列
返却値	整数型	出力	対象文字列中に検索文字列が見つかった場合は，一致した文字列の先頭の文字に対応する対象文字列の要素の要素番号を，検索文字列が見つからなかった場合は，－1を返す。

〔プログラム2〕

```
def BitapMatch(Text, Pat):
    TextLen = len(Text)
    PatLen = GenerateBitMask(Fat, Mask)
    Status = 0b0
    Goal = 0b1 << (PatLen - 2)
    for i in range(1, TextLen):
        Status = Status << 1 | 0b1          # ← α
        Status = Status & Mask[Index(Text[i])] # ← β
        if Status & Goal != 0b0:
            return (i - PatLen + 2)
    return -1
```

設問2　次の記述中の　　　　　　　に入れる正しい答えを，解答群の中から選べ。

　　図1で示したとおりに，Text[] と Pat[] に値を格納し，関数 BitapMatch を
実行した。プログラム2の行 β を実行した直後の変数 i と配列要素 Mask[Index
(Text[i])] と変数 Status の値の遷移は，表3のとおりである。

　　例えば，i が1のときに行 β を実行した直後の Status の値は0b1 であること
から，i が2のときに行 a を実行した直後の Status の値は，0b1 を1ビットだけ
論理左シフトした0b10 と0b1 とのビットごとの論理和を取った0b11となる。次

に，i が2のときに行 β を実行した直後の Status の値は，Mask[Index(Text[2])] の値が0b10101であることを考慮すると，　　d　　となる。

　同様に，i が8のときに行 β を実行した直後の Status の値が0b10であるということに留意すると，i が9のときに行 α を実行した直後の行 β で参照する Mask[Index(Text[9])] の値は　　e　　であるので，行 β を実行した直後の Status の値は　　f　　となる。

表3　図1の格納例に対してプログラム2の行 β を実行した直後の
配列要素 Mask[Index(Text[i])] と変数 Status の値の遷移

i	1	2	…	8	9	…
Mask[Index(Text[i])]	0b10101	0b10101	…	0b10	e	…
Status	0b1	d	…	0b10	f	…

d ～ f に関する解答群

ア　0b0　　　　　イ　0b1　　　　　ウ　0b10　　　　　エ　0b11

オ　0b100　　　　カ　0b101　　　　キ　0b10101

設問3　関数 GenerateBitMask の拡張に関する，次の記述中の　　　　　　に入れる正しい答えを，解答群の中から選べ。ここで，プログラム3中の　　b　　には，設問1の　　b　　の正しい答えが入っているものとする。

　表4に示すような正規表現を検索文字列に指定できるように，関数 GenerateBitMask を拡張し，関数 GenerateBitMaskRegex を作成した。

表4　正規表現

記号	説明
[]	[]内に記載されている文字のいずれか1文字に一致する文字を表す。例えば，"A[XYZ]B"は，"AXB"，"AYB"，"AZB"を表現している。

〔プログラム3〕

```python
def GenerateBitMaskRegex(Pat, Mask):
    OriginalPatLen = len(Pat)
    PatLen = 0
    Mode = 0
    for i in range(1, 27):
        Mask[i] = 0b0  # 初期化
    for i in range(1, OriginalPatLen):
        if Pat[i] == "[":
            Mode = 1
            PatLen = PatLen + 1
        elif Pat[i] == "]":
            Mode = 0
        else:
            if Mode == 0:
                PatLen += 1
            Mask[Index(Pat[i])] = 0b1 << (PatLen - 1) | Mask[Index(Pat[i])]
    return PatLen
```

　　Pat[] に "AC[BA]A[ABC]A" を格納して，関数 GenerateBitMaskRegex を呼び出した場合を考える。この場合，文字 "A" に対応するビットマスクである Mask[1] は 　　g　　 となり，関数 GenerateBitMaskRegex の返却値は 　　h　　 となる。また，Pat[] に格納する文字列中において[]を入れ子にすることはできないが，誤って Pat[] に "AC[B[AB]AC]A" を格納して関数 GenerateBitMaskRegex を呼び出した場合，Mask[1] は 　　i　　 となる。

g，iに関する解答群

　　ア　0b1001101　　　　イ　0b1010100001　　　ウ　0b1011001

　　エ　0b101111　　　　　オ　0b110011　　　　　カ　0b111101

hに関する解答群

　　ア　4　　　　　イ　6　　　　　　ウ　9　　　　　　エ　13

（令和元年秋 基本情報技術者試験 午後 問8（アルゴリズム）改）

320　第7章　Python 午後問題演習

解答

設問1　a　イ　　　　　　　b　ア　　　　　　　c　ア
設問2　d　イ　　　　　　　e　キ　　　　　　　f　カ
設問3　g　カ　　　　　　　h　イ　　　　　　　i　ウ

解説

　Bitap法を用いて文字列検索を行うプログラムについての問題です。それぞれの文字が出現する位置をビットマップで表すことで，論理演算を用いて文字列の一致を確認できます。アルゴリズムの理解がポイントの問題です。

　Pythonでは，2進数を0bをつけて表現することができ，左シフト(<<)や論理和(|)，論理積(&)などが利用可能です。ビット演算をイメージしながら，問題を解いていきましょう。

設問1

　〔プログラムの説明〕及び〔プログラム1〕の空欄穴埋め問題です。具体的な例を考えることで〔プログラムの説明〕の内容を理解し，プログラム1を完成させていきます。

空欄a

　Pat[] が，"ACABAB"の例の場合に，関数 GenerateBitMask を用いた Mask[2] の値を考えます。

　〔プログラムの説明〕(2)に，「関数 GenerateBitMask は，Mask[] の全ての要素を0b0に初期化した後，1以上で Pat[] の文字数以下の全ての i に対して，Pat[i] の文字に対応する Mask[] の要素である Mask[Index(Pat[i])] に格納されている値の，下位から数えて i 番目のビットの値を1にする」とあるので，この仕様から，Mask[] の値の変化を考えます。また，「関数 Index は，引数にアルファベット順で n 番目の英大文字を設定して呼び出すと，整数 n (1 ≦ n ≦ 26)を返す」とあるので，Index は単純に，Index('A') = 1，Index('B') = 2 というかたちで，アルファベットの順番を返すと考えられ，Mask[2] は，"B"に対応するビットマスクであることが分かります。

　"ACABAB"をビットマスクに対応させると，Pat[] の1，3，5番目が 'A' なので，Mask[1] は下位ビットから1，3，5ビット目を1にして010101となり，16ビットまで0を埋めると0000000000010101となります。同様に，Pat[] の4，6番目が 'B' なので，Mask[2] は下位ビットから4，6ビット目を1として101000となり，16ビットまで0を埋めると0000000000101000となります。

　したがって，空欄aは**イ**の0000000000101000が正解です。

空欄b

Mask[]を初期化するときに，設定する内容を考えます。

〔プログラムの説明〕(2)に，「関数 GenerateBitMask は，Mask[] の全ての要素を 0b0 に初期化した後」とあるので，最初に Mask[] の全ての要素は，0b0（2進数の0）で初期化します。

したがって，空欄bは**ア**の 0b0 が正解です。

空欄c

Mask[Index(Pat[i])] に入れるために，Mask[Index(Pat[i])] とのビットごとの論理和を計算する内容を考えます。

〔プログラムの説明〕(2)に，「Pat[i] の文字に対応する Mask[] の要素である Mask[Index(Pat[i])] に格納されている値の，下位から数えて i 番目のビットの値を1にする」とあるので，Mask[Index(Pat[i])] と，「下位から数えて i 番目のビットの値を1」にした値を求めればよいことが分かります。下位から数えて i 番目のビットの値を1にした値とは，1番目なら 0b1，2番目なら 0b10，3番目なら 0b100 となるので，i 番目では，0b1（2進数の1）を (i − 1) ビットだけ左シフト（<<）した値となります。

したがって，空欄cは**ア**の 0b1 << (i − 1) が正解です。

設問2

図1で示したとおりに，Text=" AACBBAACABABAB" と Pat[]=" ACABAB" と値を格納して実行した場合の，プログラムの実行結果を順に確認していきます。表3にまとめられている値の遷移を完成させる問題です。

まず，i が1のときには，Text[1]が 'A' なので，Index('A')は1で，Mask[1]は図2より 0b10101（左の0は省略）となります。Statusの値は初期値が 0b0 で，α の部分で，Status << 1 | 0b1 として，Status の値 0b0 を1ビット左シフトした値（0b0）と，0b1の論理和を計算するので，Statusは 0b1 となります。さらに，β の部分で，Status & Mask[Index(Text[i])] として，Statusの値 0b1 と Mask[1]の 0b10101 との論理積をとるので，一番下の桁だけ1となり，0b1 となります。ここから，続きの演算を行っていきます。

空欄d

i が2のときのStatusの値を求めます。

図1より，Text[2]も 'A' なので，Index('A')は1となり，Mask[1]はi が1の場合と同様，0b10101（左の0は省略）となります（表3の結果と一致します）。i が1のときにStatus は 0b1 となったので，α の部分で，Status << 1 | 0b1 として，Statusの値 0b1 を1ビット左シフトした値（0b10）と，0b1の論理和を計算するので，Statusは 0b11 となります。

さらに，βの部分で，`Status & Mask[Index(Text[i])]`として，Statusの値0b11とMask[1]の0b10101との論理積をとるので，一番下の桁だけ1となり，0b1となります。

したがって，空欄dは**イ**の0b1が正解です。

空欄e

iが9のときの，`Mask[Index(Text[i])]`の値を求めます。

図1より，Text[9]も 'A' なので，Index('A')は1となり，Mask[1]はiが1の場合と同様，0b10101（左の0は省略）となります。

したがって，空欄eは**キ**の0b10101が正解です。

空欄f

iが9のときの，Statusの値を求めます。

表3より，iが8のときのStatusは0b10です。αの部分で，`Status << 1 | 0b1`として，Status の値0b10を1ビット左シフトした値（0b100）と，0b1の論理和を計算するので，Statusは0b101となります。さらに，βの部分で，`Status & Mask[Index(Text[i])]`として，Statusの値0b101とMask[1]の0b10101との論理積をとるので，一番下と3番目の桁が1となり，0b101となります。

したがって，空欄fは**カ**の0b101が正解です。

設問3

関数GenerateBitMaskを拡張して，関数GenerateBitMaxkRegexを作成する問題です。〔プログラム3〕のプログラムを基に，Pat[]に当てはめて，動作を考えていきます。

空欄g

Pat[] に " AC[BA]A[ABC]A" を格納して関数GenerateBitMaxkRegexを実行したときに，Mask[1]がどうなるかを順番に考えていきます。

まず，初期値として，PatLenは0，Modeも0となり，Mask[]もすべて0b0となります。

iが1のとき，Pat[i]は 'A' です。if文では，`Pat[i] == "["` でも `Pat[i] == "]"` でもないので，else文を実行します。このとき，Modeは0なので，PatLenが1増えて1になります。`0b1 << (PatLen - 1) | Mask[Index(Pat[i])]` を計算すると，PatLen - 1は0なので0b1はそのまま，`Mask[Index(Pat[i])]` = `Mask[Index('A')]` = Mask[1]は初期値の0b0なので，論理和を取ると0b1となり，これが新たなMask[1]となります。

iが2のとき，Pat[i]は 'C' です。if文では，`Pat[i] == "["` でも `Pat[i] == "]"` でもないので，else文を実行します。このとき，Modeは0なので，PatLenが1増えて2になります。`0b1 << (PatLen - 1) | Mask[Index(Pat[i])]` を計算すると，PatLen - 1は

1なので，0b1 << 1 = 0b10，Mask[Index(Pat[i])] = Mask[Index('C')] = Mask[3]は初期値の0b0なので，論理和をとると0b10となり，これが新たなMask[3]となります。

iが3のときには，Pat[i]が'['となります。if文のPat[i] == "[" の条件に当てはまるので，if文の処理を実行します。Modeを1にし，PatLenが1増えて3になります。

iが4のとき，Pat[i]は'B'です。if文では，Pat[i] == "[" でもPat[i] == "]" でもないので，else文を実行します。このとき，Modeは1になったので，PatLenはそのまま3です。0b1 << (PatLen - 1) | Mask[Index(Pat[i])]を計算すると，PatLen - 1は2なので0b1 << 2 = 0b100，Mask[Index(Pat[i])] = Mask[Index('B')] = Mask[2]は初期値の0b0なので，論理和を取ると0b100となり，これが新たなMask[2]となります。

iが5のとき，Pat[i]は'A'です。if文では，Pat[i] == "[" でもPat[i] == "]" でもないので，else文を実行します。このとき，Modeは1になったので，PatLenはそのまま3です。0b1 << (PatLen - 1) | Mask[Index(Pat[i])]を計算すると，PatLen - 1は2なので0b1 << 2 = 0b100，Mask[Index(Pat[i])] = Mask[Index('A')] = Mask[1]はiが1のときに設定した0b1なので，論理和を取ると0b101となり，これが新たなMask[1]となります。

iが6のときには，Pat[i]が']'となります。elif文のPat[i] == "]" の条件に当てはまるので，elif文の処理を実行します。Modeを0にします。

iが7のとき，Pat[i]は'A'です。if文では，Pat[i] == "[" でもPat[i] == "]" でもないので，else文を実行します。このとき，Modeは0なので，PatLenが1増えて4になります。0b1 << (PatLen - 1) | Mask[Index(Pat[i])]を計算すると，PatLen - 1は3なので0b1 << 3 = 0b1000，Mask[Index(Pat[i])] = Mask[Index('A')] = Mask[1]はiが5のときに設定した0b101なので，論理和を取ると0b1101となり，これが新たなMask[1]となります。

iが8のときには，Pat[i]が'['となります。if文のPat[i] == "[" の条件に当てはまるので，if文の処理を実行します。Modeを1にし，PatLenが1増えて5になります。

iが9のとき，Pat[i]は'A'です。if文では，Pat[i] == "[" でもPat[i] == "]" でもないので，else文を実行します。このとき，Modeは1になったので，PatLenはそのまま5です。0b1 << (PatLen - 1) | Mask[Index(Pat[i])]を計算すると，PatLen - 1は4なので0b1 << 4 = 0b10000，Mask[Index(Pat[i])] = Mask[Index('A')] = Mask[1]はiが7のときに設定した0b1101なので，論理和を取ると0b11101となり，これが新たなMask[1]となります。

iが10のとき，Pat[i]は'B'です。if文では，Pat[i] == "[" でもPat[i] == "]" でもないので，else文を実行します。このとき，Modeは1になったので，PatLenはそのまま5です。0b1 << (PatLen - 1) | Mask[Index(Pat[i])]を計算すると，PatLen - 1は4なので0b1 << 4 = 0b10000，Mask[Index(Pat[i])] = Mask[Index('B')] = Mask[2]は

iが4のときに設定した0b100なので，論理和を取ると0b10100となり，これが新たな
Mask[2]となります。

iが11のとき，Pat[i]は'C'です。if文では，Pat[i] == "[" でも Pat[i] == "]" でも
ないので，else文を実行します。このとき，Modeは1になったので，PatLenはそのま
ま5です。0b1 << (PatLen - 1) | Mask[Index(Pat[i])] を計算すると，PatLen - 1は
4なので0b1 << 4 = 0b10000，Mask[Index(Pat[i])] = Mask[Index('C')] = Mask[3]は
iが2のときの0b10なので，論理和を取ると0b10010となり，これが新たなMask[3]とな
ります。

iが12のときには，Pat[i]が']'となります。elif文の Pat[i] == "]" の条件に当てはま
るので，elif文の処理を実行します。Modeを0にします。

iが13のとき，Pat[i]は'A'です。if文では，Pat[i] == "[" でも Pat[i] == "]" でも
ないので，else文を実行します。このとき，Modeは0なので，PatLenが1増えて6に
なります。0b1 << (PatLen - 1) | Mask[Index(Pat[i])] を計算すると，PatLen - 1は
5なので0b1 << 5 = 0b100000，Mask[Index(Pat[i])] =Mask[Index('A')] = Mask[1]は
iが9のときに設定した0b11101なので，論理和を取ると0b111101となり，これが新た
なMask[1]となります。

これで終了です。最終的に，Mask[1]は0b111101となり，PatLenは6になります。

したがって，空欄gは**カ**の0b111101が正解です。

空欄h

空欄gの流れで，最後にPatLenは6になります。最後にreturn PatLenでPatLenの
値が戻るので，関数GenerateBitMaxkRegexの返却値は6となります。

したがって，空欄hは**イ**の6が正解です。

空欄i

誤ってPat[]に，"AC[B[AB]AC]A"を格納して関数 GenerateBitMaskRegex を呼び出
した場合に，Mask[1]がどうなるかを考えます。まず，初期値として，PatLenは0，
Modeも0となり，Mask[]もすべて0b0となります。

iが1のとき，Pat[i]は'A'です。if文では，Pat[i] == "[" でも Pat[i] == "]" でも
ないので，else文を実行します。このとき，Modeは0なので，PatLenが1増えて1に
なります。0b1 << (PatLen - 1) | Mask[Index(Pat[i])] を計算すると，PatLen - 1は
0なので0b1はそのまま，Mask[Index(Pat[i])] = Mask[Index('A')] = Mask[1]は初期
値の0b0なので，論理和を取ると0b1となり，これが新たなMask[1]となります。

iが2のとき，Pat[i]は'C'です。if文では，Pat[i] == "[" でも Pat[i] == "]" でも
ないので，else文を実行します。このとき，Modeは0なので，PatLenが1増えて2に

なります。0b1 << (PatLen - 1) | Mask[Index(Pat[i])] を計算すると，PatLen - 1は1なので0b1 << 1 = 0b10，Mask[Index(Pat[i])] = Mask[Index('C')] = Mask[3]は初期値の0b0なので，論理和を取ると0b10となり，これが新たなMask[3]となります。

iが3のときには，Pat[i]が '[' となります。if文の Pat[i] == "[" の条件に当てはまるので，if文の処理を実行します。Modeを1にし，PatLenが1増えて3になります。

iが4のとき，Pat[i]は 'B' です。if文では，Pat[i] == "[" でも Pat[i] == "]" でもないので，else文を実行します。このとき，Modeは1になったので，PatLenはそのまま3です。0b1 << (PatLen - 1) | Mask[Index(Pat[i])] を計算すると，PatLen - 1は2なので0b1 << 2 = 0b100，Mask[Index(Pat[i])] = Mask[Index('B')] = Mask[2]は初期値の0b0なので，論理和を取ると0b100となり，これが新たなMask[2]となります。

ここまでは，空欄gの場合と同じです。次からの挙動が変わります。

iが5のときには，Pat[i]が '[' となります。if文の Pat[i] == "[" の条件に当てはまるので，if文の処理を実行します。Modeを1にし（もともと1です），PatLenが1増えて4になります。

iが6のとき，Pat[i]は 'A' です。if文では，Pat[i] == "[" でも Pat[i] == "]" でもないので，else文を実行します。このとき，Modeは1になったので，PatLenはそのまま4です。0b1 << (PatLen - 1) | Mask[Index(Pat[i])] を計算すると，PatLen - 1は3なので0b1 << 3 = 0b1000，Mask[Index(Pat[i])] = Mask[Index('A')] = Mask[1]はiが1のときに設定した0b1なので，論理和を取ると0b1001となり，これが新たなMask[1]となります。

iが7のとき，Pat[i]は 'B' です。if文では，Pat[i] == "[" でも Pat[i] == "]" でもないので，else文を実行します。このとき，Modeは1になったので，PatLenはそのまま4です。0b1 << (PatLen - 1) | Mask[Index(Pat[i])] を計算すると，PatLen - 1は3なので0b1 << 3 = 0b1000，Mask[Index(Pat[i])] = Mask[Index('B')] = Mask[2]はiが4のときに設定した0b100なので，論理和を取ると0b1100となり，これが新たなMask[2]となります。

iが8のときには，Pat[i]が ']' となります。elif文の Pat[i] == "]" の条件に当てはまるので，elif文の処理を実行します。Modeを0にします。

iが9のとき，Pat[i]は 'A' です。if文では，Pat[i] == "[" でも Pat[i] == "]" でもないので，else文を実行します。このとき，Modeは0となったので，PatLenが1増えて5になります。0b1 << (PatLen - 1) | Mask[Index(Pat[i])] を計算すると，PatLen - 1は4なので0b1 << 4 = 0b10000，Mask[Index(Pat[i])] = Mask[Index('A')] = Mask[1]はiが6のときに設定した0b1001なので，論理和を取ると0b11001となり，これが新たなMask[1]となります。

326　第7章　Python午後問題演習

　iが10のとき，Pat[i]は'C'です。if文では，Pat[i] == "[" でも Pat[i] == "]" でも
ないので，else文を実行します。このとき，Modeは0なので，PatLenが1増えて6に
なります。0b1 << (PatLen - 1) | Mask[Index(Pat[i])] を計算すると，PatLen - 1は
5なので0b1 << 5 = 0b100000，Mask[Index(Pat[i])] =Mask[Index('C')] = Mask[3]は
iが2のときに設定した0b10なので，論理和を取ると0b100010となり，これが新たな
Mask[3]となります。

　iが11のときには，Pat[i]が']'となります。elif文の Pat[i] == "]" の条件に当ては
まるので，elif文の処理を実行します。Modeを0にします（もともと0です）。

　iが12のとき，Pat[i]は'A'です。if文では，Pat[i] == "[" でも Pat[i] == "]" でも
ないので，else文を実行します。このとき，Modeは0となったので，PatLenが1増え
て7になります。0b1 << (PatLen - 1) | Mask[Index(Pat[i])] を計算すると，PatLen
- 1は6なので0b1 << 6 = 0b1000000，Mask[Index(Pat[i])] = Mask[Index('A')] =
Mask[1]はiが9のときに設定した0b11001なので，論理和を取ると0b1011001となり，
これが新たなMask[1]となります。

　最終的に，Mask[1]は0b1011001となります。したがって，空欄iは**ウ**の0b1011001が
正解です。

7-1　予想問題の演習　**327**

7-1-2 ● 予想問題2

問　次のPythonプログラムの説明及びプログラムを読んで，設問1，2に答えよ。

　　入力ファイルの内容を読み込んで，文字コードごとの出現回数を印字するプログラムである。

〔プログラムの説明〕
(1)　入力ファイルは，バイナリファイルとして読み込む。入力ファイル中の各バイトの内容（ビット構成）に制約はない。入力ファイル名は，InName で指定する。
(2)　入力ファイル中の各バイトについて，文字コード（16進数00〜FFで表示する）ごとの出現回数を求めて印字する。印字例を，図1に示す。
(3)　印字様式を次に示す（記号❶，❷，❸は，図1中の記号を指している）。
　　　・1行目に，処理したバイト数を❶の形式で印字する。
　　　・3行目以降に，出現回数とその文字コードを❷の形式で印字する。ただし，文字コードが20〜7Eの場合は，文字コードの後にそれが表す文字（文字は，P279の「文字の符号表」で規定するもの）を❸の形式で印字する。文字コードは，64行×4列の範囲に，上から下，左から右に文字コードの昇順となるように並べる。
(4)　入力ファイルのサイズは，整数型（32ビットまたは64ビット）で表現できる数値の範囲を超えないものとする。

```
 ❶
 10000 bytes processed

    0 00           0 40 '@'        0 80         0 C0
    0 01 ❷        15 41 'A' ❸      0 81         0 C1
    0 02           0 42 'B'        0 82         0 C2
    0 03          20 43 'C'        0 83         0 C3
    ⋮              ⋮               ⋮            ⋮     (中略)
 3620 20 ' '        0 60 '`'        0 A0         0 E0
    8 21 '!'      103 61 'a'        0 A1         0 E1
   76 22 '"'       10 62 'b'        0 A2         0 E2
    ⋮              ⋮               ⋮            ⋮     (中略)
   18 3E '>'        0 7E '~'        0 BE         0 FE
    0 3F '?'        0 7F            0 BF         0 FF
```

図1　印字例（文字コード順）

328 第7章 Python 午後問題演習

〔プログラム〕

```python
InName = "sample.c"

freq = [0] * 256
infile = open(InName, "rb")
bdata = infile.read()

cnt = 0
for ch in bdata:
    cnt += 1
    freq[ch] += 1
infile.close()

print("{:10d} bytes processed n".format(    a    ))
for i in range(64):
    for ch in range(i,    b    ,    c    ):
        if 0x20 <= ch and ch <= 0x7E:
            print(" {:10d} {:02X} '{:c}'".format(freq[ch], ch, ch), end = "")
        else:
            print(" {:10d} {:02X}    ".format(freq[ch], ch), end = "")
    print()
```

設問1 プログラム中の [ ] に入れる正しい答えを，解答群の中から選べ。

aに関する解答群
　ア　cnt - 1　　　　　イ　cnt　　　　　　ウ　cnt + 1

b, cに関する解答群
　ア　4　　　　　　　　イ　64　　　　　　　ウ　256
　エ　i + 5　　　　　　オ　i + 65　　　　　カ　i + 193

設問2 次の記述中の [ ] に入れる正しい答えを，解答群の中から選べ。ここで，記述中の [b] と [c] には，設問1の正しい答えが入っているものとする。

　　文字コードを出現回数の降順に並べて印字する処理を追加する。追加した処理による印字例を，図2に示す。印字の様式は，文字コードの並び順を除いて，図1の3行目以降の様式と同じである。同じ出現回数の文字コードは，それらを文字コードの昇順に並べる。

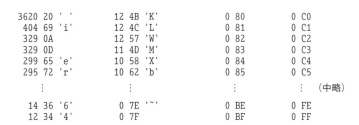

図2　追加した処理による印字例（出現回数順）

この処理のために，〔プログラム〕の行の後に，次の整列処理部を追加する。

330　第7章　Python 午後問題演習

〔整列処理部〕

```
    code = []
    for i in range(256):
        code.append(i)
①→ ih = 255
②→ while ih > 0:
③→     for i in range(ih):
④→         if freq[i] < freq[i+1]:
               code[i], code[i+1] = code[i+1], code[i]
               freq[i], freq[i+1] = freq[i+1], freq[i]
⑤→
⑥→     ih -= 1
    print()
    for i in range(64):
        for ch in range(i,     b    ,     c    ):
            if 0x20 <= code[ch] and code[ch] <= 0x7E:
                print(" {:10d} {:02X} '{:c}'".format(freq[ch],
                    code[ch], code[ch]), end = "")
            else:
                print(" {:10d} {:02X}     ".format(freq[ch],
                    code[ch]), end = "")
        print()
```

　　整列処理部では，整列対象のデータ数が比較的少なく，また同じ出現回数の文字コードは元の並び順が維持されるので，バブルソートを使用している。

　　行②のwhile文のブロックを1回実行すると，配列の走査範囲（要素番号0〜ih）中の出現回数の最小値とその文字コードが，要素番号ihの位置に置かれ，配列の走査範囲が1だけ狭められる。これを繰り返して整列を行う。この処理ではwhile文のブロックの実行回数は常に　　d　　回となる。

　　ここで，while文のブロックの1回の繰返しにおいて，行④のif文のブロック内の処理が最後に実行されたときの i の値を ix とすると，行③のfor文のブロックの実行が終了した時点で，配列freqの要素番号　　e　　以降の要素の値は整列済みとなっている。これを利用して，整列処理部を表1に示すように変更すれば，while文のブロックの実行回数を減らせる可能性がある。

7-1 予想問題の演習 **331**

表1 整列処理部の変更内容

処置	変更内容
☐ f ☐ の直後に追加	ix = 0
行⑤の位置（if文のブロックとして字下げ）に追加	ix = i
行⑥を置換え	☐ g ☐

dに関する解答群

　ア　253　　　　　　イ　254　　　　　　ウ　255　　　　　　エ　256

eに関する解答群

　ア　256 - ix　　イ　ix - 1　　　　ウ　ix　　　　　　エ　ix + 1

fに関する解答群

　ア　行①　　　　　　イ　行②　　　　　　ウ　行③

gに関する解答群

　ア　ih = ix - 1　イ　ih = ix　　　ウ　ih = ix + 1　エ　ix = ih

（平成31年春 基本情報技術者試験 午後 問9 （C）改）

7

文字の符号表

(1)　JIS X 0201 ラテン文字・片仮名用8ビット符号で規定する文字の符号表を使用する。

(2)　右に符号表の一部を示す。1文字は8ビットからなり，上位4ビットを列で，下位4ビットを行で示す。例えば，間隔, 4, H, ￥のビット構成は，16進表示で，それぞれ20, 34, 48, 5Cである。16進表示で，ビット構成が21 ～ 7E（及び表では省略しているA1 ～ DF）に対応する文字を図形文字という。図形文字は，表示（印刷）装置で，文字として表示（印字）できる。

(3)　この表にない文字とそのビット構成が必要な場合は，問題中で与える。

列 行	02	03	04	05	06	07
0	間隔	0	@	P	`	p
1	!	1	A	Q	a	q
2	"	2	B	R	b	r
3	#	3	C	S	c	s
4	$	4	D	T	d	t
5	%	5	E	U	e	u
6	&	6	F	V	f	v
7	'	7	G	W	g	w
8	(	8	H	X	h	x
9	)	9	I	Y	i	y
10	*	:	J	Z	j	z
11	+	;	K	[	k	{
12	,	<	L	￥	l	|
13	-	=	M	]	m	}
14	.	>	N	^	n	~
15	/	?	O	_	o	

332　第7章　Python 午後問題演習

■ 解答

設問1　a　イ　　　　　　　b　カ（別解ウ）　　　c　イ
設問2　d　ウ　　　　　　　e　エ　　　　　　　f　イ　　　　　　　g　イ

■ 解説

　入力ファイルを読み込んで，文字コードごとの出現回数を印字する処理についての問題です。印字様式とその順番を変更させていきます。

設問1

　〔プログラム〕を完成させる問題です。〔プログラムの説明〕の内容を基に，文字コードの出現回数を文字コード順に印字するプログラムを穴埋めして完成させていきます。

空欄a

　最初の行に印字する "bytes processed" の前に出力する変数の内容を考えます。

　〔プログラムの説明〕(3)に，「1行目に，処理したバイト数を❶の形式で印字する」とあります。また図1より，"bytes processed" の前に，処理したバイト数が右詰めで表示されることが分かります。〔プログラム〕より，変数cntの初期値はcnt = 0で与えられ，for文で1バイト（1文字）読み込むごとにcnt += 1を行っているので，読み込んだバイト数とcntが一致します。そのため，cntをformat文で設定すると，処理したバイト数をprint()文で表示できることになります。

　したがって，空欄aは**イ**のcntが正解です。

空欄b，c

　for文のrange関数は，range(start, stop, step)のかたちで，start以上，stop未満の整数をstepの値ごとに作成します。空欄bにはstopに該当する値，空欄cにはstepに該当する値を設定することになります。

　図1より，1行目に印字されている文字コードは，00，40，80，C0の4つです。これらは16進数なので，10進数に変換すると，$(00)_{16} = (00)_{10}$，$(40)_{16} = (64)_{10}$，$(80)_{16} = (128)_{10}$，$(C0)_{16} = (192)_{10}$ となります。これらの値は64刻みで，最大値は192となります。2行目以降は，すべての値が1ずつ増えていくので，iを使用して表すと，chの初期値がi，そこからi + 64，i + 128，i + 192となります。そのため，stopの値には，i + 192を超えるi + 193を設定します。したがって，空欄bは**カ**のi + 193が正解です。

　また，stepには，i，i + 64と進む64刻みなので64を設定します。したがって，空欄cは**イ**の64が正解です。

　なお，空欄bには，ウの256を設定してもプログラムは正常に動きます。そのため，空欄bの別解として，ウも正解です。

7-1 予想問題の演習 **333**

設問2

　文字コードを出現回数の降順に並べて印字する処理のプログラムについての問題です。〔整列処理部〕のプログラムを追加したときのwhile文のブロックの実行回数や，その数を減らす方法について考えていきます。

空欄d

　行②のwhile文の実行回数を考えます。

　行①のih = 255で初期値255を設定しています。行②のwhile文では，ih > 0が継続条件で，ihの値は，行⑥のih -= 1で1ずつ減らしていきます。これ以外の行でのihの値の変化はないため，255，254，…，2，1とwhile文のブロックを255から1までの255回実行し，256回目にihが0となったところで，処理を終了します。

　したがって，空欄dは**ウ**の255が正解です。

空欄e

　行③のfor文のブロックの実行が終了した時点で，すでに整列済みとなっている配列freqの要素番号を考えます。バブルソートで出現回数の降順でソートを行うとき，行④のif文のブロックで処理が実行されて値を入れ替えるのは，freq[i] < freq[i+1] のとき，つまり，後ろの出現回数の方が大きいときです。行④のif文のブロック内の処理が最後に実行されたときのiの値をixとすると，ixより後のiでは，入れ替えが起こっていないことになります。freq[ix] < freq[ix+1]となったとき，入れ替えてfreq[ix+1]がfreq[ix]に，freq[ix]がfreq[ix+1]になり，そのfreq[ix+1]以降は値の入れ替えが起こらない，つまりすでに整列されていることになります。そのため，freqの要素番号ix + 1以降については，すでに整列済みとなっていると考えられます。

　したがって，空欄eは**エ**のix + 1が正解です。

空欄f

　ix = 0を加えるべき〔整列処理部〕の位置を考えます。

　ixは，空欄eでも考えたとおり，すでに整列済みとなっている配列freqの要素番号の始点の1つ前です。初期値として，最初にixを0にしておく必要がありますが，ixはwhile文のブロックの中で，for文が実行されるごとに設定される値なので，行③でfor文が始まる前にリセットします。　そのため，行②のwhile文が実行された直後のwhile文のブロック内が適切です。

　したがって，空欄fは**イ**の行②が正解です。

334 第7章 Python 午後問題演習

空欄g

　行⑥を置き換える内容を考えます。

　行⑥は，ihを1ずつ減らす部分です。freqでは，ix + 1以降は整列されているため，次に整列する必要があるのはix以前のみです。そのため，ih = ixとして，ixまでのみ整列するように変更すると，while文の実行回数を減らすことができます。

　したがって，空欄gは**イ**のih = ixが正解です。

7-1-3 ● 予想問題 3

問 次のPythonプログラムの説明及びプログラムを読んで，設問1 ～ 3に答えよ。

〔プログラムの説明〕

文字列の配列を要素にもつ配列で表現された表中の行を，並べ替えるプログラムである。表は行のリストとして，行は文字列のリストとして構成される。各行の指定した列が，指定した順序に並ぶように，行を並べ替える。

図1は，表の最左列の文字列を辞書順に，最左列の文字列が等しい行は右隣の列の文字列を数値とみなしたときに降順になるように並べ替えた例である。

apple	3	1,000
cherry	1	1,000
banana	1	300
banana	2	2,000
apple	2	300

apple	3	1,000
apple	2	300
banana	2	2,000
banana	1	300
cherry	1	1,000

図1　並べ替えの例

クラス TableSorter は，表中の行を並べ替える機能を提供する。次のメソッドと入れ子クラス OrderBy をもつ。

(1)　putSortOrder(key, order) — このクラスのメソッド sort で指摘可能な順序を登録する。

key — 表を並べ替える順序を示すために使用する文字列（以下，順序指定子という）。

order — 並べ替えのための関数で，key で指定した順序指定子が示す順序を規定する。

(2)　sort(table, orderBys) — 条件として指定した列が指定した順序になるように，表中の行を並べ替える。条件は複数指定できる。並び順の決定には先に指定した条件が優先される。先に指定した条件で並び順が決まらない行については，後に指定した条件を加えて決定する。指定した全ての条件で順序が決まらない行については，並べ替える前の並び順を維持する。

table — 整列対象の表を格納した String 型の配列を要素にもつ配列を指定する。

orderBys — 条件 orderBy を必要なだけ指定したリストである。

クラス TableSorter の入れ子クラス OrderBy は並べ替えの条件を表すクラスである。フィールド key は順序指定子，フィールド col は比較対象の列の位置を示す数（行を表す配列の添字）である。フィールド isReversed が False であれば，この条件が表す順序が順序指定子 key で指定される order が返す大小関係での昇順で並べ替えることを意味し，True であれば，降順で並べ替えることを意味する。

テスト用のプログラム〔プログラム2〕の実行結果を図2に示す。

```
apple 3 1,000
apple 2 300
banana 2 2,000
banana 1 300
cherry 1 1,000
```

図2　実行結果

〔プログラム1〕

```
class TableSorter:
    def __init__(self):
        self.orderMap = [    a    ]

    def putSortOrder(self, key, order):
        self.orderMap[key] = order

    def sort(self, table, orderBys):
        for [    b    ] :
            order = self.orderMap[orderBy.key]
            table.sort(key=lambda x: order([    c    ]), reverse = [    d    ] )

    class OrderBy:
        def __init__(self, key, col, [    e    ] ):
            self.key = key
            self.col = col
            self.isReversed = isReversed
```

〔プログラム2〕

```
data = [["apple", "3", "1,000"],
        ["cherry", "1", "1,000"],
        ["banana", "1", "300"],
        ["banana", "2", "2,000"],
        ["apple", "2", "300"]]
sorter = TableSorter()

def lex(obj):                      # 関数 "lex"を定義
    return str(obj)
sorter.putSortOrder("lex", lex)    # ソート順"lex"を登録

def num(obj):                      # 関数 "num"を定義
    return int(obj)
sorter.putSortOrder("num", num)    # ソート順"num"を登録

sorter.sort(data, [TableSorter.OrderBy("lex", 0),
                   TableSorter.OrderBy("num", 1, True)])    # ← α
for row in data:
    for col in row:
        print(col, end=" ")
    print()
```

設問1 プログラム1中の ⬜⬜⬜⬜ に入れる正しい答えを，解答群の中から選べ。

aに関する解答群

　ア　()　　　　　　　イ　[]　　　　　　　ウ　{}　　　　　　エ　0

bに関する解答群

　　ア　i in range(len(orderBys))
　　イ　i in range(len(table))
　　ウ　orderBy in orderBys
　　エ　orderBy in reversed(orderBys)

338 第7章 Python 午後問題演習

cに関する解答群

　　ア　col　　　　　　　　　　イ　orderBy.col

　　ウ　x　　　　　　　　　　　エ　x[orderBy.col]

dに関する解答群

　　ア　not order.isReversed

　　イ　not orderBy.isReversed

　　ウ　order.isReversed

　　エ　orderBy.isReversed

eに関する解答群

　　ア　False

　　イ　isReversed = False

　　ウ　isReversed = True

　　エ　True

設問2　プログラム2の*a*で示した行を次の行と入れ替えて実行したとき，実行結果の1行目に出力される内容として正しい答えを，解答群の中から選べ。

```
sorter.sort(data, [TableSorter.OrderBy("lex", 2),
                   TableSorter.OrderBy("lex", 0)])
```

解答群

　　ア　apple 2 300　　　イ　apple 3 1,000　　　ウ　banana 1 300

　　エ　banana 2 2,000　　オ　cherry 1 1,000

7-1　予想問題の演習　339

設問3　プログラム2の*a*で示した行を次の4行と入れ替えて実行したとき，実行結果の3行目に出力される内容として正しい答えを，解答群の中から選べ。

```
def numC(obj):                    # 関数 "numC"を定義
    return int(obj.replace(",", ""))
sorter.putSortOrder("numC", numC)  # ソート順"numC"を登録
sorter.sort(data, [TableSorter.OrderBy("numC", 2),
                   TableSorter.OrderBy("lex", 0)])
```

解答群

　ア　apple 2 300　　　　イ　apple 3 1,000　　　ウ　banana 1 300

　エ　banana 2 2,000　　　オ　cherry 1 1,000

（平成29年秋 基本情報技術者試験 午後問11（Java）改）

340 第7章 Python 午後問題演習

■ 解答
設問1 a ウ　　　　b エ　　　　c エ　　　　d エ　　　　e イ
設問2 イ
設問3 イ

■ 解説
　文字列の配列を要素にもつ配列で表現された表中の行を並べ替えるプログラムに関する問題です。Pythonでは，配列はリストで表現されます。様々なソート方法を関数として定義し，複雑なソートの組合せを実現します。クラス TableSorter を作成して，ソート方法を orderMap に登録することで，様々なソート方法に対応します。クラスや関数の利用，無名関数 lambda や辞書の登録など，いくつもの文法知識が必要で，難易度は高めの問題です。

設問1
　〔プログラム1〕に関する空欄穴埋め問題です。クラス TableSorter の内容を理解しながら，プログラムを完成させていきます。

空欄a
　クラス TableSorter のインスタンス作成時に呼び出されるメソッド __init__ で，初期値として self.orderMap に設定される内容を考えます。
　インスタンス変数 orderMap は，メソッド putSortOrder() で，self.orderMap[key] = order のかたちで値を登録しています。Pythonの文法で，この方式でキー（key）と値（order）の組合せを新しく登録するのは，辞書形式の手法です。初期値として，空の辞書を設定するときには，{} として，辞書を示す中括弧を指定します。
　したがって，空欄aは**ウ**の {} が正解です。

空欄b
　クラス TableSorter のメソッド sort() 内での for ループの内容を考えます。
　メソッド sort() では，クラス OrderBy のかたちでの並び順の条件が，リスト形式の orderBys の中に格納されています。リスト orderBys から，1つ1つの並び順を orderBy として取り出して処理するためには，for orderBy in orderBys: として呼び出すことで対応できます。
　このとき，〔プログラムの説明〕(2) sort(table, orderBys) に，「条件は複数指定できる。並び順の決定には先に指定した条件が優先される」とあるので，ソートの優先度は，orderBys に並んでいる順番です。複数のソート条件がある場合には，優先度の低い条

件から順に複数回ソートを行っていくことで，優先度の高いソートが後に実行され，優先されることになります。そのため，実際にソートを行う順序は，優先度の低い順なので，リストorderBysを反転させます。リストの順番を反転させるには，reversed( )関数を使用します。for orderBy in reversed(orderBys)：とし，優先度の低い順にtable.sort( )を実行させることで，並び順に合わせた優先度を実現できます。

したがって，空欄bは**エ**のorderBy in reversed(orderBys)が正解です。

空欄c

table.sort( )メソッドのキーワード引数keyに設定するlambda関数で，関数order( )に設定する引数を答えます。

関数order( )は，あらかじめorderMapに登録されている，ソート方法を示すための関数です。空欄cの前の行で，order = self.orderMap[orderBy.key]として設定されています。関数order( )を用いることで，整列する値を文字列や数値などに変換します。

sort( )メソッドでは，例えばリストの2番目の引数でソートする場合などに，無名関数lambdaを使用して，sort(key= lambda x: x[1])といったかたちを利用します。このかたちで，元のリストをxとして特定の列x[要素番号]を取り出すことができます。今回，整列に用いる列は，orderBy.colで指定されます。そのため，sort(key= lambda x: x[orderBy.col])とすることで，特定の列を取り出します。さらに，取り出した列に，関数orderで変換を行うので，sort(key= lambda x: order(x[orderBy.col]))という呼び方となります。

したがって，空欄cは**エ**のx[orderBy.col]が正解です。

空欄d

table.sort( )メソッドのキーワード引数reverseに設定する内容を考えます。

reverseは，逆順に設定するかどうかを示す引数で，通常の順番の場合にはFalse，逆順の場合にはTrueとなります。クラスorderByには，逆順かどうかを示す変数isReversedがあり，インスタンス作成時に__init__メソッドで初期値が設定されます。〔プログラムの説明〕(2) sort(table, orderBys)に，「フィールドisReversedがFalseであれば，この条件が表す順序が順序指定子keyで指定されるorderが返す大小関係での昇順で並べ替えることを意味し，Trueであれば，降順で並べ替えることを意味する」とあるので，reverseに設定する値のTrue，Falseと一致します。そのため，そのままorderBy.isReversedを参照することで，逆順かどうかを指定することができます。

したがって，空欄dは**エ**のorderBy.isReversedが正解です。

342　第7章　Python 午後問題演習

空欄e

　クラスorderByの＿init＿メソッドを呼び出すときに必要な引数を考えます。

　クラスorderByには，self.key，self.col，self.isReversedの3つのインスタンス変数があります。key，colについては，すでに引数として記述されています。isReversedについての記述はないので，追加する必要があります。

　また，orderByの値の設定については，〔プログラム2〕のaの行で，TableSorter.OrderBy("lex", 0)，TableSorter.OrderBy("num", 1, True)というかたちで実行しています。最初のOrderByは("lex", 0)と2つの引数，2番目のOrderByは("num", 1, True)と3つの引数です。ここから，3つめの引数isReversedは指定されないこともあることが分かります。指定されない場合の引数isReversedは，self.isReversed = isReversedで代入するために，デフォルト引数が必要です。このとき，図2の実行結果から考えて，最初の列は昇順に整列されていることが分かるので，デフォルトのisReversedには逆順としないFalseを設定します。

　したがって，空欄eは**イ**のisReversed = Falseが正解です。

設問2

　プログラム2のaを入れ替えて実行したときの実行結果を考えます。

　設問2のプログラムでは，orderBysに渡されるリストは，[TableSorter.OrderBy("lex", 2), TableSorter.OrderBy("lex", 0)]となります。これは，for文で逆順に実行し，("lex", 0)，("lex", 2)の順でのソートが実行されます。

　まず，("lex", 0)は，orderBy.key="lex"，orderBy.col=0，orderBy.isReversed=False となるソート方法です。登録した関数lexを用いて，0番目の値xをstr(x)に変換して文字列にしてから並べ替えを行います。元の値に対してこの並べ替えを行うと，次のようになります。

```
apple  3  1,000
apple  2  300
banana 1  300
banana 2  2,000
cherry 1  1,000
```

　これは，単純に左端の列を文字列順に並べたものです。

　この結果に，("lex", 2)のソートを実行します。("lex", 2)は，orderBy.key="lex"，orderBy.col=2，orderBy.isReversed=False となるソート方法です。登録した関数lexを用いて，2番目の値の文字列を基準に並べ替えを行います。先ほどの値に対してこの並べ替えを行うと，次のようになります。

```
apple 3 1,000
cherry 1 1,000
banana 2 2,000
apple 2 300
banana 1 300
```

　文字列順なので，最初の文字列が1，2，3の順で並びます。同じ値のときには，先ほどの0番目で整列した順番が保持されています。このときの1行目は，apple 3 1,000となります。したがって，**イ**のapple 3 1,000が正解です。

設問3

　プログラム2の a を入れ替えて実行したときの実行結果を考えます。

　設問3のプログラムでは，まず，新しい整列方法として，関数numCを定義して登録します。numCの戻り値は，int(obj.replace(",", ""))となっているので，replaceメソッドでカンマ(,)を削除してから，intで整数に変換します。これは，文字列の"1,000"を数値の1000にする変換です。

　その後，設問3のプログラムでのsortメソッドで，orderBysに渡されるリスト，[TableSorter.OrderBy("numC", 2), TableSorter.OrderBy("lex", 0)]の優先度で並べ替えを実施します。これは，for文で逆順に実行し，("lex", 0)，("numC", 2)の順でのソートが実行されます。

　最初の("lex", 0)は，設問2と同様に，単純に左端の列の順となります。

　この結果に，("numC", 2)のソートを実行します。("numC", 2)は，orderBy.key="numC"，orderBy.col=2，orderBy.isReversed=Falseとなるソート方法です。登録した関数numCを用いて，2番目の値のカンマを取った数値を基準に並べ替えを行います。("lex", 0)で並べ替えた後の値に対して，この並べ替えを行うと，次のようになります。

```
apple 2 300
banana 1 300
apple 3 1,000
cherry 1 1,000
banana 2 2,000
```

　数値順なので，300，1000，2000の順になります。同じ数値の場合は，最初の("lex", 0)の並び順が保持されます。このときの3行目は，apple 3 1,000となります。

　したがって，**イ**のapple 3 1,000が正解です。

7-1-4 ◯ 予想問題4

問　次のPythonプログラムの説明及びプログラムを読んで，設問1〜3に答えよ。

　画像の情報量を落として画像ファイルのサイズを小さくしたり，モノクロの液晶画面に画像を表示させたりする際に，減色アルゴリズムを用いた画像変換を行うことがある。誤差拡散法は減色アルゴリズムの一つである。誤差拡散法を用いて，階調ありのモノクロ画像を，黒と白だけを使ったモノクロ2値の画像に画像変換した例を図1に示す。

　階調ありのモノクロ画像の場合は，各ピクセルが色の濃淡をもつことができる。濃淡は輝度で表す。輝度0のとき色は黒に，輝度が最大になると色は白になる。モノクロ2値の画像は，輝度が0か最大かの2値だけを使った画像である。

図1　画像変換の例

〔誤差拡散法のアルゴリズム〕
　画像を構成するピクセルの輝度は，1ピクセルの輝度を8ビットで表す場合，0〜255の値を取ることができる。0が黒で，255が白を表す。誤差拡散法では，次の二つの処理をピクセルごとに行うことで減色を行う。
①　変換前のピクセルについて，白に近い場合は輝度を255，黒に近い場合は輝度を0としてモノクロ2値化し，その際の輝度の差分を評価し，輝度の誤差Dとする。
　例えば，変換前のピクセルの輝度が223の場合，変換後の輝度を255とし，輝度の誤差Dは，223 − 255から，− 32である。
②　事前に定義した誤差拡散のパターンに従って，評価した誤差Dを周囲のピクセル（以下，拡散先という）に拡散させる。
　拡散先の数が4の場合の，誤差拡散のパターンの例を図2に，減色処理の手順を図3に示す。なお，拡散する誤差の値は整数とし，小数点以下は切り捨てる。

図2　拡散先の数が4の場合の，誤差拡散のパターンの例

---

1. 変換前画像のピクセルの数と同じ要素数の整数の2次元配列を，変換処理後の輝度を格納するための配列（以下，変換後輝度配列という）として用意し，全ての要素を0で初期化する。
2. 変換前画像の一番上の行から，各行について左から順に1ピクセル選び，輝度を得る。
3. 変換前画像の輝度と，変換後輝度配列の同じ要素の値を加算し，これをFとする。
4. Fの値が128以上なら変換後輝度配列の輝度を255とし，誤差の値DをF−255とする。
   Fの値が128未満なら変換後輝度配列の輝度を0とし，誤差の値DをFとする。
5. Dの値について，誤差拡散のパターンに定義された割合に従って配分し，拡散先の要素に加算する。ただし，画像の範囲を外れる場合は，その値を無視する。
6. 処理していないピクセルが残っている場合は2.に戻って繰り返す。
7. 変換後輝度配列で輝度が0を黒，輝度が255を白として，画像を出力する。

図3　減色処理の手順

　図2のパターンを使い，図3の手順に従って，1行目の左上から2ピクセル分の処理をした後，その右隣のピクセル（左上から3ピクセル目）について処理した例を図4に示す。変換前画像の輝度の値が128で，変換後輝度配列の同じ要素の値が−14なので，Fは128+(−14)=114　となる。Fが128未満なので，輝度は0，誤差Dは114となる。誤差114に7/16を乗じて，小数点以下を切り捨てた値は49なので，変換後輝度配列の一つ右の要素に49を加算する。同様に，左下には21，下には35，右下には7を加算する。

0	223	128	35	220
30	22	18	55	197
35	122	250	105	15
38	153	251	120	18

変換前画像

0	255	−14	0	0
−6	−10	−2	0	0
0	0	0	0	0

左上から2ピクセル分の処理後

→

0	255	0	49	0
−6	11	33	7	0
0	0	0	0	0

左上から3ピクセル目の処理後

変換後輝度配列

図4　左上から3ピクセル目について処理した例

346 第7章 Python 午後問題演習

〔誤差拡散法を用いて減色するプログラム〕

　誤差拡散法を用いて減色するプログラムを作成した。プログラム中で使用する主な変数，定数及び配列を表1に，作成したプログラムを図5に示す。

表1　プログラム中で使用する主な変数，定数及び配列

名称	種別	説明
width	変数	画像の幅。1以上の整数が入る。
height	変数	画像の高さ。1以上の整数が入る。
bmpFrom[y][x]	配列	変換前画像の輝度の配列。輝度が0〜255の値で格納される。x，yはそれぞれX座標とY座標で，画像の左上が[0，0]，右下が[width−1，height−1]である。
bmpTo[y][x]	配列	変換後輝度配列。x，yはbmpFrom[y][x]と同様である。全ての要素は0で初期化されている。
ratioCount	定数	誤差拡散のパターンの拡散先の数。図2の場合は4が入る。
tdx[ ]	配列	拡散先の，ピクセル単位のX方向の相対位置。図2の場合は[1，−1，0，1]が入る。
tdy[ ]	配列	拡散先の，ピクセル単位のY方向の相対位置。図2の場合は[0，1，1，1]が入る。
ratio[ ]	配列	拡散先のピクセルごとの割合の分子。図2の場合は[7，3，5，1]が入る。
denominator	定数	拡散先のピクセルごとの割合の分母。図2の場合は16が入る。

```
import math

for y in range(height):
    for x in range(width):  ←─────────────────────────────── ①
        f =  ┌──  a  ──┐
        if  ┌──  b  ──┐ :
            d = f - 255
            bmpTo[y][x] = 255
        else:
            d = f
            bmpTo[y][x] = 0
        for c in range(ratioCount):
            px = x + tdx[c]  ←────────────────────────────── ②
            py = y + tdy[c]
            if px >= 0 and px < width and py >= 0 and py < height:  ←③
                bmpTo[py][px] =  ┌──  c  ──┐
        print(x, y, bmpTo)
```

図5　作成したプログラム

〔画質向上のための改修〕

ピクセルを処理する順番を，Y座標ごとに逆向きにすることで，誤差拡散の方向の偏りを減らし，画質を改善することができる。

　　　　Y座標が偶数の場合：ピクセルを左から順に処理する。

　　　　Y座標が奇数の場合：ピクセルを右から順に処理する。

なお，Y座標が奇数の場合は，誤差拡散のパターンを左右逆にして評価する。

画質を向上させるために，図5の①と②の行の処理を書き換えた。書き換えた後の①の行の処理を図6に，書き換えた後の②の行の処理を図7に示す。なお，A mod Bは，AをBで割った余りである。

```
for tx in range(width):
    x = tx
    if (    d    %    e    ) == 1:
        x =    f
```

図6　書き換えた後の①の行の処理

```
px = x + tdx[c] - ( 2 * tdx[c] * (    d    %    e    ))
```

図7　書き換えた後の②の行の処理

〔処理の高速化に関する検討〕

図5中の③の箇所では，誤差を拡散させる先のピクセルが画像の範囲の外側にならないように制御している。このような処理をクリッピングという。

③のif文は，プログラムの終了までに　　g　　回呼び出され，その度に，条件判定における比較演算と論理演算の評価が，あわせて最大で　　h　　回行われる。ここでの計算量が少なくなるようにプログラムを改修することで，処理速度を向上させることができる可能性がある。

第7章 Python 午後問題演習

設問1 図4の左上から3ピクセル目について処理した後の状態から処理を進め，太枠で示されたピクセルの一つ右隣のピクセルを処理した後の変換後輝度配列について，（1），（2）に答えよ。

（1） 減色処理の結果のピクセル（上から1行目，左から4列目の要素）の色を，解答群の中から選べ。

解答群

　　ア　黒　　　　　　　　　イ　白

（2） （1）のピクセルの処理後に，そのピクセルの下のピクセル（上から2行目，左から4列目の要素）に入る輝度の値の整数を，解答群の中から選べ。

解答群

　　ア　0　　　　　　　　イ　7　　　　　　　　ウ　26
　　エ　33　　　　　　　オ　84　　　　　　　カ　255

設問2 図5中の　　a　　～　　c　　に入れる適切な字句を，解答群の中から選べ。

aに関する解答群

　　ア　bmpFrom[y][x]
　　イ　bmpFrom[y][x] + bmpTo[y][x]
　　ウ　bmpTo[y][x]
　　エ　f + bmpFrom[y][x]
　　オ　f + bmpFrom[y][x] + bmpTo[y][x]
　　カ　f + bmpTo[y][x]

bに関する解答群

　　ア　f < 128　　　　　　　　　　イ　f <= 128
　　ウ　f > 128　　　　　　　　　　エ　f >= 128

cに関する解答群

　　ア　bmpTo[py][px] + d * (ratio[c]/denominator)
　　イ　bmpTo[py][px] + math.ceil(d * (ratio[c]/denominator))
　　ウ　bmpTo[py][px] + math.floor(d * (ratio[c]/denominator))
　　エ　bmpTo[py][px] + math.round(d * (ratio[c]/denominator))

7-1　予想問題の演習　349

設問3　図6，図7中の　d　～　f　に入れる適切な字句を，解答群の中から選べ。

d, eに関する解答群

ア　0　　　　　　　　　　イ　1　　　　　　　　　　ウ　2
エ　tx　　　　　　　　　オ　x　　　　　　　　　　カ　y

fに関する解答群

ア　tx - width
イ　tx - width + 1
ウ　tx - width - 1
エ　width - tx
オ　width - tx + 1
カ　width - tx - 1

設問4　本文中の　g　，　h　に入れる適切な字句を，解答群の中から選べ。

gに関する解答群

ア　height + width
イ　height × width
ウ　height + width + ratioCount
エ　height × width × ratioCount

hに関する解答群

ア　3　　　　　　　　　　イ　4　　　　　　　　　　ウ　5
エ　6　　　　　　　　　　オ　7　　　　　　　　　　カ　8

（令和2年10月 応用情報技術者試験 午後 問3（プログラミング）改）

350 第7章 Python 午後問題演習

■解答

設問1 (1) ア   (2) エ
設問2 a イ   b エ   c ウ
設問3 d カ   e ウ   f カ
設問4 g エ   h オ

■解説

　誤差拡散法による減色処理に関する問題です。AI（人工知能）などで大量のデータを扱う際には，処理対象のデータを事前に加工処理しておく前処理を行い，演算を高速化する必要があります。誤差拡散法は，画像データの前処理を行うためのアルゴリズムです。この問では，誤差拡散法による画像のモノクロ2値化を題材に，アルゴリズムの理解と応用力について問われています。問題文に手法の記述があり，問題文を丁寧に読んでいくと説くことができる問題です。

設問1

　〔誤差拡散法のアルゴリズム〕に記載されているアルゴリズムについての問題です。プログラムを作成する前に，アルゴリズムの手順にならって，実際の値の計算を行っていきます。

(1)

　減色処理の結果のピクセル（上から1行目，左から4列目の要素）の色を求めます。図4が，上から1行目，左上から3ピクセル（列）目について処理した例なので，これに続いて図3の減色処理を行い，左から4列目の要素について変換後輝度配列を計算していきます。

　図3の2の手順で得る，上から1行目，左から4列目の要素の値は，図4の変換前画像より，35です。変換後輝度配列の，上から1行目，左から4列目の要素の値は49なので，図3の3.「変換前画像の輝度と，変換後輝度配列の同じ要素の値を加算し，これをFとする」で計算するFは，35 + 49 = 84となります。Fが128未満なので，図3の4.「Fの値が128未満なら変換後輝度配列の輝度を0とし，誤差の値DをFとする」より，変換後輝度は0，誤差の値Dは84となります。〔誤差拡散法のアルゴリズム〕の最初の段落に，「0が黒で，255が白を表す」とあるので，変換後輝度0は黒を表すことになります。したがって，解答はアの黒です。

(2)

　(1)のピクセルの処理後に，そのピクセルの下のピクセル（上から2行目，左から4列目の要素）に入る輝度の値を求めます。

7-1 予想問題の演習 **351**

（1）で計算したとおり，上から1行目，左から4列目の要素の誤差Dは84となります。図2より，そのピクセルの下のピクセル（上から2行目，左から4列目の要素）には，D×5/16の誤差が拡散されます。84×5/16 = 26.2… となり，小数点以下を切り捨てた値は26なので，変換後輝度配列の上から2行目，左から4列目の要素の値7に26が加算され，7 + 26 = 33となります。したがって，解答は**エ**の33です。

設問2

図5中の空欄穴埋め問題です。誤差拡散法のアルゴリズムについて作成したプログラムを完成させていきます。

空欄a

変数fに代入するための計算式を求めます。設問1 (1) と同様に，図3の3. にある「変換前画像の輝度と，変換後輝度配列の同じ要素の値を加算し，これをFとする」がFの値となります。表1より，変換前画像の輝度の配列はbmpFrom[y][x] であり，変換後輝度配列は bmpTo[y][x] です。添字x, yは図5の1, 2行目のfor文より，そのままY座標がy, X座標がxだと考えられるので，これらを加算し，bmpFrom[y][x] + bmpTo[y][x] とします。したがって，解答は**イ**のbmpFrom[y][x] + bmpTo[y][x] となります。

空欄b

if文の条件式で，この条件に当てはまった場合には，dの値はf - 255，bmpTo[y][x] は255となります。当てはまらなかった場合（else）には，dの値はf, bmpTo[y][x]は0となります。図3の4に，「Fの値が128以上なら変換後輝度配列の輝度を255とし，誤差の値DをF - 255とする」と「Fの値が128未満なら変換後輝度配列の輝度を0とし，誤差の値DをFとする」とあるので，f >= 128（fが128以上）を条件式とすると，変換後輝度配列 bmpTo[y][x] と誤差dの値が適切に設定されます。したがって，解答は**エ**のf >= 128 となります。

空欄c

配列 bmpTo[py][px] に代入するための計算式を求めます。

図3の5に，「Dの値について，誤差拡散のパターンに定義された割合に従って配分し，拡散先の要素に加算する」とあり，dの値を配分して拡散先の要素bmpTo[py][px]に加算します。表1より，拡散先のピクセルごとの割合の分子はratio[ ]，分母はdenominatorに格納されています。ratioは拡散先ごとに値が異なる配列で，図5の②やその直前のfor文から，添字cで特定でき，ratio[c] で該当する要素の値を取得できます。ここで，〔誤差拡散法のアルゴリズム〕に，「小数点以下を切り捨てた値」とあり，小数点以下を切り

352　第7章　Python 午後問題演習

捨てて整数にする必要があります。標準関数mathでは，関数math.floor()を用いることで小数点以下を切り捨てた値を求めることができます。元の値bmpTo[py][px]に，誤差dの配分として分子がratio[c]，分母がdenominatorの割合を加える式は，bmpTo[py][px] + math.floor(d * (ratio[c]/denominator))となります。したがって，解答は**ウ**のbmpTo[py][px] + math.floor(d * (ratio[c]/denominator))です。

　なお，math.ceil()は小数点以下を切り上げる関数，math.round()は四捨五入を行う関数です。このような関数を用いない場合には，d * (ratio[c]/denominator)が小数として計算され，bmpTo[py][px]の値が小数となります。

設問3

　図6，図7中の空欄穴埋め問題です。〔画質向上のための改修〕に従って書き換えたプログラムを完成させていきます。

空欄d，e

　〔画質向上のための改修〕より，ピクセルを処理する順番を，Y座標ごとに逆向きにすることで，誤差拡散の方向の偏りを減らします。このとき，「Y座標が偶数の場合」と「Y座標が奇数の場合」で処理を分ける必要があり，これを判定するための条件式を考えます。図5のプログラムではY座標は変数yに入っており，図6の書き換えた後の①の行では，if文の条件に従ってxの値の設定方法を変えます。yが偶数か奇数かの判定は，yを2で割った余り(mod)で求めることができ，y mod 2の値が0なら偶数，1なら奇数となります。したがって，空欄dは**カ**のy，空欄eは**ウ**の2となります。

空欄f

　y mod 2の値が1に等しい，つまりyが奇数の場合のxの値を求める式を記述します。〔画質向上のための改修〕に，「Y座標が奇数の場合：ピクセルを右から順に処理する」とあり，奇数の場合には右から順，つまり最後の座標(width − 1)から順番に値を減らし，0まで繰り返します。図6の最初のfor文で変数txが0からwidth − 1まで1ずつ増えていくので，txが0のときxがwidth − 1，txが1のときxがwidth − 2，…，txがwidth − 1のときxが0とするには，xに width − tx − 1を設定する必要があります。したがって，解答は**カ**のwidth - tx - 1です。

設問4

　本文中の空欄穴埋め問題です。〔処理の高速化に関する検討〕の内容を完成させていきます。

空欄g

図5の③のif文が呼び出される回数を答えます。図5にはfor文が3つあり，それぞれのループが重なっているので3重ループです。一番外のfor文は0からheight − 1までのheight回，2番目のfor文は0からwidth − 1までのwidth回，3番目のfor文は0からratioCount − 1までのratioCount回実行されるので，これらを掛け合わせて，height × weight × ratioCount回は実行されることになります。したがって，解答は**エ**のheight × width × ratioCountです。

空欄h

図5の③のif文での比較演算と論理演算の評価回数の最大値を求めます。③の条件式は，`px >= 0 and px < width and py >= 0 and py < height`です。

最初の`px >= 0`と2番目の`px < width`でそれぞれ比較演算が行われ，andで二つの式の論理演算が行われます。ここまでで評価回数は3回です。この条件を満たした場合，さらに次の演算が続けられます。

3番目の`py >= 0`で比較演算が行われ，andで今までの式と合わせた論理演算が行われます。ここで評価回数が2回加わります。合計は5回です。この条件を満たした場合，さらに次の演算が続けられます。

4番目の`py < height`で比較演算が行われ，andで今までの式と合わせた論理演算が行われます。ここで評価回数が2回加わります。合計は7回です。

したがって，解答は**オ**の7となります。

354 第7章 Python午後問題演習

7-1-5 ● 予想問題5

問 次のPythonプログラムの説明及びプログラムを読んで，設問1〜3に答えよ。

〔プログラムの説明〕

　図形の一部を拡大すると，再び同じパターンの図形が現れる自己相似性をもつ図形を，フラクタル図形と呼ぶ。関数print_fracは，文字"＊"及び空白文字を二次元の格子状に並べてフラクタル図形を描画するプログラムである。

(1)　関数print_fracが描画するフラクタル図形の例を，図1に示す。

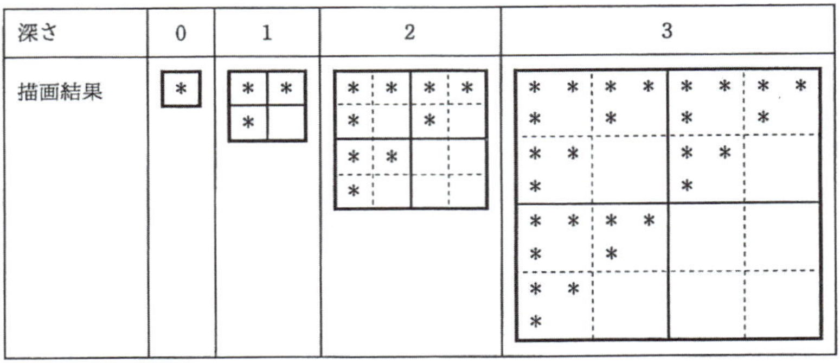

図1　関数print_fracが描画するフラクタル図形の例

① 　深さが0の図形は，1行1列の文字"＊"から成る図形である。

② 　深さが1以上の図形は，深さが0の図形に対して，(2)で説明する生成規則を，深さの回数だけ繰返し適用して得られる図形である。

(2) 　深さがd（1以上）の図形は，深さがd−1の図形を構成する一つ一つの文字を，文字"＊"であるか空白文字であるかに応じて，図2に示す生成規則のとおりに，文字の行列で置換したものである。

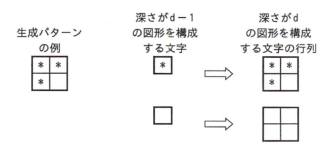

図2　フラクタル図形の生成規則

① 文字"*"の部分は，生成パターンと呼ぶ文字の行列で置換する。
② 空白文字の部分は，生成パターンと同じ大きさで全ての要素が空白文字の行列で置換する。
(3) 生成パターンは，二次元の配列変数patによって与える。patの各要素の値は，空白文字を表す0，又は文字"*"を表す1である。patの行数，列数及び内容を変更することで，異なるフラクタル図形を描画することができる。
(4) 関数print_fracの仕様は次のとおりである。
　　機能：　深さがdのフラクタル図形を描画する。
　　引数：　d　フラクタル図形の深さ
(5) 関数print_fracで使用している関数exists_atの仕様は次のとおりである。
　　機能：　深さがdのフラクタル図形のi行j列目が空白文字であるか文字"*"であるかを判定する。
　　引数：　i　行数（一番上の行を0行目とする）
　　　　　　j　列数（一番左の列を0列目とする）
　　　　　　d　フラクタル図形の深さ
　　返却値：判定結果（0：空白文字，1：文字"*"）

ここで，関数の引数に誤りはないものとする。

356 第7章 Python 午後問題演習

〔プログラム〕
```python
pat = [[1, 1], [1, 0]]

p_rn = len(pat)
p_cn = len(pat[0])

def print_frac(d):
    rn = cn = 1
    for i in range(d):
        |    a    |
    for i in range(rn):
        for j in range(cn):
            print("*" if exists_at(i, j, d) else " ", end="")
        print()

def exists_at(i, j, d):
    if d == 0:
        return |   b   |
    elif exists_at(i // p_rn, j // p_cn, d-1) == 0:
        return |   c   |
    else:
        return |   d   |
```

設問1 深さが2の図形と深さが3の図形は次のとおりである。深さが3の図形において，深さが2の図形の斜線部を置換した部分として正しい答えを，解答群の中から選べ。

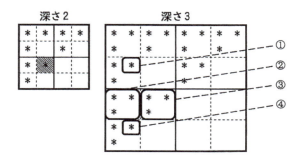

解答群

　　ア　①　　　　イ　②　　　　ウ　③　　　　エ　④

設問2 配列変数patを変更して，深さが3の図形を描画したところ，次のとおりになった。配列変数patの変更内容として正しい答えを，解答群の中から選べ。

解答群

　　ア　pat = [[0, 1, 0], [1, 0, 1]]
　　イ　pat = [[1, 1, 1], [1, 0, 1]]
　　ウ　pat = [[0, 1, 0], [1, 1, 1], [1, 0, 1]]
　　エ　pat = [[1, 1, 1], [1, 0, 1], [1, 0, 1]]

358 第7章 Python 午後問題演習

設問3 プログラム中の　　　　　　　に入れる正しい答えを，解答群の中から選べ。

aに関する解答群

ア　p_rn += rn 　　　　　　　　　イ　p_rn *= rn
　　p_cn += cn 　　　　　　　　　　　p_cn *= cn

ウ　rn += p_rn 　　　　　　　　　エ　rn *= p_rn
　　cn += p_cn 　　　　　　　　　　　cn *= p_cn

b ～ dに関する解答群

ア　0 　　　　　　　　　　　　　　イ　1
ウ　pat[i][j] 　　　　　　　　　　エ　pat[i % d][j % d]
オ　pat[i // d][j // d] 　　　　　カ　pat[i % p_rn][j % p_cn]
キ　pat[i // p_rn][j // p_cn]

(平成28年春 基本情報技術者試験 午後 問9（C）改)

7-1 予想問題の演習 359

■解答

設問1 ウ

設問2 イ

設問3 a エ　　　　b イ　　　　c ア　　　　d カ

■解説

フラクタル図形を描画するプログラムに関する問題です。フラクタル図形とは，図形の部分と全体に再帰的なパターンをもつ図形で，再帰的なプログラミングを行うことで描画できます。この問では，フラクタル図形を描画するアルゴリズムを理解し，Pythonのプログラムを完成させていきます。

設問1

図の深さが2の図形と深さが3の図形を比較して，深さが3の図形において，深さが2の図形の斜線部を置換した部分が①〜④のどこに当たるかを答えます。ここでは，Pythonのプログラムではなく，〔プログラムの説明〕にあるフラクタル図形を描画するプログラムの説明をもとにアルゴリズムを考えていきます。

〔プログラムの説明〕(2)に，「深さがd（1以上）の図形は，深さがd−1の図形を構成する一つ一つの文字を，文字"＊"であるか空白文字であるかに応じて，図2に示す生成規則のとおりに，文字の行列で置換したものである」とあり，さらに，①で「文字"＊"の部分は，生成パターンと呼ぶ文字の行列で置換する」とあります。そのため，dを3とすると，深さが3の図形は，深さが2の図形を構成する一つ一つの文字を確認し，その文字が"＊"だった場合には，生成パターンの行列で置換します。このとき，②に「空白文字の部分は，生成パターンと同じ大きさで全ての要素が空白文字の行列で置換する」とあるので，すべての文字が生成パターンと同じ大きさとなり，深さを1増やすと，図形は行と列が生成パターンの大きさを掛け合わせた分だけ拡大されることになります。

設問1の図に着目すると，深さ2の図の網掛けは，3行目，2列目の位置で，文字は"＊"です。〔プログラムの説明〕(2)①に該当するので，生成パターンの行列で置換されます。置換される位置は，生成パターンが2行2列なので，③の5行3列〜6行4列の部分で，2行2列分を生成パターンの行列にします。

したがって，ウの③が正解です。

設問2

配列変数patを変更して，深さが3の図形を描画したときに，設問2の図になるような配列変数patの内容を考えます。

設問2の図の大きさは，マス目を数えると8行27列です。生成パターンがm行n列だと

仮定すると，設問1で考えたとおり，深さが1増えると，行がm倍，列がn倍の大きさになります。深さ0だと1行1列，深さ1だとm行n列，深さ2だとm^2行n^2列，深さ3だとm^3行n^3列です。$8 = 2^3$，$27 = 3^3$なので，元の生成パターンは2行3列だと考えられます。

設問2の図を2行3列ごとに区切ると，全部が空白ではない部分の図形はすべて次のかたちになっています。

これは"*"を1，空白を0としてリストのかたちで表すと，[[1, 1, 1], [1, 0, 1]]となります。このかたちを生成パターンとして配列変数patとすると，設問2の図形が描写できます。

したがって，**イ**のpat = [[1, 1, 1], [1, 0, 1]]が正解です。

設問3

プログラム中の空欄穴埋め問題です。〔プログラムの説明〕や設問2までで理解したプログラムの内容をもとに，プログラムを完成させていきます。

空欄a

for文でd回繰り返して計算する変数の内容を答えます。解答群より，関数内のローカル変数rn，cnやグローバル変数p_rn，p_cnに関することだと推測できます。

プログラムの最初の方で，変数p_rnには，len(pat)の値が代入されています。len()関数は，多次元の配列（リスト）の場合にはリスト（配列）の数を返すため，2次元配列の場合には行数に対応します。そのため，設問2で説明したときの生成パターンm行n列に対応させると，行数mに該当します。同様に，変数p_cnには，len(pat[0])の値が代入されています。pat[0]は1行目のリストを指すので，len()関数では，リスト内のデータの数，つまり列数nに対応します。したがって，変数p_rnが生成パターンの行数，変数p_cnが生成パターンの列数となります。

変数rn，cnは空欄aの後の2重ループにrange()関数で使われており，図形描画するときの行数や列数であると考えられます。設問2で考えたとおり，深さが1増えると行数は生成パターンの行数（p_rn）倍，列数は生成パターンの列数（p_cn）倍になります。そのため，cn，rnの初期値を列にし，深さの回数分だけrn *= p_rnとcn *= p_cnを実行すると，実際に描画する大きさがrn行cn列として求められます。

したがって，**エ**のrn *= p_rnとcn *= p_cnの2行の記述が正解です。

7-1 予想問題の演習 361

空欄b

d == 0，つまり深さdが0のときの戻り値を答えます。

〔プログラムの説明〕(1)①に，「深さが0の図形は，1行1列の文字"∗"から成る図形である」とあるので，深さが0のときには"∗"となるような値を返す必要があります。呼び出されるときのprint文内の条件式は，「"∗" if exists_at(i, j, d) else " "」となっており，exists_at(i, j, d)の値が真であれば"∗"，真でなければ" "が表示されます。Pythonでのbool型のTrue, Falseは，int型の1, 0と等価なので，真を示す場合には1を返すのが最適です。したがって，**イ**の1が正解です。

空欄c

dが0ではなく，「exists_at(i // p_rn, j // p_cn, d-1) == 0」のときの戻り値を答えます。

関数print_frac()では，変数iに0からrn－1までの行，変数jに0からcn－1までの列が設定されて関数exists_atを呼び出します。行 i に対して，「i // p_rn」は，iを生成パターンの行で割ったときの整数部分(商)で，これは，深さがd－1のときの対応する行を指します。列 j に対する「j // p_cn」も同様に，深さがd－1のときの対応する列を指します。つまり，深さd－1での対応する文字列が0（空白文字）であるという条件なので，深さdの対応する文字列も空白文字(0)となります。したがって，**ア**の0が正解です。

空欄d

dが0ではなく，さらに空欄cのときの条件（深さd－1の対応する文字列が空白文字）ではないときの戻り値を考えます。

空白文字ではないということは"∗"であると考えられ，その場合には生成パターンの行列で置換します。i 行 j 列の値が生成パターンのどの部分に該当するかは，生成パターンの行と列（p_rn行p_cn列）で割った余りで求めることができます。ちょうどi % p_rnが0のときには，生成パターンの左上の値pat[0][0]が表示されることになり，そこから行と列が1つずれるごとに，次の生成パターンの値を表示します。したがって，**カ**のpat[i % p_rn][j % p_cn]が正解です。

7-2 サンプル問題の演習

ここでは，2019年10月28日にIPA（情報処理推進機構）が公開したPythonのサンプル問題について演習を行います。公式発表の問題で，最後の力試しを行っていきましょう。

7-2-1 サンプル問題

問　Pythonのプログラムに関する次の記述を読んで，設問1，2に答えよ。

命令列を解釈実行することによって様々な図形を描くプログラムである。

(1) 描画キャンパスの座標は，x軸の範囲が $-320 \sim 320$，y軸の範囲が $-240 \sim 240$ である。描画キャンパスの座標系を，図1に示す。描画キャンパス上にはマーカがあり，マーカを移動させることによって描画する。マーカは，現在の位置座標と進行方向の角度を情報としてもつ。マーカの初期状態の位置座標は $(0, 0)$ であり，進行方向は x 軸の正方向である。

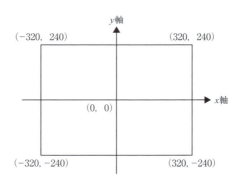

図1　描画キャンパスの座標系

(2) 命令列は，命令を";"で区切った文字列である。命令は，1文字の命令コードと数値パラメタの対で構成される。命令には，マーカに対して移動を指示する命令，マーカに対して回転を指示する命令，及び命令列中のある範囲の繰返しを指示する命令がある。繰り返す範囲を，繰返し区間という。命令は，命令列の先頭から順に実行する。命令とその説明を，表1に示す。

表1 命令とその説明

命令		説明
命令コード	数値パラメタ	
F	長さ	マーカを現在の進行方向に数値パラメタで指定した長さだけ進め，移動元から移動先までの線分を描く．数値パラメタは，1以上の整数値である．
T	角度	マーカの進行方向を，現在の進行方向から数値パラメタが正の場合は反時計回りに，負の場合は時計回りに，数値パラメタの絶対値の角度だけ回転する．数値パラメタが0の場合は回転しない．数値パラメタは，単位を度数法とする任意の整数値である．
R	繰返し回数	繰返し区間の開始を示す．この命令と対となる命令コードEの命令との間を，数値パラメタで指定した回数だけ繰り返す．繰返し区間は，入れ子にすることができる．数値パラメタは1以上の整数値である．
E	0	繰返し区間の終了を示す．数値パラメタは，参照しない．

(3) 命令列R3;R4;F100;T90;E0;F100;E0（以下，命令列 a という）の繰返し区間を，図2に示す．マーカが初期状態にあるときに，命令列 a を実行した場合の描画結果を，図3に示す．

なお，図3中の描画キャンバスの枠，目盛りとその値，①，②及び矢印は，説明のために加えたものである．

図2 命令列 a の繰返し区間

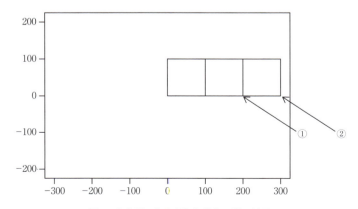

図3 命令列 a を実行した場合の描画結果

設問1 次の記述中の ▭ に入れる正しい答えを,解答群の中から選べ。ここで,a1とa2に入れる答えは,aに関する解答群の中から組合せとして正しいものを選ぶものとする。

(1) 命令列 a の実行が終了した時点でのマーカの位置は,図3中の ▭a1▭ が指す位置にあり,進行方向は ▭a2▭ である。

(2) マーカが初期状態にあるときに,図4に示す1辺の長さが100の正五角形を描くことができる命令列は, ▭b▭ である。ここで,図4中の描画キャンパスの枠,目盛りとその値は,説明のために加えたものである。

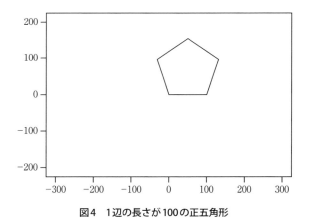

図4 1辺の長さが100の正五角形

aに関する解答群

	a1	a2
ア	①	x軸の正方向
イ	①	y軸の正方向
ウ	②	x軸の正方向
エ	②	y軸の正方向

bに関する解答群

 ア R5;F100;T-108;E0 イ R5;F100;T-75;E0 ウ R5;F100;T-72;E0

 エ R5;F100;T-60;E0   オ R5;F100;T60;E0   カ R5;F100;T72;E0

 キ R5;F100;T75;E0   ク R5;F100;T108;E0

7-2 サンプル問題の演習 365

〔プログラムの説明〕

(1) 関数parseは，引数として与えられた命令列を，タプルを要素とするリストに変換する。ここで，命令列は，少なくとも一つの命令をもち，誤りはないものとする。1タプルは，1命令に相当し，命令コード及び数値パラメタから構成される。関数parseが定義された状態での，対話モードによる実行例を，実行結果1に示す。

実行結果1

```
>>> parse('R4;F100;T90;E0')
[('R', 4), ('F', 100), ('T', 90), ('E', 0)]
```

(2) クラスMarkerは，マーカの現在の位置座標を属性x，yに，進行方向をx軸正方向から反時計回りに測った角度で属性angleに保持する。オブジェクトの生成時に，描画キャンバスの表示範囲を設定し，属性x，yを0，0に，属性angleを0に設定する。クラスMarkerに，マーカの操作をする次のメソッドを定義する。

forward(val)
　　マーカの位置座標を，現在の進行方向にvalで指定された長さだけ進め，線分を描く。
　　引数： val 長さ

turn(val)
　　マーカの進行方向を，反時計回りにvalで指定された角度だけ回転させる。
　　引数： val 度数法で表した角度

(3) 関数drawは，引数として与えられた命令列の各命令を解釈実行し，描画結果を表示する。ここで，命令列は，少なくとも一つの命令をもち，誤りはないものとする。関数drawの概要を，次に示す。
　① 命令列を，関数parseを利用してタプルを要素とするリストに変換する。
　② マーカの操作は，クラスMarkerを利用する。
　③ 繰返し区間の入れ子を扱うために，スタックを用いる。
　④ スタックはリストで表現され，各要素は繰返しの開始位置opnoと残り回

366 第7章 Python午後問題演習

数 rest をもつ辞書である。

⑤ プログラムの位置 β にある print 関数を使って，スタックの状態変化を出力する。

2重の繰返し区間をもつ命令列について，関数 draw が定義された状態での，対話モードによる実行例を，実行結果2に示す。

実行結果2

```
>>> draw('R2;R3;E0;E0')
[]
[{'opno': 0, 'rest': 2}]
[{'opno': 0, 'rest': 2}, {'opno': 1, 'rest': 3}]
[{'opno': 0, 'rest': 2}, {'opno': 1, 'rest': 2}]
[{'opno': 0, 'rest': 2}, {'opno': 1, 'rest': 1}]
[{'opno': 0, 'rest': 2}]
[{'opno': 0, 'rest': 1}]
[{'opno': 0, 'rest': 1}, {'opno': 1, 'rest': 3}]
[{'opno': 0, 'rest': 1}, {'opno': 1, 'rest': 2}]
[{'opno': 0, 'rest': 1}, {'opno': 1, 'rest': 1}]
[{'opno': 0, 'rest': 1}]
```

7-2 サンプル問題の演習　367

〔プログラム〕

```python
import math  # 数学関数の標準ライブラリ
import matplotlib.pyplot as plt  # グラフ描画の外部ライブラリ


def parse(s):
    return[(x[0],      c      ) for x in s.split(';')]

class Marker:
    def __init__(self):
        self.x, self.y, self.angle = 0, 0, 0
        plt.xlim(-320, 320)  # x軸の表示範囲を設定
        plt.ylim(-240, 240)  # y軸の表示範囲を設定

    def forward(self, val):
        # 度数法で表した角度を，ラジアンで表した角度に変換
        rad = math.radians(self.angle)
        dx = val *     d1
        dy = val *     d2
        x1, y1, x2, y2 =      e     , self.x + dx, self.y + dy
        # (x1, y1)と(x2, y2)を結ぶ線分を描画
        plt.plot([x1, x2], [y1, y2], color='black', linewidth=2)
        self.x, self.y = x2, y2

    def turn(self, val):
        self.angle = (self.angle + val) % 360

    def show(self):
        plt.show()  # 描画結果を表示
```

368 第7章 Python午後問題演習

```python
def draw(s):
    insts = parse(s)
    marker = Marker()
    stack = []
    opno = 0
    while opno < len(insts):
        print(stack)                    ← β
        code, val = insts[opno]
        if code == 'F':
            marker.forward(    f    )
        elif code == 'T':
            marker.turn(    f    )
        elif code == 'R':
            stack.append({'opno': opno, 'rest':    f    })
        elif code == 'E':
            if stack[-1]['rest']    g    :
                    h
                stack[-1]['rest'] -= 1
            else:
                    i
        opno += 1
    marker.show()
```

設問2 プログラム中の[   ]に入れる正しい答えを，解答群の中から選べ。ここ
で，d1とd2に入れる答えは，dに関する解答群の中から組合せとして正しいもの
を選ぶものとする。dに関する解答群の中で使用される標準ライブラリの仕様は，
次のとおりである。

math.sin(x)
　　指定された角度の正弦(sin)を返す。
　　引数：　x　ラジアンで表した角度
　　戻り値：引数の正弦(sin)

7-2 サンプル問題の演習 369

math.cos(x)

指定された角度の余弦（cos）を返す。

引数： x　ラジアンで表した角度

戻り値：引数の余弦（cos）

cに関する解答群

ア　int(x[1])　　　　イ　int(x[1:])　　　ウ　int(x[:1])

エ　int(x[2])　　　　オ　int(x[2:])　　　カ　int(x[:2])

dに関する解答群

	d1	d2
ア	math.cos(rad)	-math.sin(rad)
イ	math.cos(rad)	math.sin(rad)
ウ	math.sin(rad)	-math.cos(rad)
エ	math.sin(rad)	math.cos(rad)

eに関する解答群

ア　0, 0　　　　　　　　　　イ　dx, dy

ウ　self.x, self.y　　　　　エ　self.x - dx, self.y - dy

fに関する解答群

ア　0　　　　　　　　　　　イ　code

ウ　len(insts)　　　　　　エ　val

gに関する解答群

ア　< 0　　　　　　　イ　< 1　　　　　　ウ　== 0

エ　> 0　　　　　　　オ　> 1

h，iに関する解答群

ア　opno = stack[-1]['opno']

イ　stack.clear() # stackをクリア

ウ　stack.pop() # stackの末尾の要素を削除

エ　stack.pop(0) # stackの先頭の要素を削除

オ　stack[-1]['opno'] = opno

370 第7章 Python 午後問題演習

■解答

設問1 a ウ b カ
設問2 c イ d イ e ウ f エ
g オ h ア i ウ

■解説

命令列を解釈実行することによって様々な図形を描くプログラムについての問題です。Pythonで関数やクラスを作成するスキルや，2次元で図形を描画するアルゴリズムに関する理解が求められます。外部ライブラリとしてグラフ描画ライブラリmatplotlibが用いられています。幅広い知識が必要となり，プログラミング問題としては比較的難易度が高めです。

設問1

プログラムの理解以前に，図形描画のアルゴリズムについての理解が問われる問題です。設問文中の流れに沿って，描画キャンパスに命令列で描画を行っていきます。

空欄a

命令列 a をプログラムの説明を基に実行させてみて，実行が終了した時点のマーカの状態を答えます。

命令列 a は，本文中 (3) より R3;R4;F100;T90;E0;F100;E0 です。本文中 (1) より，マーカの初期状態の位置座標は (0, 0) であり，進行方向はx軸の正方向です。表1に従って命令を順に実行していくと，次のようになります。

繰返外	繰返中	命令	実行内容
		R3	繰返し回数3回で繰り返す(繰返外)
1回目		R4	繰返し回数4回で繰り返す(繰返中)
1回目	1回目	F100	マーカをx軸の正方向 に100進める。(0, 0)→(100, 0)となる
1回目	1回目	T90	マーカを反時計回りに 90 度回転する。x軸の正方向→y軸の正方向となる
1回目	1回目	E0	中の繰返しの1回目を終了する
1回目	2回目	F100	マーカをy軸の正方向に100進める。(100, 0)→(100, 100)となる
1回目	2回目	T90	マーカを反時計回りに 90 度回転する。y軸の正方向→x軸の負方向となる
1回目	2回目	E0	中の繰返しの2回目を終了する
1回目	3回目	F100	マーカをx軸の負方向に100進める。(100, 100)→(0, 100)となる
1回目	3回目	T90	マーカを反時計回りに90 度回転する。x軸の負方向→y軸の負方向となる
1回目	3回目	E0	中の繰返しの3回目を終了する
1回目	4回目	F100	マーカをy軸の負方向に100進める。(0, 100)→(0, 0)となる
1回目	4回目	T90	マーカを反時計回りに90度回転する。y軸の負方向→x軸の正方向となる

繰返外	繰返中	命令	実行内容
1回目	4回目	E0	中の繰返しの4回目を終了する
1回目		F100	マーカをx軸の正方向に100進める。(0, 0)→(100, 0)となる
		E0	外の繰返しの1回目を終了する
2回目		R4	繰返し回数4回で繰り返す（繰返中）
2回目	1回目	F100	マーカをx軸の正方向に100進める。(100, 0)→(200, 0)となる
2回目	1回目	T90	マーカを反時計回りに90度回転する。x軸の正方向→y軸の正方向となる
2回目	1回目	E0	中の繰返しの1回目を終了する
2回目	2回目	F100	マーカをy軸の正方向に100進める。(200, 0)→(200, 100)となる
2回目	2回目	T90	マーカを反時計回りに90度回転する。y軸の正方向→x軸の負方向となる
2回目	2回目	E0	中の繰返しの2回目を終了する
2回目	3回目	F100	マーカをx軸の負方向に100進める。(200, 100)→(100, 100)となる
2回目	3回目	T90	マーカを反時計回りに90度回転する。x軸の負方向→y軸の負方向となる
2回目	3回目	E0	中の繰返しの3回目を終了する
2回目	4回目	F100	マーカをy軸の負方向に100進める。(100, 100)→(100, 0)となる
2回目	4回目	T90	マーカを反時計回りに90度回転する。y軸の負方向→x軸の正方向となる
2回目	4回目	E0	中の繰返しの4回目を終了する
2回目		F100	マーカをx軸の正方向に100進める。(100, 0)→(200, 0)となる
		E0	外の繰返しの2回目を終了する
3回目		R4	繰返し回数4回で繰り返す（繰返中）
3回目	1回目	F100	マーカをx軸の正方向に100進める。(200, 0)→(300, 0)となる
3回目	1回目	T90	マーカを反時計回りに90度回転する。x軸の正方向→y軸の正方向となる
3回目	1回目	E0	中の繰返しの1回目を終了する
3回目	2回目	F100	マーカをy軸の正方向に100進める。(300, 0)→(300, 100)となる
3回目	2回目	T90	マーカを反時計回りに90度回転する。y軸の正方向→x軸の負方向となる
3回目	2回目	E0	中の繰返しの2回目を終了する
3回目	3回目	F100	マーカをx軸の負方向に100進める。(300, 100)→(200, 100)となる
3回目	3回目	T90	マーカを反時計回りに90度回転する。x軸の負方向→y軸の負方向となる
3回目	3回目	E0	中の繰返しの3回目を終了する
3回目	4回目	F100	マーカをy軸の負方向に100進める。(200, 100)→(200, 0)となる
3回目	4回目	T90	マーカを反時計回りに90度回転する。y軸の負方向→x軸の正方向となる
3回目	4回目	E0	中の繰返しの4回目を終了する
3回目		F100	マーカをx軸の正方向に100進める。(200, 0)→(300, 0)となる
		E0	外の繰返しの3回目を終了する

　最終的に，位置座標は(300, 0)となり，図3では②が示す位置になります。また，方向は，元に戻ってx軸の正方向です。したがって，空欄a1は②，空欄a2はx軸の正方向になるので，組合せの正しいウが正解です。

空欄b

図4に示す1辺の長さが100の正五角形を描くことができる命令列を考えます。まず，正五角形の内角を求めます。五角形は，次のように3つの三角形に分けることができます。

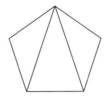

正五角形を三角形で分割

三角形の内角の和は180°なので，五角形の内角の和は，180°×3 = 540°となります。正五角形ではそれぞれの内角の大きさは同じなので，540°÷5 = 108°です。ここから回転させる角度を求めると，次のようになります。

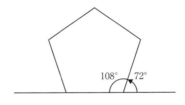

回転させる角度

内角が108°なので，直線(180°)を引いて方向を考えてみると，反時計回りに180° − 108° = 72°ずつ回転させながら図形を描画すると，正五角形が描けることが分かります。

表1の命令コードTより，「数値パラメタが正の場合は反時計回り」なので，T72として正の値で回転させることになります。具体的には，F100で長さ100ずつ進めながら，F100;T72を5回繰り返すと，正五角形が完成します。繰返しは表1のRとEを使用し，R5;F100;T72;E0 とします。したがって，空欄bは**カ**のR5;F100;T72;E0が正解です。

設問2

〔プログラム〕に関する空欄穴埋め問題です。〔プログラムの説明〕の内容をもとに，プログラムを完成させていきます。

空欄 c

関数 parse の return 文で設定する戻り値の内容を考えます。

[(x[0], ____c____) for x in s.split(';')] は，リスト内包表現です。関数 parse の引数 s に対して，s.split(';') で；ごとに区切ったそれぞれの値を x とします。返す内容は，( ) で囲まれているのでタプルのリストになります。

例えば，設問 1 の命令列 a (R3;R4;F100;T90;E0;F100;E0) が s として与えられた場合を考えてみると，s を；で分割して，[R3, R4, F100, T90, E0, F100, E0] が 1 つずつ x に格納されます。

ここで，〔プログラムの説明〕(1) に，関数 parse について，「1 タプルは，1 命令に相当し，命令コード及び数値パラメタから構成される」という説明があります。そのため，それぞれの x（R3 や F100 など）を，1 文字目の命令文を示す x[0] と，2 文字目以降の数値パラメタを示す x[1:] の 2 つに分解します。また，数値パラメタは数値に変換する必要があるので，int() を使用して，int(x[1:]) とします。

したがって，空欄 c は**イ**の int(x[1:]) が正解です。

空欄 d

クラス Marker のメソッド forward で，dx と dy を計算するための式に当てはめる d1，d2 を考えます。

三角関数の $\sin\theta$，$\cos\theta$ を使うと，長辺の長さ 1 の直角三角形の各辺の長さは，次の図のように表すことができます。

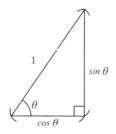

三角関数を用いた辺の長さ

標準関数 math では，関数 math.sin()，math.cos() を用いることで，三角関数を計算できます。このとき，引数はラジアンという角度を表す単位に変換する必要があるので，元の度数表での角度 self.angle を，math.radians() を用いてラジアンに変換します。変換後の値が rad = math.radians(self.angle) で，変数 rad に格納されています。角度 rad の方向に 1 移動すると，x 軸方向には math.cos(rad)，y 軸方向には math.sin(rad) だ

374　第7章　Python 午後問題演習

け進みます。この値を，進む距離 val と掛け合わせることで，x軸，y軸方向それぞれ
に進む距離を算出することができます。

したがって，空欄 d1 は math.cos(rad)，空欄 d2 は math.sin(rad) になり，組合せの
正しい**イ**が正解です。

空欄 e

クラス Marker のメソッド forward で，x1，y1 に設定する内容を考えます。

空欄 e の直後の行にコメントで，「# (x1, y1)と(x2, y2)を結ぶ線分を描画」とあり，x2,
y2には，空欄 e と同じ行で，x2 = self.x + dx, y2 = self.y + dy が設定されています。
この値から，(x2, y2)には(dx, dy)だけ移動した後のマーカの位置が格納されている
ことが分かるので，(x1, y1)には，移動する前のx，yの値を，x1 = self.x，x2 =
self.yとして設定します。

したがって，空欄 e は**ウ**の self.x, self.y が正解です。

空欄 f

関数 draw で，クラス Marker のインスタンス marker に対して，メソッド forward( )
やメソッド turn( )を実行するときに設定する引数を考えます。また，その下の3番目の
空欄 f には，リスト stack に辞書({ })形式で，'rest'に設定される値が入ります。

〔プログラムの説明〕(2)のメソッド forward(val) の説明に，「マーカの位置座標を，
現在の進行方向に val で指定された長さだけ進め」とあり，引数として，進行方向に進
める長さを設定する必要があることが分かります。関数 draw(s)では，最初に引数 s の
値を関数 parse を用いてタプル形式のリストに分解し，リスト insts に格納しています。
その後，while ループ内で，code, val = insts[opno] として，命令コードを変数 code
に，数値パラメタを変数 val に取り出しています。命令コード code が 'F' の場合，val
には進める長さが入るので，marker.forward(val)とすることで，marker を val の長さ
だけ進めることができます。同様に，命令コード code が 'T' の場合には，数値パラメ
タ val が回転する角度になるので，marker.turn(val)とすることで，marker を val の度
数だけ回転させることができます。したがって，空欄 f は**エ**の val が正解です。

また，3番目の空欄 f の行は，stack.append({'opno': opno, 'rest': val}) となり
ます。ここでは，命令コード code が 'R' のときなので，繰返し回数 val を辞書のキーワー
ド'rest'の値として設定し，stack に追加します。

空欄g

命令コードcodeが 'E' の場合の動作について，中の条件式を考えます。

〔プログラムの説明〕(3)に関数drawの説明があり，④に「スタックはリストで表現され，各要素は繰返しの開始位置opnoと残り回数restをもつ辞書である」とあります。空欄gの行の条件式ifで確認する内容は，stack[-1]['rest']です。これは，スタックの最後(stack[-1])の辞書にある，残り回数restを参照しています。初期値には，空欄fを考えるときに確認したように，繰返し回数がそのまま設定されています。このif文に当てはまった場合には，空欄hの下で，stack[-1]['rest'] -= 1 として，残り回数が1つ減るので，繰返しを行うときの条件であることが分かります。

繰返しの残り回数には，初期値に繰返し回数が設定されており，それが1つずつ減っていきます。例えば，繰返し回数に2が設定された場合は，初期値のstack[-1]['rest']は2です。1回目の繰返しでcode == 'E'の条件に当てはまる時点でのstack[-1]['rest']は2ですが，1回目の処理を終了しているので，あと1回の実行となります。stack[-1]['rest']を1減らして1としてから，2回目の繰返しを実行します。2回目の終了時点で，stack[-1]['rest']は1となっていますが，この時点で2回繰り返しているので，繰返しは終了となります。そのため，継続の条件としては，stack[-1]['rest'] > 1 として，1より大きいときのみ繰り返すようにします。

したがって，空欄gは**オ**の> 1が正解です。

空欄h

空欄gを含む行の条件に当てはまり，繰返しを継続する場合に行うことを考えます。

繰返しを継続する場合，次の繰返しを行うために，繰返しの開始位置まで戻る必要があります。このときの繰返しの開始位置はリストstackに格納されており，最後尾をstack[-1]['opno'] と参照することで取得できます。この値を新たに変数opnoに代入することで，次の繰返し処理を開始します。

したがって，空欄hは**ア**の opno = stack[-1]['opno'] が正解です。

空欄i

空欄gを含む行の条件に当てはまらず，繰返しを終了する場合に行うことを考えます。

繰返しを継続しない場合には，stackの最後尾にある繰返し情報stack[-1]は不要になります。そのため，stack.pop()でstackの末尾の要素を削除することで，繰返しの終わった繰返し情報を削除できます。

したがって，空欄iは**ウ**の stack.pop() # stackの末尾の要素を削除 が正解です。

さらなる学習に向けて

　基本情報技術者試験のプログラミング問題は,「実際のプログラミングができる」ことを測定するための試験です。

　そのため, Pythonに限らずどのプログラミング言語の問題も, 実務でプログラミングを行っている場合には, 特に試験勉強をしなくても解けます。問題演習は擬似的なプログラミング演習にはなりますが, 問題演習だけ行っていても完全に問題が解けるようにはなりません。

　ここまでの演習を行ってきて, まだ問題を難しく感じる場合には, ぜひ実際にプログラミングを行って, 動くアプリケーションを作ってみてください。Pythonは, AI, データサイエンスやIoTなどさまざまな分野で活用されている言語で, 実際に使えるアプリケーションを作るために活用できます。作りたいものがある場合は, 調べながらいろいろ作ってみると, 一気に実力がつきます。

　特に作りたいものが浮かばないという場合には, ゲームプログラミングや図形描画のプログラムなどがおすすめです。基本情報技術者試験の傾向として, 図形のアルゴリズムが出てくることが多いので, 実際に画面上で図形を書いたり, その図形を動かしたりすることは, アルゴリズムを理解する上でとても役に立ちます。「7-2-1」で紹介したサンプル問題も図形描画の問題なので, 実際にプログラムを動かしてみることでプログラムの動きが見えるようになります。関数を呼び出す値を変えて動かしてみると, さらに理解が深まります。動かしやすいようにGitHubでサンプルプログラムのソースコードを公開していますので, 動かしたり改造したりして, ぜひ実際のPythonプログラムで学習してみてください。

　プログラミングのスキルは, 一朝一夕では身につきません。繰り返していくことで少しずつ力がついていきますので, なるべく楽しめるように工夫しながら, 一歩一歩, 歩みを止めず進んでいきましょう。

付録　Python環境の準備

　Pythonの環境をPCに整えるには，データ分析に必要なものが揃ったAnacondaをインストールし，Jupyter Notebookを利用する方法が一般的です。また，GoogleのColaboratoryを用いると，PCにソフトウェアをインストールすることなく，Pythonでのプログラミングを行うことができます。

■ Anacondaのインストール

　Anacondaは，データ分析用のディストリビューション（プログラミング言語や必要なソフトウェアをまとめたもの）です。個人用（Individual Edition）はオープンソースで，無料で利用できます。Anacondaをインストールすることで，Pythonと合わせて，NumPyなどのデータ分析に必要なライブラリ，Jupyter Notebookなどの開発環境を一度にインストールできます。

　Anacondaは，以下のサイトからダウンロードできます。
https://www.anaconda.com/products/individual

　OSはWindows，macOS，Linuxなどに対応しています。使用するOSとPCに合わせて，64-Bit版か32-Bit版を選択し，適切なリンクをクリックします。

Anaconda Installers

Windows	MacOS	Linux
Python 3.8	Python 3.8	Python 3.8
64-Bit Graphical Installer (457 MB)	64-Bit Graphical Installer (435 MB)	64-Bit (x86) Installer (529 MB)
32-Bit Graphical Installer (403 MB)	64-Bit Command Line Installer (428 MB)	64-Bit (Power8 and Power9) Installer (279 MB)

※2021年3月現在。画面の表示は変わることがあります。

Anacondaのダウンロード画面

　exeファイルがダウンロードされるので，実行するとインストーラが起動してインストールが始まります。「Next>」をクリックし，問題がなければライセンス承諾に同意し，

続く画面でも「Next>」をクリックしてインストールを完了させます。

インストールが完了すると「Anaconda3」というフォルダが作成され，コマンドを入力して実行するAnaconda PromptというツールやJupyter Notebookなどの開発環境がインストールされます。

Windows 10の場合，Anaconda Promptを起動させるには，Windowsスタートメニューの「Anaconda3（64-bit）」から「Anaconda Prompt」を選択します。

AnacondaからAnaconda Promptを起動

Anaconda Fromptが起動したら，「python」と入力して実行する（Enterキーを押す）ことで，対話モードでPythonを実行することが可能になります。

Anaconda Promptの実行画面

■ Jupyter Notebook

Jupyter Notebookは，データ分析のために開発された対話型の開発環境です。実行するだけでなく，Notebookということもありプログラムの説明や数式などを追加できます。通常のプログラムの実行環境と異なり，対話形式で少しずつ実行できるので，様々なデー

タ分析を，条件を変えながら試すことができます。

本書でのプログラミング例は，Jupyter Notebookの形式で提供しています。

Jupyter Notebookの起動

Jupyter Notebookは，Anacondaをインストールすると一緒にインストールされます。Anaconda Promptからは，「jupyter notebook」と入力して実行することで起動させることができます。

Windowsのスタートメニューの Anacondaから「Jupyter Notebook」をクリックすることでも起動できます。この場合は，まずAnaconda Promptが起動し，その中でJupyter Notebookの処理が実行されます。

Jupyter Notebookは，プログラムの中でWebサーバを立ち上げ，Webブラウザ上での開発環境を用意します。そのため，Anaconda Prompt内でWebサーバの起動処理を実行し，続いて，デフォルトのブラウザが自動的に起動（または新しいタブが表示）します。Webブラウザには，Jupyter Notebookの画面が表示されます。

Jupyter Notebookでのプログラミングは Webブラウザ上で行います。次の画面のようにディレクトリが表示されるので，適当なディレクトリを選び，「New」→「Python3」をクリックすることで，新しいプログラムを作成できます。

Jupyter Notebook

作成したプログラムを実行するときには，実行したいプログラムのセル（囲まれている範囲）にカーソルを合わせてクリックして選択状態にします（選択したセルが四角で囲まれます）。その後，画面上の［▶ Run］ボタンを押すか，［Shift］+［Enter］キーを押すことで，そのセル内のプログラムを実行させることができます。

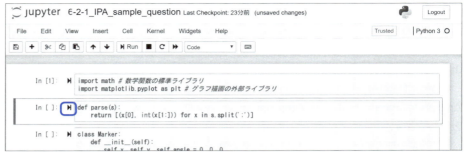

※環境によって，[▶]が表示されないことがあります。

実行したいプログラムを選択して実行

　実行すると，In [ ]に数字が入ります。実行順に，In［1］，In［2］…と番号が入っていきます。

　Jupyter Notebookでは，値を変えて同じセルを再度実行することができます。また，上から順ではなく，実行したいプログラムを選択して対話型で順に実行させることも可能です。

Jupyter Notebookの終了

　Jupyter Notebookを終了するときは，Webブラウザ上では，ホームページの右上の[Quit]ボタンを押し，その後でWebブラウザ（または，Jupyter Notebookが実行されているタブ）を閉じます。Anaconda Promptの場合は，「quit」と入力してEnterキーを押すことで終了できますが，画面右上の[×]をクリックするか，画面がアクティブな状態で[Ctrl]＋[c]キーを押すことでも強制終了します。

　Jupyter Notebookの動作が止まったり，終了しないといった場合は再起動させます。通常は，画面上部の[■]（停止）ボタンを押すことで対応できます。動作が不安定になることもあるので，停止しない場合は一度終了させて再起動させてみます。

　Jupyter Notebookには様々な拡張機能が備わっています。まずは使って慣れることで，できることを増やしていきましょう。

■【発展1】Anaconda以外のPython実行環境

　Pythonの実行環境を整えるには，データ分析でよく利用されており，1つのパッケージのインストールでひととおりの環境がそろうAnacondaがおすすめですが，このほかにも次のようにいろいろな方法があります。

①Pythonの公式サイトからインストール
②Google ColaboratoryをWebブラウザで利用
③Pythonista 3などのスマートフォン用アプリを使用
④AWSやGCPなどで，クラウド開発環境を利用

①はPCにインストールする方法です。②〜④は，Webサイトやスマートフォン，クラウド環境などを利用して，PCを使用せずに開発環境を用意する方法です。
それぞれの具体的な方法は次のとおりです。

①公式サイトからインストール

Pythonの公式サイト（https://www.python.org/）から，Pythonの最新バージョンやサポートされているバージョンをダウンロードし，インストールすることができます。Windows，MacOS，Linuxなど各種OS用のものが公開されています。
Windowsで最新版のPythonをインストールする手法はPythonドキュメントの以下のサイトにまとめられていますので，参考にしてみてください。
https://docs.python.org/ja/3/using/windows.html

公式サイトからインストールした場合は，Jupyter Notebookのような開発環境を別途インストールする必要があります。

②Google ColaboratoryをWebで利用

PythonをPCにインストールしなくてもPythonでのプログラミングを行える方法があります。
Googleには，Googleでアカウントを作成するだけで無料で利用できるGoogleドライブという機能があります。文書を作成するGoogleドキュメントや，表計算を行うGoogleスプレッドシートなどがその代表です。Googleドライブの1つの機能として，Jupyter Notebookとほぼ同じような開発環境をWebブラウザ上で利用できるColaboratoryがあります。Colaboratoryは，下記のサイトにアクセスし，Googleアカウントでログインすることで使用できます。
https://colab.research.google.com/

なお，Google Colaboratoryを使用する際のWebブラウザは，Google Chromeが推奨されています。また，Colaboratoryでは，GitHubとの連携も可能ですので，本書で公開しているプログラムはすべて，Colaboratoryで実行させることができます。

③Pythonistaなど，スマートフォン用アプリを使用

iPhoneやiPad，Androidスマートフォンなどには，Pythonを利用するためのアプリがいろいろ用意されています。iPhoneやiPadでPythonを扱う場合の代表的なアプリが，Pythonista 3です。App Storaの以下のページからダウンロードできます。有料（1,220円）ですが，スマートフォンで本格的なプログラムを動かすことができます。

https://apps.apple.com/jp/app/pythonista-3/id1085978097

なお，先ほどのColaboratoryや，以下で紹介するクラウド上の開発環境は，スマートフォンやタブレットでも，一部機能に制限はありますが利用可能です。

④AWSやGCPなどで，クラウド開発環境を利用

Pythonの開発環境をPCで用意することが難しい場合や，複数のPCで同じ開発環境を用意したい場合には，AWS（Amazon Web Service）やGCP（Google Cloud Platform）などのクラウド開発環境を利用できます。Webサーバの構築や，データ分析基盤の整備など，本格的な開発を行うことも可能です。

例えば，AWS Cloud9では，クラウドベースの統合開発環境を利用できますが，ここでPythonも利用可能です。
https://aws.amazon.com/jp/cloud9/

なお，AWSやGCPなどのクラウドサービスは有料です。開発環境の利用自体は無料ですが，実行するサーバの利用に料金がかかります。

■【発展2】Jupyter Notebook以外のPython開発環境

Pythonの開発環境としては，Anacondaと同時にインストールされるJupyter Notebookを利用するのが最も簡単ですが，このほかにも次のような方法で開発環境を整えることができます。

①テキストエディタを用いる
②統合開発環境のPythonバージョンを使用する

それぞれの方法を具体的にみていきます。

①テキストエディタを用いる

テキストエディタを使ってPythonのプログラムをファイルに記述し，Pythonコマンドで実行させます。代表的なエディタに，Atomや秀丸，サクラエディタ，viエディタ，emacsエディタなどがあります。

②統合開発環境のPythonバージョンを使用する

他のプログラミング言語でも利用している環境を使います。そのため，JavaやC++といったプログラミング言語で開発をしている場合は環境が変わらず便利な方法といえます。

代表的な統合開発環境には，MicrosoftのVisual Studioやその無料バージョンであるVSCode（Visual Studio Code）があります。VSCodeでは，拡張機能をインストールすることで様々なオプションを設定することが可能で，Jupyter Notebookも利用できます。

ほかに，JetBrainsが提供する統合開発環境に，Javaなどで使用するIntelliJや，Ruby Mineなど，様々な言語向けが用意されており，Python用の開発環境としてPyCharmがあります。

Pythonを使用する方法には様々なものがありますが，どれか一つが用意できれば，本書の内容は実行可能です。

まずは環境を整えて，いろいろ試していきましょう。

■【補足】仮想環境について

Pythonでプログラミングを行うとき，インストールするライブラリやバージョンによって動きが変わることがあります。例えば，ディープラーニングのライブラリなどでは，Python3.7では動くけれど3.8にすると不安定になる，などの不具合がよくあります。そのため，実行するプログラムごとに仮想環境を用意して，仮想環境ごとに適切なバージョンのPythonやライブラリをインストールするのが安全です。

Anacondaでは，Anaconda Promptで

```
> conda create -n 環境名
```

とすることで，新しい環境名で仮想環境を作ることができます。

いろいろな場面でPythonを使いたい場合には，用途ごとに仮想環境を作って，活用していきましょう。

索引

記号・数字

@classmethod	193
@wrapping	153
__init__()メソッド	172, 186
__repr__()メソッド	195
¥n	86, 90
O-記法	232
16進数	43
2次元配列	225
2進数	43
2分木	221
2分探索	234
8進数	43

A

Abstract Class	171
Abstract Method	171
abs()関数	127
AI	288
Anaconda	114, 116, 279
and	66
AnonymousError	105
append()メソッド（リスト）	56

B

Beautiful Soup	115
bin()関数	44
BM法	252, 253
break文	69, 72

C

chr()関数	129
class文	184
close()メソッド	85
CNN	292
continue文	72
copy	147

copy.copy()	148
copy.deepcopy()	148

D

datetime	109, 113
Decision Tree	290
def文	120
del文	55
deque型のメソッド	223
dequeue操作	217, 223
dict()関数	137
digit.isdigit()メソッド	122
dir()関数	113
docstring	154

E

elif	65
else	65
else句	102
encoding	88
end	90
enqueue操作	217, 223
enumerate()関数	132
Exceptionクラス	105
except句	101

F

FIFO	217
file	90
filter()関数	135
finally句	102
fit()メソッド	294
float()関数	43, 130
flush	90
format()メソッド	92
for句	74
for文	70
forループ	87

索引 385

fp.read( ) ································ 86
from形式 ································ 109
frozenset( )関数 ······················ 51
Frozen Set型 ························· 51

G

getter ································· 173
getWeight( )メソッド ················ 174
global宣言 ····························· 146

H

has-a関係 ····························· 178
hashlib ································ 115
heapq ································· 239
hex( )関数 ······························ 44

I

IEEE 754 ······························ 94
if文 ··································· 65
import文 ···························· 108, 111
input( )関数 ························38, 126
int( )関数 ························43, 130
in演算子 ······························· 56
is-a関係 ······························· 178

J

join( )メソッド（文字列）··············· 92
Jupyter Notebook····················32, 279

K

key ··································· 50

L

lambda ································ 152
LIFO ······························56, 217
list( )関数 ···························· 131
lower( )メソッド（文字列）············· 45

M

map( )関数 ···························· 135
Matplotlib ···························· 280
MNIST ································· 293

model.fit( )メソッド ··················· 296

N

NameError ····························· 100
next( )関数 ···························· 150
NoSQL ································· 278
not ··································· 66
NumPy ····················· 110, 111, 279

O

objects ································· 89
oct( )関数 ······························ 44
open( )関数 ····························· 84
or ··································· 66
ord( )関数 ···························· 129

P

Pandas ································· 281
pass文 ································· 73
pip ··································· 110
pop操作 ···························56, 217
pop( )メソッド（リスト）············56, 222
pow( )関数 ···························· 128
print( )関数 ························· 37, 89
PublicKey ···························· 115
push操作 ···························56, 217
push( )メソッド ························ 222
pybitcointools ························ 116
pycryptodome ························· 115

R

raise文 ···························· 104, 105
range( )関数 ························71, 132
read( )メソッド ························· 86
readline( )メソッド ···················· 86
remove( )メソッド（リスト）············· 55
requests ······························ 114
reversed( )関数 ······················ 133
RNN ··································· 292
round( )関数 ······················ 127, 128

S

scikit-learn	114, 293
Selenium	115
self	185
sep	89
setter	173
setWeight()メソッド	174
set()関数	132
socket	114
sort()メソッド（リスト）	54, 197
sorted()関数	53, 134, 197
str()関数	130
string	45
super()関数	189
SVM	290
SyntaxError	99
SyntaxWarning	103

T

TensorFlow	114, 295
try文	101
tuple()関数	131
TypeError	100

U

UML	177
Unicode	88
UnicodeWarning	103
urllib	114
UTF-8	88

V

value	50
ValueError	100

W

warnings	103
Webスクレイピング	115
while文	69
with句	87
write()メソッド	85

Y

yield文	149

Z

ZeroDivisionError	100
zip()関数	136

あ

アクティビティ図	180
浅いコピー	148
値	50
値渡し	143
後入れ先出し	56, 217
アルゴリズム	230
暗号化	115
アンダースコア	34
安定ソート	236

い

委譲	176
位置引数	124
イテレータ	47, 71, 131, 149
イミュータブルなデータ型	144
因子分析	276
インスタンス	168
インスタンス生成	185
インスタンス変数	192
インスタンスメソッド	193
インヘリタンス	169
インデント	38, 65, 120
インプレース演算	53
インヘリタンス	169
引用符	45

え

エッジ	219, 224
エラー	99
演算子	33

お

オーダ	232
オーバライド	188
オブジェクト	168

索引 387

オブジェクト指向 …………………………… 168

か

カーディナリティ ………………………… 178
回帰 ………………………………………… 290
回帰分析 …………………………………… 276
改行文字 ……………………………………… 86
外部ライブラリ …………………………… 110
学習済モデル ……………………………… 289
可視化 ……………………………………… 277
カプセル化 ………………………………… 172
環状リスト ………………………………… 218
関数 ………………………………………… 120
完全2分木 ………………………………… 220

き

木 …………………………………………… 220
キー ………………………………………… 50
キーワード引数 …………………………… 123
機械学習 …………………………………… 288
擬似言語 …………………… 63, 230, 231
基数変換 …………………………………… 127
基本3構造 ……………………………62, 230
キュー ……………………………………… 217
強化学習 …………………………………… 291
教師あり学習 ……………………………… 290
教師なし学習 ……………………………… 291

く

クイックソート …………………………… 239
区切り文字 ………………………………… 89
組み込み関数 ………………………37, 126
クラス ………………… 113, 168, 184
クラス図 …………………………………… 178
クラス定義 ………………………………… 184
クラス変数 ………………………………… 192
クラスメソッド …………………………… 193
グラフ ……………………………………… 219
繰返し処理 ………………………………… 231
グローバル変数 …………………………… 145

け

警告 ………………………………………… 103
警告フィルタ ……………………………… 103
計算量 ……………………………………… 232
継承 …………………………… 169, 187
ゲッター …………………………………… 173
決定木 ……………………………………… 290

こ

後行順 ……………………………………… 248
構文エラー ………………………………… 99
コミュニケーション図 …………………… 180
コメント …………………………………… 39
コンストラクタ …………………………… 186
コンテナ …………………………………… 67
コンポジション …………………………… 174

さ

再帰 ………………………………………… 241
再帰型ニューラルネットワーク ………… 292
最小二乗法 ………………………………… 290
先入れ先出し ……………………………… 217
サブクラス ………………………………… 169
サポートベクタマシン …………………… 290
三重引用符 ………………………………… 45
参照渡し …………………………………… 143

し

シーケンス型 ……………………………… 47
シーケンス図 ……………………………… 180
ジェネレータ ……………………………… 149
ジェネレータ関数 ………………………… 149
シェルソート ……………………………… 238
字下げ ………………………………65, 120
辞書型 ………………………………… 42, 50
四則演算 …………………………………… 32
実行モード ………………………………… 32
シノニム …………………………………… 235
集合 ………………………………………… 51
集合型 ……………………………………… 42
集約 ………………………………………… 174
主成分分析 ………………………………… 276

順次‥‥‥‥‥‥‥‥‥‥‥‥‥‥‥‥ 62
条件式‥‥‥‥‥‥‥‥‥‥‥‥‥‥‥‥ 66
小数の表現‥‥‥‥‥‥‥‥‥‥‥‥‥ 94
書式指定‥‥‥‥‥‥‥‥‥‥‥‥‥‥ 94
シングルクォーテーション ‥‥‥‥ 34, 45
人工知能‥‥‥‥‥‥‥‥‥‥‥‥‥ 288
深層学習‥‥‥‥‥‥‥‥‥‥‥‥‥ 291

す

数値演算‥‥‥‥‥‥‥‥‥‥‥ 32, 127
数値型‥‥‥‥‥‥‥‥‥‥‥‥ 42, 43
スーパクラス‥‥‥‥‥‥‥‥‥‥‥ 169
スコープ‥‥‥‥‥‥‥‥‥‥‥‥‥ 145
スタック‥‥‥‥‥‥‥‥‥‥ 56, 217
ステートマシン図‥‥‥‥‥‥‥‥‥ 181
スライス‥‥‥‥‥‥‥‥‥‥‥‥‥ 48

せ

正規化‥‥‥‥‥‥‥‥‥‥‥‥‥‥ 94
正規分布‥‥‥‥‥‥‥‥‥‥‥‥‥ 275
整数‥‥‥‥‥‥‥‥‥‥‥‥‥‥‥ 43
静的配列‥‥‥‥‥‥‥‥‥‥‥‥‥ 216
整列アルゴリズム‥‥‥‥‥‥‥‥‥ 236
セッター‥‥‥‥‥‥‥‥‥‥‥‥‥ 173
節点‥‥‥‥‥‥‥‥‥‥‥‥‥‥‥ 220
線形回帰‥‥‥‥‥‥‥‥‥‥‥‥‥ 290
線形探索‥‥‥‥‥‥‥‥‥‥‥‥‥ 233
線形リスト‥‥‥‥‥‥‥‥‥‥‥‥ 218
先行順‥‥‥‥‥‥‥‥‥‥‥‥‥‥ 248
選択‥‥‥‥‥‥‥‥‥‥‥‥‥‥‥ 62
選択ソート‥‥‥‥‥‥‥‥‥‥‥‥ 237

そ

相関係数‥‥‥‥‥‥‥‥‥‥‥‥‥ 276
相関分析‥‥‥‥‥‥‥‥‥‥‥‥‥ 276
双岐選択処理‥‥‥‥‥‥‥‥‥‥‥ 231
操作‥‥‥‥‥‥‥‥‥‥‥‥‥‥‥ 168
走査‥‥‥‥‥‥‥‥‥‥‥‥‥‥‥ 247
挿入ソート‥‥‥‥‥‥‥‥‥‥‥‥ 237
双方向リスト‥‥‥‥‥‥‥‥‥‥‥ 218
添字‥‥‥‥‥‥‥‥‥‥‥‥‥‥‥ 47
属性‥‥‥‥‥‥‥‥‥ 168, 184, 192

た

代入演算子‥‥‥‥‥‥‥‥‥‥‥‥ 36
代入文‥‥‥‥‥‥‥‥‥‥‥‥‥‥ 34
対話モード‥‥‥‥‥‥‥‥‥‥‥‥ 32
多重ループ‥‥‥‥‥‥‥‥‥‥‥‥ 75
多相性‥‥‥‥‥‥‥‥‥‥‥‥‥‥ 170
畳み込みニューラルネットワーク ‥‥‥ 292
タプル‥‥‥‥‥‥‥‥‥‥‥‥‥‥ 49
ダブルアンダースコア‥‥‥‥‥‥‥ 172
タプル型‥‥‥‥‥‥‥‥‥‥‥‥‥ 42
ダブルクォーテーション ‥‥‥‥ 34, 45
単岐選択処理‥‥‥‥‥‥‥‥‥‥‥ 65
探索アルゴリズム‥‥‥‥‥‥‥‥‥ 233
単方向リスト‥‥‥‥‥‥‥‥‥‥‥ 218

ち

中間順‥‥‥‥‥‥‥‥‥‥‥‥‥‥ 248
抽象クラス‥‥‥‥‥‥‥‥‥‥‥‥ 170
抽象メソッド‥‥‥‥‥‥‥‥‥‥‥ 171

て

ディープラーニング ‥‥‥‥‥ 291, 295
データ型‥‥‥‥‥‥‥‥‥‥ 42, 131
データ構造‥‥‥‥‥‥‥‥‥‥‥‥ 216
データサイエンス ‥‥‥‥‥‥‥‥‥ 274
データ部‥‥‥‥‥‥‥‥‥‥‥‥‥ 218
データ分析‥‥‥‥‥‥‥‥‥‥‥‥ 274
データ分析用ライブラリ ‥‥‥‥‥‥ 279
データレイク‥‥‥‥‥‥‥‥‥‥‥ 278
デコレータ‥‥‥‥‥‥‥‥‥‥‥‥ 153

と

統一モデリング言語 ‥‥‥‥‥‥‥‥ 177
統計学‥‥‥‥‥‥‥‥‥‥‥‥‥‥ 275
統計分析‥‥‥‥‥‥‥‥‥‥‥‥‥ 276
動的配列‥‥‥‥‥‥‥‥‥‥‥‥‥ 216
ドキュメンテーション文字列 ‥‥‥‥ 154
特殊メソッド‥‥‥‥‥‥‥‥‥‥‥ 194

な

名前空間‥‥‥‥‥‥‥‥‥‥‥‥‥ 145

に

ニューラルネットワーク ……………………… 291
任意引数リスト …………………………………… 142

ね

根…………………………………………………… 220

の

ノード …………………………………… 219，220

は

葉…………………………………………………… 220
倍精度浮動小数点演算形式 ……………………… 94
配列………………………………………………… 216
バグ………………………………………………… 62
パッケージ ………………………………………… 108
ハッシュ …………………………………………… 219
ハッシュ表探索 …………………………………… 235
パディング ………………………………………… 93
幅優先探索 ………………………………………… 246
パブリック変数 …………………………………… 172
バブルソート ……………………………………… 236
反復………………………………………………… 62
反復子……………………………………………… 149

ひ

ヒープソート ……………………………………… 238
比較演算子………………………………………… 67
引数……………………………………………89，142
ビッグデータ ……………………………………… 277
ビット演算 ………………………………………… 44
標準偏差…………………………………………… 275
標準ライブラリ ………………………… 109，112

ふ

ファイルオブジェクト …………………………… 84
ファイルの読み書き ……………………………… 85
フォーマット済み文字列リテラル ………… 91
深いコピー………………………………………… 148
深さ優先探索……………………………………… 247
復号………………………………………………… 115
複合データ型……………………………………… 47

浮動小数点

浮動小数点………………………………………… 94
浮動小数点数……………………………………… 43
プライベート変数 ………………………………… 172
フローチャート …………………………………… 63
プロンプト ………………………………………… 126
分類………………………………………………… 289

へ

閉路………………………………………………… 220
別名………………………………………………… 111
変数………………………………………………34，192

ほ

ポインタ部 ………………………………………… 218
ポリモーフィズム ………………………………… 170

ま

マージソート ……………………………………… 239
前判定繰返し処理 ………………………………… 231
待ち行列…………………………………………… 217
マッピング型 ……………………………………… 47
丸め誤差…………………………………………… 95

み

ミュータブルなデータ型 ……………………… 144

む

無限小数…………………………………………… 95
無限ループ………………………………………… 70
無向グラフ………………………………………… 219

め

メソッド…………………………………………… 168

も

文字コード………………………………………… 129
モジュール………………………………………… 108
文字列……………………………………………… 51
文字列型…………………………………… 42，45
文字列メソッド ………………………………… 45
文字列処理………………………………………… 252
文字列探索………………………………………… 252

文字列連結‥‥‥‥‥‥‥‥‥‥‥‥‥‥‥‥ 92

ゆ

有向グラフ‥‥‥‥‥‥‥‥‥‥‥‥‥‥‥ 219
有効桁数‥‥‥‥‥‥‥‥‥‥‥‥‥‥‥‥ 95
ユーザ定義例外‥‥‥‥‥‥‥‥‥‥‥‥ 104
ユースケース図‥‥‥‥‥‥‥‥‥‥‥‥ 180
優先度付きキュー‥‥‥‥‥‥‥‥‥‥‥ 217

よ

要件定義‥‥‥‥‥‥‥‥‥‥‥‥‥‥‥ 180
予約語‥‥‥‥‥‥‥‥‥‥‥‥‥‥‥‥‥ 34

ら

ライブラリ‥‥‥‥‥‥‥‥‥‥‥‥‥‥ 108
ラッパーライブラリ‥‥‥‥‥‥‥‥‥‥ 295
ラムダ式‥‥‥‥‥‥‥‥‥‥‥‥‥‥‥ 152

り

リスト‥‥‥‥‥‥‥‥‥‥‥‥ 47, 53, 218
リスト型‥‥‥‥‥‥‥‥‥‥‥‥‥‥‥ 42
リスト内包表記‥‥‥‥‥‥‥‥‥‥‥‥ 73
隣接行列‥‥‥‥‥‥‥‥‥‥‥‥‥‥‥ 224
隣接リスト‥‥‥‥‥‥‥‥‥‥‥‥‥‥ 225

る

ループ‥‥‥‥‥‥‥‥‥‥‥‥‥‥‥‥ 220

れ

例外‥‥‥‥‥‥‥‥‥‥‥‥‥‥‥ 99, 100
列挙型クラス‥‥‥‥‥‥‥‥‥‥‥‥‥ 196

ろ

ローカル変数‥‥‥‥‥‥‥‥‥‥‥‥‥ 145
論理型‥‥‥‥‥‥‥‥‥‥‥‥‥‥ 42, 46

■著者
瀬戸 美月（せと みづき）

株式会社わくわくスタディワールド代表取締役。

最新の技術や研究成果，データ分析結果などをもとに，単なる試験対策にとどまらず，これからの時代に必要なスキルを身につけるための「本質的な，わくわくする学び」を提供する。
AI，特に機械学習やディープラーニングに関するセミナーを中心に，Pythonプログラミング研修や情報処理技術者試験対策なども手がけている。

保有資格は，情報処理技術者試験全区分，高等学校教諭一種免許状（情報）他多数。Pythonエンジニア認定試験（基礎試験，データ分析試験）にも合格。
著書は，『徹底攻略 応用情報技術者教科書』『徹底攻略 情報処理安全確保支援士教科書』『徹底攻略 ネットワークスペシャリスト教科書』『徹底攻略 データベーススペシャリスト技術者教科書』『徹底攻略 情報セキュリティマネジメント教科書』（以上，インプレス），『新 読む講義シリーズ 8 システムの構成と方式』『インターネット・ネットワーク入門』『新版アルゴリズムの基礎』（以上，アイテック）他多数。

わく☆すたAI

わくわくスタディワールド社内で開発されたAI（人工知能）。
自然言語処理，機械学習を中心に，学びを効果的にするための仕組みを構築。
今回は，試験問題を分析してプログラミング問題の出題傾向やパターンの分析を中心に活躍。
近い将来，参考書を自分で全部書けるようになることが目標。

ホームページ: https://wakuwakustudyworld.co.jp

STAFF	
編集	水橋明美（株式会社ソキウス・ジャパン）
	飯田 明
制作	波多江宏之
本文デザイン	株式会社トップスタジオ
表紙デザイン	馬見塚意匠室
副編集長	片元 諭
編集長	玉巻秀雄

本書のご感想をぜひお寄せください
https://book.impress.co.jp/books/1120101146

読者登録サービス
CLUB impress

アンケート回答者の中から、抽選で商品券（1万円分）や
図書カード（1,000円分）などを毎月プレゼント。
当選は賞品の発送をもって代えさせていただきます。

■ 商品に関する問い合わせ先
　インプレスブックスのお問い合わせフォームより入力してください。
　https://book.impress.co.jp/info/
　上記フォームがご利用頂けない場合のメールでの問い合わせ先
　info@impress.co.jp
　●本書の内容に関するご質問は、お問い合わせフォーム、メールまたは封書にて書名・ISBN・お名前・電話
　　番号と該当するページや具体的な質問内容、お使いの動作環境などを明記のうえ、お問い合わせください。
　●電話やFAX等でのご質問には対応しておりません。なお、本書の範囲を超える質問に関しましてはお答え
　　できませんのでご了承ください。
　●インプレスブックス（https://book.impress.co.jp/）では、本書を含めインプレスの出版物に関するサポート
　　情報などを提供しておりますのでそちらもご覧ください。
　●該当書籍の奥付に記載されている初版発行日から3年が経過した場合、もしくは該当書籍で紹介している
　　製品やサービスについて提供会社によるサポートが終了した場合は、ご質問にお答えしかねる場合があります。

■ 落丁・乱丁本などの問い合わせ先
　FAX　03-6837-5023
　service@impress.co.jp
　●古書店で購入されたものについてはお取り替えできません。

徹底攻略 基本情報技術者の午後対策
Python編 第2版

2021年5月21日　初版発行
2022年3月11日　第1版第2刷発行

著　者　株式会社わくわくスタディワールド　瀬戸美月
発行人　小川 亨
編集人　高橋隆志
発行所　株式会社インプレス
　　　　〒101-0051 東京都千代田区神田神保町一丁目105番地
　　　　ホームページ　https://book.impress.co.jp/

本書は著作権法上の保護を受けています。本書の一部あるいは全部につ
いて（ソフトウェア及びプログラムを含む）、株式会社インプレスから
文書による許諾を得ずに、いかなる方法においても無断で複写、複製す
ることは禁じられています。

Copyright © 2021 Mizuki Seto. All rights reserved.

印刷所　日経印刷株式会社

ISBN978-4-295-01139-2　C3055
Printed in Japan